雅文食趣

山家清供

（宋）林洪○著

／

黄作阵　胡贺峰○校注

中国纺织出版社有限公司

内 容 提 要

宋朝的饮食业空前繁荣，文人学者对饮食的著述也十分庞杂，而林洪的《山家清供》是宋代记载最全面的食谱，一部富有文学韵味和医学养生知识的饮食笔记。本书分上下两卷，共104则食谱。上卷47则，下卷57则。本书注释详尽，对书中出现的生僻字词、地名、人名、历史典故作出详细说明。注译者结合自身的学术背景，对书中出现的食物的性味功能注释详细，以供读者参考。本书增加了中医学、本草学、养生学、膳食学等各方面知识的延伸阅读，适合普通读者及中国传统饮食文化爱好者等阅读。

图书在版编目（CIP）数据

山家清供 /（宋）林洪著；黄作阵，胡贺峰校注
. -- 北京：中国纺织出版社有限公司，2022.7（2025.4重印）
（雅文食趣）
ISBN 978-7-5180-9395-3

Ⅰ.①山… Ⅱ.①林…②黄…③胡… Ⅲ.①烹饪—中国—南宋②菜谱—中国—南宋 Ⅳ.① TS972.117

中国版本图书馆 CIP 数据核字（2022）第 037844 号

责任编辑：毕仕林 国 帅 责任校对：楼旭红
责任印制：王艳丽

中国纺织出版社有限公司出版发行
地址：北京市朝阳区百子湾东里 A407 号楼 邮政编码：100124
销售电话：010—67004422 传真：010—87155801
http://www.c-textilep.com
中国纺织出版社天猫旗舰店
官方微博 http://weibo.com/2119887771
天津千鹤文化传播有限公司印刷 各地新华书店经销
2022 年 7 月第 1 版 2025 年 4 月第 2 次印刷
开本：710×1000 1/16 印张：12.75
字数：238 千字 定价：68.00 元

本书编委会

主　编　黄作阵　胡贺峰

副主编　胡锦晗　魏　然

编　委　（按姓氏笔画排序）

于淑清　王　亮　田　宇　田海萍　刘成海

李　汐　李素云　李晓宇　李润东　李　静

杨必安　何书励　张　卉　张榆羚　陈　媛

陈　曦　罗　彤　赵红宇　胡　平　胡瑞鑫

柯　琰　侯永亮　贾润萍　黄新月　雷　松

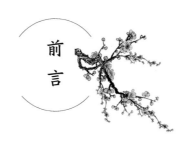

前言

《山家清供》作者为宋代的林洪，是一部富有文学韵味和医学养生知识的饮食笔记。本书分上下两卷，共104则食谱：上卷47则，下卷57则，其中28则记有明确药效。《山家清供》是研究宋代文人生活、了解宋代饮食以及中国饮食发展史的重要著作，也是发掘当时文人境况、文学作品的重要参考资料。

作者以美言塑造物象，以物象化作意境。所营造的清淡闲适、悠然静雅的文学情境使得此书不仅是一部食谱，更是一部有境有味的"品记"，品的不仅是各式各样典雅的山客供食，更是那一份优雅闲适的况味和一份居于自然、混同自然的放松和安乐。比起当代人饮食，其更多一份诗意。

为了帮助读者更好地阅读本书，我们从以下6个方面作出说明。

一、作者考辨

本书的作者为林洪，字龙发，号可山，生卒年不详，《宋史》与地方志无载。目前多认为其为南宋中后期人士，为福建泉州5位著名江湖诗人之一。林洪自称为梅妻鹤子主人公、北宋著名隐士林逋的七世孙，然多为时人所讥。其著有《西湖衣钵集》《文房图赞》与《山家清事》1卷、《山家清供》2卷，另有学者考证认为《西湖老人繁胜录》亦为其著作。

关于林洪，主要有以下5点争议：

第一，其字。在涵芬楼《说郛》本的《山家清供》与《山家清事》中"林洪"后有小字注"字龙落"，但在《小石山房丛书》本《山家清供》中则为"宋可山人林洪龙发著"，《顾氏文房小说》本《山家清事》则是"可山人林洪龙发"。因此，林洪字"龙落"还是"龙发"成为疑问。汤兴中认为依据名字相关的规律，"龙落"与"洪"体现不出显著关系，而"龙发"与"洪"的发大水义较为相关，故林洪应当字"龙发"。

第二，其号。中华书局版本《山家清供》与许多学术论文中皆称林洪号"可山"，这可能源于汤兴中发现的抄本《文房图赞》的署名"宋林洪可山撰"与林洪《山家清事》自述之谱系"今妻德真女，张与，自曰小可山"。有学者认为凭此"可山"可认为林洪为宋时属晋江安仁乡永宁里可山人。但在上述涵芬楼《说郛》本的《山家清供》与《山家清事》中，小字"字龙落"后还有"号可山人，和靖先生裔孙"一句，《小石山房丛书》本《山家清供》与《顾氏文房小说》本《山家清事》均言"可山人林洪龙发"，故又有学者将林洪之号定为"可山人"。

我们认为《小石山房丛书》本《山家清供》与《顾氏文房小说》本《山家清事》之"可山人"指林洪为"可山之人"，非称其号。《说郛》本添字改动较多，故此处可能为讹误。考同时期人晁公武《郡斋读书志》卷5上称《文房图赞》的作者为"和靖后人林可山撰"，南宋宋伯仁有《读林可山西湖衣钵诗》，均言"林可山"。是故"可山"当为其号，与其所居相应。而"自曰小可山"可能是其与当时名人之号相重的区别自谦之词。

第三，其生活年代。汤兴中据《文房图赞》的落款中的"嘉熙初元"断定其当为宋理宗嘉熙（1237—1240）中人，以此否定了其为相距百年的南宋高宗绍兴（1131—1156）中人的说法。傅金星先生《〈千家诗〉中泉人的诗》一文则指出此为将南宋林洪龙发与莆田林洪梦屏混淆之故。

第四，其生活地域。《文房图赞》抄本是由汤兴中在泉州图书馆发现、由泉州学者收藏抄录，《山家清供》书中出现了大量泉州地方地名、土语、美食。因此，汤兴中认为林洪应当是福建泉州人士。因林洪正史无记载，陈丽华进一步认为其即为泉州5位江湖诗人之一。而王永厚则认为其祖即为和靖先生，又依据和靖先生为钱塘人，更倾向于林洪为钱塘人。不过论文附言中载王永厚请教游修龄教授，游教授认为其冒充名人后裔。我们认为，林洪当祖籍泉州，与钱塘有深厚渊源。土语影响，则因其祖籍与广游名山大川之故。作者在《鹅黄豆生》一篇中明言"仆游江淮二十秋，每因以起松楸之念。将赋归，以偿此一大愿也"，在江淮漂泊二十年，常常因为鹅黄豆生想家，将要回家，偿此大愿。而前文吃鹅黄豆生正是温陵（福建泉州的别称）人中元节特有的习俗。故我们认为，林洪当为泉州人。其后"游江淮二十秋"，广见各地风貌，老年时居于西湖，作《西湖衣钵集》与《西湖老人繁胜录》，自称西湖老人，慕承林逋遗风。

第五，其祖。时人多认为其攀附而讥之，现今也有学者认为其当为冒充。不过有学者认为其可能为林逋后裔，证据为同时期人晁公武称《文房图赞》为"和靖后人林可山撰"；宋伯仁《读林可山西湖衣钵诗》中云"只道梅花全属我，不知和靖有仍孙"。另有清代施鸿保《闽杂记》指出"嘉庆庚辰（1820）中，林文忠公任浙江杭嘉湖道，重修孤山林和靖墓及放鹤亭、巢居阁诸迹，碑记有后裔字"。但张帆帆据《云阳林氏族谱》进一步指出林洪祖辈信息与林逋孙辈信息并不相符，所以林洪当不是林逋后裔，只是冒托。

综合以上各种材料，我们认为，林洪字龙发，号可山，祖籍福建泉州，终身未仕，为当时江湖诗人；喜作诗，作画，收藏，好慕林逋幽隐清雅之风，托其为祖，游江淮二十秋，交友广泛，后老年时慕林逋遗风，居于西湖，自称西湖老人。

二、成书背景

《山家清供》成书于南宋中后期。此时的南宋外患深重，政治日益腐朽。正如南宋初期陆游《岁暮感怀》所述："在昔祖宗时，风俗极粹美。人材兼南北，议论忘彼此。谁令各植党，更仆而迭起。中更金源祸，此风犹未已。倘筑太平基，请自厚俗始。"党争倾轧至后期愈演愈烈，士人仕途不顺。随着爱国意志的消沉，诗歌创作进入衰落期，著称于诗坛的是一批"江湖诗人"及其作品。林洪即是其中一位。从《山家清供》中，我们会看到作者有对李杜青精瑶草之思的慨叹，也会借野人献芹暗抒自己想要为君尽忠的心愿；既有表达对玄宗凉薄的不满，也有对太守蔡遵清贫的尊敬与崇慕。作者前期处处流露着想为国效力、与君同乐的意愿，后期这份心愿如同寒风中的烛火般，渐渐摇曳而暗淡，更多存留那份源于道家的与自然同一的畅达与源于文人雅士的清雅意境。

宋朝虽然看起来是一个软弱的时代，但同时也是中国历史上商品经济、文化教育、科学创新高度繁荣的时代。陈寅恪言："华夏民族之文化，历数千载之演进，造极于赵宋之世。"经济的相对富裕，对文人雅士悠闲地畅游河山，品尝美食也提供了一定保障。

文化上，宋代一扫自唐起军阀割据背景下的恶劣风气，崇文抑武，赵匡胤留下严惩贪墨之官和不杀言事之官的"祖训"，使朝野上下读书成风，忠职、讲真话成为常态。经济的发展和印刷技术的革新，文化迎来大发展；理学兴起，确立正统地位，并向海外传播，形成了东亚"儒学文化圈"。古文运动完成，在唐宋八大家中，宋人即占了六家，古文创作蔚然成风；词发端于唐，宋时进入全盛；话本在中国文学史上开辟了新的纪元；史学体裁多样，兴起了方志学、金石学，史学著作丰富，名家辈出，达到了中国古代史学发展的顶峰。书院制度形成并长足发展。另外如书法、雕塑、石刻、绘画等都达到了新的水平，佛教、道教也有了新的发展。这样的背景下《山家清供》丰厚的文学境味与较高的文学内涵就可以理解了。此外，也明显看出，作者深受理学影响，无论是文中提到的为君为国的赤诚之心，还是对茅容以鸡奉母的孝心的赞叹；无论是对子侄克肖的欣喜，还是对张蕴被褐怀玉的效法之意，都处处闪耀着理学浩然赤忱的光芒。

医学上，自范仲淹提出"不为良相，便为良医"，向君主提出奏议，提议建立太医局，立科教授，高等者入翰林院充学生祇应，宋代的医学便轰轰烈烈地发展起来。

医学教育从秘传师授到官方传授培养，校正医书局设立、刊刻技术发展、书本费用的亲民、太平惠民和剂局的建立等因素使得医学从庙堂深山深门中传入民间，促进了医学的进步与发展，并逐渐形成了广泛而深厚的中医养生氛围，从而为《山家清供》中的医学背景知识提供了土壤和条件。

三、内容概况

《山家清供》分上下两卷，共有104则食谱，上卷47则，下卷57则。

食谱主要包含饭食糕点类、菜肴类、饮品类。食材以菜蔬为主，另有花果类、肉类、干果类、粮油类、豆类和许多中药材。食品烹饪方式包括蒸、焯、煎、炸、烤、煨、炖、焖、渍、煮、炙、涮等。加工方式包括捣烂、浸、切段、切片、印模、腌制、雕饰等。

《山家清供》的食谱不仅包含食物的制作加工方法，更包含了赋予这本书独特意蕴的文学典故、诗句以及享用美食的情景与况味。作者喜好引用杜甫诗句，共14处，亦喜引用苏轼诗句，共8处，还引用了1处与其相关的菜肴"东坡豆腐"。更有些菜肴的搜集动机是对诗句中提到菜肴的疑惑与探求，如元修菜。同时作者还广泛引用《诗经》《广雅》《朱熹文集》《汉书·地理志》《齐民要术》《食经》等诸多文献，对相关食材与菜肴进行考证和释义，更增添了作品的文学性和知识厚度。同时，作者更是藉诗句、典故以及自身经历中的物象营造出引人入胜的意境。如在《拨霞供》篇中，作者与止止师雪天围炉庖兔，五六年后于杨永斋席上再次尝到，其中雪天炉暖诗画般的情境、年岁更代的梦幻光影无不让人陷入作者营造的诗意时空中。

另外，文中引用《本草》，记载了许多药材的炮制方法、烹调方法、药物功效以及部分的服食方法。如黄精饼、黄精果、黄精茹的制法："仲春深采根，九蒸九曝，捣如饴，可作果食。又，细切一石，水二石五升，煮去苦味，漉入绢袋压汁，澄之，再煮如膏。以炒黑豆、黄米末，作饼约二寸大。客至，可供二枚。又采苗，可为菜茹。"又如栝楼粉的制法与食法："孙思邈法：深掘大根，厚削至白，寸切，水浸，一日一易，五日取出。捣之以力，贮以绢囊，滤为玉液，候其干矣，可为粉食。杂粳为糜，翻匙雪色，加以乳酪，食之补益。又方：取实，酒炒微赤，肠风血下，可以愈疾。"以上记载增添了作品的医学知识与医学养生内涵。

四、主要特色

《山家清供》是研究宋代饮食史不可忽视的一部著作，其蕴含的食物、文学、养生多种元素的特性更使其有着特殊的意义。

1.将食物菜肴、文学意象融为一体

《山家清供》并不是简单的食谱，而是将食谱与文学意象有机结合，塑造出一个独特的诗意盎然的饮食天地，让人能体会到不同食物蕴含的独特韵味。如碧涧羹的清馨、苜蓿盘的惆怅、冰壶珍的畅爽、槐叶淘的碧鲜、傍林鲜的雅净。这些不同的世界让人能体味人生百态、七情五感、世间况味。文中有李杜报国无门思青精、瑶草背后的无奈，也有东坡豆粥的旷达；有茅容以鸡奉母的孝心，也有文与可傍林鲜的两袖清风；有李预食蓝田玉的长生执着，也有忠简公浮家泛宅的忠骨气节。这一幅幅图景或让人扼腕，或让人明悟，或让人崇敬，或让人动容，丰富多彩，让人回味无穷。

2.将宋代美食、文人雅趣融为一体

《山家清供》记录了大量宋代饮食、文人趣事，不但首次记载了火锅这种烹调方式，还保存了许多极少流传的文人诗句和轶事，如留元刚的"恍如孤山下，飞玉浮西湖"、岳珂的"动指不须占染鼎，去毛切莫拗蒸壶"、懒残师的"尚无情绪收寒涕，那得工夫伴俗人"、赵两山的"煮芋云生钵，烧茅雪上眉"；又如危稹骊塘书院食后茶汤的风味、谢益斋香橼花杯的清芬蔼然、水心先生席上洞庭馐的清香蔼然。读这一则则食谱，我们不但可以了解宋代饮食制作方法，更可窥见当时文人的美食与情趣。

3.将美食与养生知识、本草文献融为一编

《山家清供》不单是山野菜蔬的烹饪与享受，更是中医养生知识与中医文献知识的传播与考证。比如上卷《青精饭》："首以此，重谷也。按《本草》南烛木，今名黑饭草，又名旱莲草，即青精也。采枝叶，捣汁，浸上白好粳米，不拘多少，候一二时，蒸饭，曝干，坚而碧色，收贮。如用时，先用滚水，量以米数，煮一滚即成饭矣。用水不可多，亦不可少。久服延年益颜。仙方又有'青精石饭'，世未知'石'为何也。按《本草》用青石脂三斤、青粱米一斗，水浸三日，捣为丸，如李大，白汤送服一二丸，可不饥。是知石脂也。二法皆有据。第以山居供客，则当用前法。如欲效子房辟谷，当用后法。每读杜诗，既曰：'岂无青精饭，令我颜色好。'又曰：'李侯金闺彦，脱身事幽讨。'当时才名如杜、李，可谓切于爱君忧国矣。天乃不使之壮年以行其志，而使之俱有青精、瑶草之思，惜哉！"本文不单记录了青精饭的做法，还指明了其"久服延年益颜"的功效，同时还有"青精石饭"命名涵义的考证。如《海上方》对地黄功效的描述"治心痛，去虫积，取地黄大者，净，捣汁，和面，作馎饨，食之，出虫尺许，即愈。"引郭璞注《尔雅》释凫茈的"生下田，苗似龙须而细，根如指头而黑"等，比比皆是。

不过，值得注意的是，由于作者并非医学人士，文人作文又好夸张，所以其食物药物功效的记载，要审慎使用与看待，如栝楼单用粉阳虚者不宜，麦门冬脾阳弱者当慎用。读者当参考当今本草，酌情使用。

五、版本流传

《山家清供》成书于南宋中后期，距离《文房图赞》成书的嘉熙初元（1237—

1240）不远，具体时间不详。

目前版本流传主要有三：一是《说郛》本《山家清供》。《说郛》为元末明初（1407年左右）陶宗仪编纂（原本已佚），里面收录《山家清供》；流传为明末清初陶珽增补的《说郛》本《山家清供》，即现在的宛委山堂本《山家清供》；又流传为经张元济、张宗祥整理后的涵芬楼本《山家清供》。此外，还有1990年8月，上海古籍出版社据陶宗仪、陶珽120卷本和《续说郛》46卷本汇集影印出版的《说郛三种》及新发现的古本明代藏书家钮石溪家世学楼藏抄本《说郛》100卷、明代藏书家毛晋家汲古阁藏抄本《说郛》。二是《夷门广牍》本《山家清供》。《夷门广牍》，丛书，明周履靖编纂，今存万历二十五年（1597）金陵荆山书林刻本。民国二十九年上海商务印书馆据明万历本影印，收入"元明善本丛书"。《夷门广牍》称"景明刻本"，"景明"即"影印明刻本"之意，由此可知"景明"本实即万历刻本。其后1985年中国商业出版社《中国烹饪古籍丛刊》本《山家清供》、2004年云南人民出版社出版的《中华饮食物语》《食之语》分册的《山家清供》等也是来源于《夷门广牍》本。三是《小石山房丛书》本《山家清供》。清道光间顾湘辑虞山顾氏刻本《小石山房丛书》（同治间补刻）收入，现主要分为道光本与同治本。三个版本，《说郛》本最早，《夷门广牍》本次之，《小石山房丛书》本最晚。从内容来看，三个版本文字互有出入，但以《夷门广牍》本准确度最高。

六、校注说明

本书选用年代较早、印刻质量较高的景明刻本（即明万历刻本）《夷门广牍》本《山家清供》为底本，以1927年出版的《说郛》涵芬楼本、清顺治间《说郛》宛委山堂早稻田大学藏本、哈佛大学藏本、哥伦比亚大学同治十三年《小石山房丛书》本《山家清供》作校本进行校勘。同时，还参考本书中出现的诗句、引文，如郭璞注《尔雅》《证类本草》《本草图经》等，在尽可能保持底本原貌的情况下，改正一些明确的错字讹误，并将版本差异注出，供读者参考。

在注释与译文方面，本文尽量做到注释详尽精确，今译反映作者本意。在注译中参考了中华书局注释版本和凤麟先生的注释版本等，在此表示诚挚谢意。

本次校注有三个鲜明特色：一是校勘比较精良。我们以目前最好的版本"景明刻本"《夷门广牍》之《山家清供》为底本，参校《说郛》本、小石山房丛书本及相关古籍，校改了本书30余处明显错误，形成了比较精核的版本。比如《假煎肉》篇"常作小青锦屏风，乌木瓶簪古梅"，除景明刻本《夷门广牍》本作"乌木"不误，其余版本均将"乌木"作"鸟木"，一字之错，以致各种版本错讹纷繁，今人注译本亦沿袭不改，混淆视听。今一扫数百年谜团，为读者廓清原本。二是注释较为详备。本次"注释"尽可能将书中出现的生僻字词、地名人名、历史典故详细注释，书中出现的食物的性味功能注释尤详，便于读者采用参考。同时我们还改正了不少他书注释的误读。比如《如荠菜》"谩骂狄公至黥卒"，不少注释以为是谩骂狄公和黥卒，实际意思是谩骂狄公如黥卒。三是"延伸阅读"资料丰富。原书文字比较精简，我们选取与原文饮食相关材料附于每供之后，这样就比较好地扩展了本书内容，既方便读者理解原文，又增加了中医学、本草学、养生学、膳食学各方面知识，还丰富了中国美食的文化内涵，增添了读者阅读本书的雅趣。

研究生（按姓氏笔画排序）朱志、胡锦晗、姚鑫、黄新月、魏然，考证了《山家清供》版本源流，并做了本书注释、今译、延伸阅读工作。

为方便读者，本书为简体横排。异体字一律改为规范简体字。

原版年代久远，内容广博，本书注译中难免挂一漏万，敬请诸位指正。

黄作阵
北京中医药大学
2022.01.08

❶ **出版者注：**

1. **蓝田玉：** 在中国古代社会，受制于当时科学发展水平，原文确有掺杂一些封建迷信色彩的养生箴言。读者在阅读时需要加以分辨，切不可盲听盲从。

2. 原文涉及野生动物，均与现代相关规定不符，为尊重原文，书中均作保留处理，便于读者更好地了解原著。

3. 原文多处涉及食物治疗疾病的内容，仅供参考，有病应及时就医。

4. **通神饼：** 古代一种叫法。此处的"神明"并非指神神鬼鬼，而是指人的精神。

5. **罂乳鱼：** 原文涉及罂粟，与现代相关规定不符，为尊重原文，书中作保留处理，便于读者更好地了解原著。

6. **牛尾狸：** 牛尾狸作为国家保护动物不可食用，仅为古籍原文呈现，在此说明。

目 录

山家清供上卷

山家清供下卷

山家清供上卷

1 青精饭

青精饭，首以此①，重谷②也。按《本草》③："南烛木，今名黑饭草④，又名旱莲草⑤。"即青精也。采枝叶，捣汁，浸上白⑥好粳米，不拘⑦多少，候一二时⑧，蒸饭，曝干，坚而碧色，收贮。如用时，先用滚水⑨，量以米数，煮一滚⑩即成饭矣。用水不可多，亦不可少。久服延年益颜⑪。

仙方⑫又有"青精石饭"，世未知"石"为何也。按《本草》："用青石脂⑬三斤、青粱米⑭一斗，水浸三日，捣为丸，如李大，白汤送服一二丸，可不饥。"是知"石脂"也⑮。

二法皆有据。第⑯以山居供客，则当用前法。如欲效子房辟谷⑰，当用后法。

每读杜诗，既曰："岂无青精饭，令我颜色好。"又曰："李侯金闺彦⑱，脱身事幽讨⑲。"当时才名如杜、李，可谓切于爱君忧国矣。天乃不使之壮年以行其志，而使之俱有青精、瑶草⑳之思，惜哉！

注释：

① 首以此：即以此为首，说明编排体例。把青精饭放在第一个。首，首位。

② 重谷：重视谷物。谷类食物，为中华民族最核心的食材。《黄帝内经·素问》有曰："五谷为养，五果为助，五畜为益，五菜为充，气味合则服之，以补精益气。"

③ 《本草》：中药类书籍。古人常将中药类书籍简称为"本草"。

④ 黑饭草：又名乌饭草，杜鹃花科植物，因叶汁可制作乌米饭得名。明代包汝楫《南中纪闻》："闽中产乌饭草，能缩米，一名瘦米。用以煮米，米粒坚细，每斗仅得升许，第色带黑耳。军行必备此，可以轻骑远出。"

⑤ 又名旱莲草：其他版本无此句。旱莲草，菊科植物，与上文南烛木不为同种植物。故此句当为错讹，译文中不加以解释。

⑥ 上白：精白。明代沈德符《野获编·工部·刘晋川司空》："我辈忝大九卿，月俸例得上白粮，尽可供宾主饔飧。"

⑦ 拘：束缚，限制。《采草药》："岂可一切拘以定月哉？"

⑧ 时：时辰。

⑨ 滚水：滚开过的热水。

⑩ 一滚：一次沸腾。

⑪ 延年益颜：延长寿命，美丽容颜。颜，面色。

⑫ 仙方：古人认为服用可以成仙的方子。

⑬ 青石脂：《本草经集注》中五色石脂中的青石脂："久服，补髓益气，肥健，不饥，轻身，延年。"《说郛》本"青"作"赤"。

⑭ 青粱米：禾本科植物粱或粟品种之一的种仁。《名医别录》："甘，微寒，无毒。主胃痹、热中消渴，止泄痢，利小便，益气补中。"唐本《氾胜之书》注："青粱壳穗有毛，粒青，米亦微青而细于黄、白粱也。谷粒似青稞而少粗。夏月食之，极为清凉，但以味短色恶，不如黄、白粱，故人少种之。此谷早熟而收少也，作饧，清白胜余米。"《本草图经》："粱米，有青粱、黄粱、白粱，皆粟类也。旧不著所出州土。"

⑮ 是知"石脂"也：小石山房本、《说郛》涵芬楼本为"是知'石'即'石脂'也"。《夷门广牍》本、《说郛》宛委山堂早稻田大学本、哈佛大学藏本，均无"'石'即"二字。

⑯ 第：只是。清代林觉民《与妻书》："第以今日事势观之。"

⑰ 子房辟谷：张良辟谷。张良，字子房；秦末汉初杰出谋臣，西汉开国功臣，政治家，与韩信、萧何并称为"汉初三杰"。《史记·留侯世家》："乃学辟谷，道引轻身。"记载张良研习辟谷导引之术。

⑱ 李侯：指李白。金闺：金马门的别称，亦指封建朝廷。彦，旧时士的美称。

⑲ 幽讨：谓寻讨幽隐。

⑳ 瑶草：中国神话传说中的仙草。西汉·东方朔《与友人书》："相期拾瑶草，吞日月之光华，共轻举耳。"唐代李贺《天上谣》："王子吹笙鹅管长，呼龙耕烟种瑶草。"

译文：

本书把青精饭放在首位，是重视谷物的意思。《本草》上说："南烛木，现在名为黑饭草。"就是青精。采摘它的枝叶，捣出汁液，浸泡精白上好的粳米，不管多少，等待一两个时辰，再蒸饭。蒸好后将米饭晒干，直到米粒坚硬并呈现绿色，收好贮藏。如果食用，先把水烧开，再量取适当的米，放入开水煮至水一滚，饭就做好了。用水不可多，也不可少。青精饭长期服用可以延长寿命，美丽容颜。

仙方中又有"青精石饭"，世人不知道"石"是什么。《本草》中说："取青石脂三斤，青粱米一斗，用水浸泡三天，捣烂揉捏为丸，如李子大小，用白开水送服一两丸，可以不感到饥饿。"所以知道"石"就是石脂。

两种说法都有依据，如果是在山家招待客人，应当用前一种方法；如果想要效仿张良（字子房）辟谷，应当用后一种方法。

每次读杜甫的诗，既说："岂无青精饭，令我颜色好。"又说："李侯金闺彦，脱身事幽讨。"当时大才如李白、杜甫，可以说是深切地爱君忧国的。老天不让他们在壮年时候实现自己的志向，而让他们都有寻找青精饭、瑶草修道归隐的念头，可惜啊！

延伸阅读：

青精饭也有以南方稻米为原料，并用"南烛草捣取汁"浸淹煮制而成。约成书于中晚唐，原题《会稽禹穴道士范翛然撰》的《至言总》卷三道出青精饭之原料用到南烛，"稻米味甘，令人多热，宜久食。作青精餻饭饱食之，延年长生而不死。仙人青饭歌云：南山有木字侠叔（侠叔，南烛草名），常能服之玉女逐"。用南烛煮青精饭，程序比较复杂，需要"三九"，即九浸、九蒸、九曝。宋《图经衍义本草》卷二十四说："取（南烛）茎、叶捣碎，渍汁浸粳米九浸、九蒸、九暴，米粒紧小正黑如瑿珠，袋盛之可适远方。"这种青精饭养生保健效果非常好，同书下文说，"日进一合，不饥，益颜色，坚筋骨，能行。取汁炊饭名乌饭，亦名乌草，亦名牛筋。言食之健如牛筋也。色赤名文烛。生高山，经冬不凋。"为什么南烛养生作用如此之大？我们查阅南烛之性味与主治，发现南烛即杜鹃花科植物乌饭树（Vaccinium bracteatum THunb），南烛果实味酸性甘、平；益肾固精，补气，止血；治体气虚弱、筋骨痿软、遗精、赤白带、久泄、久痢、鼻衄、牙龈出血、血小板减少性紫癜。南烛叶酸、涩，性平；益精气，强筋骨，明目，止泻。南烛根，内服治牙痛。南烛有如此功能，难怪乎道人乐此不疲。

摘自：詹石窗.百年道学精华集成.4辑，大道修真：共4卷[M].上海：上海科学技术文献出版社，2018.

② 碧涧①羹

芹②，楚葵③也，又名水英。有二种：荻芹取根，赤芹取叶与茎，俱可食。

二月、三月作英④时采之，洗净，入汤焯⑤过，取出，以苦酒⑥、研芝麻，入盐少许，与茴香渍之，可作菹⑦。惟瀹⑧而羹之者，既清而馨⑨，犹碧涧然。故杜甫有"青芹碧涧羹"⑩之句。

或曰⑪：芹，微⑫草也，杜甫何取焉而诵咏之不暇⑬？不思野人持此，犹欲以献于君者乎！⑭

注释：

① 碧涧：碧绿的山间流水。

② 芹：菜名。伞形科。《诗经·鲁颂·泮水》："思乐泮水，言采其芹。"《周礼·天官·醢人》："加

豆之实，芹蒩、兔醢。"《吕氏春秋·本味》："菜之美者……云梦之芹。"一年或二年生草本植物，茎可食。亦称"水芹"。还有一种"草芹"，有特殊香味，俗称"药芹"。

③楚葵：为伞形科植物水芹的全草。《尔雅·释草》："芹，楚葵。"景明刻本《夷门广牍》作"楚菜"，《说郛》宛委山堂哈佛大学本、早稻田大学藏本、涵芬楼本、小石山房本均作"楚葵"，据改。

④英：《夷门广牍》本、小石山房本作"羹"，《说郛》涵芬楼本、《说郛》宛委山堂早稻田大学本、哈佛大学藏本作"英"。此处当指二三月芹菜抽芽荣英，据改。

⑤焯：把蔬菜放在开水里略微一煮就拿出来。

⑥苦酒：含义多样，此处指醋。

⑦蒩（zū）：同"菹"。指酸菜、腌菜。

⑧瀹（yuè）：浸渍。《说文》："瀹，渍也。从水，龠声。"《仪礼》："管筲三，其实皆瀹。"贾公彦疏："筲用菅草，黍稷皆淹而渍之。"

⑨馨：香。

⑩青芹碧涧羹：出自杜甫《陪郑广文游何将军山林》："鲜鲫银丝脍，香芹碧涧羹。"

⑪或曰："曰"原作"者"，《说郛》本作"曰"，义长，据改。或曰，有的人说。

⑫微：微不足道。

⑬不暇：没有时间，忙不过来。

⑭"不思野人"二句：意思是，却不想还有乡野之人拿着它还想献给君王呢！野人：乡野之人。苏轼《浣溪沙》："试问野人家。"献芹，事见《列子·杨朱》："宋国有田夫……谓其妻曰：'负日之暄，人莫知者，以献吾君，将有重赏。'里之富告之曰：'昔人有美戎菽、甘枲、茎芹、萍子者，对乡豪称之。乡豪取而尝之，蜇于口，惨于腹，众哂而怨之，其人大惭。'"后遂以"献芹"谦言自己赠品菲薄或建议浅陋。唐代高适《自淇涉黄河途中》诗之九："尚有献芹心，无因见明主。"宋代苏轼《教坊致语》："虽白雪阳春，莫致天颜之一笑；而献芹负日，各尽野人之寸心。"明代无名氏《精忠记·赴难》："今日将这碗饭送去与他充饥，野老献芹，聊表微意。"

译文：

芹，就是楚葵，又叫作水英。其有荻芹、赤芹两种，荻芹取根，赤芹取叶和茎，都可以食用。

每年二三月芹菜抽芽时，采来芹菜，洗干净放入热水中焯一下。取出后，放入醋、研过的芝麻，再放入盐少许，与茴香一起浸渍，可以用来做腌菜。因为浸渍与做羹的时候，既清冽又芳香，就像碧绿的山间流水一样，所以杜甫才有"青芹碧涧羹"的诗句。

有的人说：芹菜不过是微不足道的草，杜甫为什么要一直歌颂它呢？说的人却不知道，还有乡野之人拿着芹菜想献给君王的呢！

延伸阅读：

《诗经》之《采菽》与《泮水》的有关内容，说明2600多年前我国古人已在采集并利用水芹，且视其为一种重要的水生蔬菜。后世将考中秀才入学做生员称作"采芹""入泮""游泮""掇芹"，以"芹藻"喻有才学之士，均本于《泮水》。这足以说明，水芹为当时人们所熟悉的植物之一。

《列子·杨朱》（公元前450—公元前375年）记载："昔人有美戎菽、甘枲、茎芹、萍子者，对乡豪称之。乡豪取而尝之，蜇于口，惨于腹。众哂而怨之，其人大惭。"水芹是一种清香、脆嫩、可口的蔬菜，不会"蜇于口，惨于腹"，《列子·杨朱》中的"茎芹"不应该是现今所谓"水芹"，可能指"紫茎芹"。但由此而衍生的"芹献""芹诚""芹意""芹敬"及"效芹"等说法，却让后人将其与"水芹"建立了紧密的联系。

《周礼·天官·冢宰下·醢人》有"加豆之实，芹菹兔醢"的记载。郑玄注："芹，楚葵也。"《周礼》产生于公元前5世纪至公元前3世纪，故可以说，2300年前已用水芹制作腌菜食用，正如东汉·郑玄《毛诗传笺》所云："芹，菜也。可以为菹。"

《吕氏春秋·孝行览·本味》："菜之美者……云梦之芹。"东汉·高诱注："云梦楚泽，芹生水涯。"这说明距今约2300年，当时可能已进行人工栽培水芹。云梦泽在今湖北境内，该省现仍大量分布着野生水芹。

东晋·郭璞注《尔雅·释草》之"茭，牛蕲"时说："今马蕲，叶细锐，似芹，亦可食。"这里，以芹（水芹）作参比植物，亦证明当时水芹是一种为大众所熟识的植物。

水芹一般3～4月抽生花茎，6～8月开花。陶弘景谓其农历"二月、三月作英"，可视为对水芹开花物候期的首次准确记载。贾思勰《齐民要术》："芹、蘩，并收根，畦种之。常令足水。尤忌潘泔及咸水，浇之则死。性并易繁茂，而甜脆胜野生者。"字数不多，但却道出了水芹的栽培要点。水芹完熟果实自然下落，随水漂流，不易采收。留存株上的未熟果实，种子发育不良。也有的植株不结种子。文前提及韩保昇所言水芹"花白色而无实"，可能是其观察不细的缘故。韩氏只看到了留在植株上的未熟种子，或其所见植株未曾结籽。

唐代苏恭《唐本草》："水蕲即芹菜也。有两种：荻芹白色取根，赤芹取茎叶。并堪作菹及生菜。"其记载了两个栽培目的不同的水芹类型或品种。芹菜气味甘、平、无毒。唐代孟诜《食疗本草》讲水芹性寒："食之养神益力，令人肥健，杀石药毒。置酒酱中香美。于醋中食之，损人齿，黑色。生黑滑地，名曰'水芹'，食之不如高田者宜人。余田中皆诸虫子在其叶下，视之不见，食之与人为患。高田者名'白芹'。"其中生高田者"白芹"当指今所谓旱芹（*Apium graveolens L.*）。孟氏指出了土壤、昆虫等对水芹品质的影响。唐代陈藏器《本草拾遗》介绍水芹药用价值时，有"饮汁，去小儿暴热、大人酒后热、鼻塞身热，去头中风热，利口齿，利大小肠"等内容。

水芹在蔬菜中的地位一直是较高的，但在孟诜《食疗本草》以后的地位变得低多了。不过，野生水芹在荒年的救灾作用却一致为人们所重视。明代朱橚《救荒本草》（1406）曾作详细介绍："水蕲，俗作芹菜，一名水英。出南海池泽，今水边多有之。根茎离地二、三寸，分生茎叉。其茎方，窊面四楞。对生叶，似痢苋菜叶而阔短，边有大锯齿，又似薄荷叶而短。开白花，似蛇床子花。味甘、性平，无毒；又云大寒。春秋二时，龙带精入芹菜中，人遇食之，作蛟龙病。救饥：发英时采之炒熟食。芹有两种：秋芹取根，白色；赤芹取茎叶，并堪食。又有渣芹，可为生菜食之。"徐光启亦言，"野芹，须取嫩白为佳，轻盐一二日，汤焯过。晒须一二日方妙。"

摘自：刘义满.水芹史考[J].长江蔬菜，2010（14）：130-131.

③ 苜蓿盘①

开元②中，东宫官僚清淡③。薛令之为左庶子④，以诗自悼曰："朝日上团团，照见先生盘。盘中何所有？苜蓿长阑干。饭涩匙难滑，羹稀箸易宽。以此谋朝夕，何由保岁寒？"上幸⑤东宫，因题⑥其旁，曰"若嫌松桂寒，任逐桑榆暖"之句。令之皇恐⑦，谢病归⑧。

每诵此，未知为何物。偶同宋雪岩（伯仁）访郑埜野（钥）⑨，见所种者，因得其种并法。其叶绿紫色，而茎⑩长或丈余。采，用汤焯，油炒，姜、盐随意⑪，羹、茹皆可⑫。

风味本不恶⑬，令之何为厌苦如此？东宫官僚，当极一时之选，而唐世诸贤见于篇什，皆为左迁⑭。令之寄思恐不在此盘。宾僚之选，至起"食无余"⑮之叹，上之人乃讽以去。吁，薄⑯矣！

注释：

①苜蓿（mù xū）盘：苜蓿古时又名牧宿、木粟，今名紫苜蓿，多年生草本。陆游："苜蓿堆盘莫

笑贫。"五代·王定保《唐摭言·闽中进士》:"时开元东宫官僚清贫淡,令之以诗自悼,复纪于公署曰:'朝旭上团团,照见先生盘。盘中何所有?苜蓿长阑干。'"

② 开元:713—741,唐朝皇帝唐玄宗李隆基的年号,共计29年。

③ 东宫:太子所居之宫。清淡:清贫。

④ 薛令之:683—756,字君珍,号明月。福建长溪县(今福建福安)人。唐神龙二年(706)进士。开元间累迁左补阙兼太子侍读,与贺知章并侍东宫。后因李林甫冷落东宫,其赋诗讽谏唐玄宗,引起玄宗不满,遂托病辞官归乡。其归乡后迁居厦门岛洪济山北,所居处因而得名薛岭。薛令之以诗文名,为闽人以诗赋登第第一人,有《明月先生集》行世。薛令之与同时期的陈俦同为厦门岛最早的开拓者,后人有"桃李薛公园"之赞誉。左庶子:太子官署下左春坊之主官;汉以后为太子侍从官之一种,南北朝时称中庶子,唐以后于太子官署中设左右春坊,以左右庶子分隶之,以比侍中、中书令。此官职自此相沿,至清代犹用以备翰林官之迁转,清末始废。

⑤ 幸:古代君王到某处。

⑥ 题:品评,评论。

⑦ 皇恐:即惶恐。《说郛》涵芬楼本、《说郛》宛委山堂早稻田大学本、哈佛大学藏本作"惶"。

⑧ 谢病归:称病辞归。"谢病"二字,原无,小石山房本、《说郛》涵芬楼本、《说郛》宛委山堂早稻田大学本、哈佛大学藏本均有"谢病"二字,据补。

⑨ 宋雪岩:即宋伯仁,字器之,号雪岩,广平(今河北广平)人;善画梅花,作《梅花喜神谱》,后系以诗。其自称每至花放时,徘徊竹篱茅屋间,满腹清霜,两肩寒月,谛玩梅之低昂俯仰,分合卷舒,自甲坼以至就实,图形百种,各肖其形。宋雪岩工诗,著《雪岩吟草》《畊砚田斋笔记》《梅花喜神谱》等。郑埜野:生平事迹不详。"埜"后《夷门广牍》本加注"野",小石山房本作"墅",疑误。涵芬楼本无注。宛委山堂哈佛大学及早稻田大学藏本无加注,"埜"直接作"野"。

⑩ 茎:原作"灰",《说郛》涵芬楼本、《说郛》宛委山堂早稻田大学本、哈佛大学藏本作"茎",义长,据改。另小石山房本作"尖,一作实"。

⑪ 姜、盐随意:"随",小石山房本、《说郛》涵芬楼本、《说郛》宛委山堂早稻田大学本、哈佛大学藏本均作"如",可参。

⑫ 羹、茹皆可:原作"作羹茹之皆为"。小石山房丛书本、《说郛》涵芬楼本、《说郛》宛委山堂早稻田大学本、哈佛大学藏本均作"羹、茹皆可",义长,据改。

⑬ 风味:此处指苜蓿盘的美味。《晋书·王彬传》:"彬为人朴素方直,乏风味之好,虽居显贵,常布衣蔬食。"恶:粗劣。

⑭ 左迁:贬官,降职。

⑮ 食无余:出自《诗经·秦风·权舆》:"今也每食无余。"该句表达了对现实的不满与失望之情。

小石山房本、《说郛》涵芬楼本、《说郛》宛委山堂早稻田大学本、哈佛大学藏本作"食无鱼"。《战国策·齐策四》："齐人有冯谖者，贫乏不能自存，使人属孟尝君，愿寄食门下……左右以君贱之也，食以草具。居有顷，倚柱弹其剑，歌曰：'长铗归来乎！食无鱼。'"后遂以"食无鱼"为待客不丰或不受重视、生活贫苦的典故。宋代杨万里《跋蜀人魏致尧抚干万言书》诗："雨里短檠头似雪，客间长铗食无鱼。"亦通。

⑯薄：凉薄，薄情。

译文：

唐玄宗开元年间，太子东宫的官僚生活清苦。薛令之担任太子左庶子，用诗来自我感伤："朝日上团团，照见先生盘。盘中何所有？苜蓿长阑干。饭涩匙难滑，羹稀箸易宽。以此谋朝夕，何由保岁寒？"恰巧皇帝到了东宫，于是在旁题诗："若嫌松桂寒，任逐桑榆暖。"薛令之看到了，惶恐称病辞官。

每次读到这里，都不知道"苜蓿"是什么东西。偶然间和宋伯仁一起拜访郑埜野，看见他所种苜蓿，于是得到了种子和烹饪方法。苜蓿的叶片绿紫色，茎能长到一丈多长。采摘后，用热水焯一下，再用油炒，适量放一些姜、盐，做成羹、茹都可以。

苜蓿的味道本来并不粗劣，为什么让他如此厌恶苦楚呢？太子东宫的官僚应当是当时选用的最为优良的人才，但唐代当时有记载的许多贤能之人都曾被贬官。薛令之忧愁的真正原因怕不是此盘中的苜蓿。其怀才不遇，方才发出了"食无余"的感叹。皇帝竟然讽刺他，并让他归去。唉，真是薄情呀！

延伸阅读：

常常怀念苜蓿，那是一种坚强而又妖媚的植物，有其妖娆的色彩，有其令人心旌动摇的身姿。若有一匹马或者一群马深入它们中间，就能形成一个完美的组合。马的骁勇，马的一往无前的冲刺力，都与它有关。在戈壁上，一丛苜蓿会收揽春色，一丛苜蓿会摇动春风，一丛苜蓿使行走者、流浪者回到故乡。

在西部广阔的田野上，苜蓿是一种可以让人铭记的植物。

"苜蓿"一词，源于音译。在我国古籍中，苜蓿的名称颇多。因其种子含米，类糜子，可炊饭和酿酒，故名"木粟"；其宿根自生，可饲牛马，故又名"牧宿"。苜蓿广种平芜，翠绿如茵，"风在其间，常萧萧然，日照其花有光彩"（《西京杂记》），因而得了两个雅号：怀风、光风。另外，还有连枝草、黄花菜等称谓。

王维诗云："苜蓿随天马。"《史记·大宛列传》云：大宛"俗嗜酒，马嗜苜蓿，汉使取其实来，于是天子始种苜蓿、蒲陶肥饶地。及天马多，外国使来众，则离宫别观旁尽种蒲陶、苜蓿极望"。古籍此类记载，说明苜蓿原产于西域，西汉始传内地，开始是作为来自西域的良马的饲料，并种于离宫别馆周围，供官员、国宾观赏。以后经过总结推广，才传入农家广为栽培。后魏贾思勰想《齐民要术》、明代李时珍《本草纲目》和徐光启《农政全书》等，都有关于苜蓿栽培、管理等方面的记载。

摘自：胡杨.走进罗布泊[M].兰州：敦煌文艺出版社，2019.

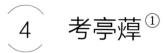 4 考亭蕲①

考亭先生②每饮后，则以蕲菜供。蕲，一出于盱江，分于建阳；一生于严滩③石上。公所供，盖建阳种。集有《蕲》诗④可考。山谷孙嶷⑤，以沙卧蕲。食其苗，云：生临汀⑤者尤佳。

注释：

① 蕲（hàn）：蕲菜，别名野菜子、铁菜子、野油菜、干油菜、山芥菜、地豇豆。蕲菜为十字花科，属一、二年生直立草本植物，可入药。《本草纲目拾遗》："《字林》云，蕲，辛菜，南人食之，去冷气。"《纲目》："蕲菜，生南地，田园间小草也。冬月布地丛生，长二、三寸，柔梗细叶，二月开细花，黄色，结细角长一、二分，角内有细子。南人连根叶拔而食之，味极辛辣，呼为辣米菜。沙地生者尤佟伫。"

② 考亭先生：即朱熹，1130—1200，字元晦，号晦庵，晚称晦翁；又称紫阳先生、考亭先生；谥文，又称朱文公。朱熹祖籍江南东路徽州府婺源县（今江西省婺源县），出生于南剑州尤溪（今属福建省尤溪县）；南宋著名的理学家、思想家、教育家，闽学派的代表人物，世称朱子，是孔子、孟子以后最杰出的弘扬儒学的大师；晚年居于建阳考亭，创办考亭书院，后世亦称其学派为"考亭学派"。

③ 严滩：即严陵濑。浙江桐庐县南，相传为东汉严光隐居垂钓处。

④ 《蕲》诗：即朱熹《次刘秀野蔬食十三诗韵·其七·蕲菜》："小草有贞性，托根寒涧幽。懦夫曾一喂，感愤不能休。"

⑤ 山谷：黄山谷，即黄庭坚，1045—1105，字鲁直，乳名绳权，号清风阁、山谷道人、山谷老人、涪翁、涪皤、摩围老人、黔安居士、八桂老人，世称黄山谷、黄太史、黄文节、豫章先生。黄庭坚为宋江南西路洪州府分宁（今江西省九江市修水县）人，祖籍浙江省金华市，北宋诗人黄庶之子，南宋中奉大夫黄相之父。其为北宋大孝子，《二十四孝》中"涤亲溺器"故事的主角；

北宋著名文学家、书法家，江西诗派开山之祖。

⑥临汀：郡名，唐初为汀州，唐天宝元年（742）改临汀，唐乾元元年（758）复名汀州。治所在长汀县（今福建长汀县）。《临汀志·至到》："临汀为郡，治长汀。上接剑、邵，下抵漳、梅、潮，旁联赣。封域之内，绝长补短，方九百余里。"

译文：

考亭先生每次饮酒后，都会吃点蒪菜。蒪菜一种产出于盱江，分支于建阳；另一种生在严陵濑的石头上。考亭先生吃的大概是建阳种的。他的文集中有《蒪》诗可以证明。黄庭坚的孙子黄峃用沙地来种蒪，食用它的苗，说长在的临汀郡的特别好吃。

延伸阅读：

塘葛菜又名辣米菜、江剪刀草，因"味辛辣如火焊人"，又名蒪菜。塘葛菜多野生于山坡、山谷、河边潮湿地、园圃、田野潮湿处，鲜有人工栽培，主要分布于两广、陕西、甘肃、江苏、浙江等地，每年5～7月可采摘。塘葛菜味辛、苦，性微温，具有祛痰止咳、解表散寒、活血解毒、利湿退黄的功效，可用于咳嗽痰喘、感冒发热、麻疹透发不畅、风湿痹痛、咽喉肿痛、疔疮痈肿、漆疮、经闭、跌打损伤、黄疸、水肿。塘葛菜含蒪菜素、菜酰胺，有止咳、祛痰、抗菌作用。广东人食用塘葛菜主要用于煲老火汤或炖汤，常配伍生鱼，能益脾胃、化痰止咳，适宜于肺炎、咽喉炎、肾炎水肿、小便不利者食用。

摘自： 老昌辉.美食、食疗与健康[M].北京：中国中医药出版社，2014.

⑤ 太守羹

梁蔡撙为吴兴守①，不饮郡井②。斋前自种白苋、紫茄③，以为常饵。世之醉醲饱鲜④而怠于事者视此，得无愧乎！然茄、苋性俱微冷，必加苤姜⑤为佳耳。

注释：

①蔡撙：467—523，字景节，济阳郡考城县（今河南省民权县）人，南齐、南梁大臣，刘宋左光禄大夫、开府仪同三司蔡兴宗之子。撙，原为"遵"，据历史人物改。吴兴：吴为湖州古称，三国置吴兴郡，包括今湖州一带。三国吴甘露二年（266），吴主孙皓取"吴国兴盛"之意改乌

程为吴兴，并设吴兴郡，辖地相当于湖州市全境、钱塘（今杭州）、阳羡（今宜兴）总和。隋仁寿二年（602），以其地滨太湖而名"湖州"。

②郡井：古代井田制，八家共用一井，引申为乡里。

③白苋：一般指绿苋。绿苋别称皱果苋、白苋、细苋、猪苋，叶片呈叶绿色或黄绿色，品种有高脚尖叶和矮脚圆叶等。紫茄：茄科，茄属植物。又叫作绿梭，俗称矮瓜，果是紫色的含浆瓜果，肉内有瓤，瓤里有芝麻状的粒子。《开宝本草》："味甘，寒。"

④醉醺饱鲜：醉饮美酒，饱食美味。醺，即浓，味浓烈的酒。

⑤苊（mào）姜：又名骨碎补，别名猴姜、石岩姜、申姜。性温，味苦，故可调和性冷之茄、苋也。

译文：

梁代蔡撙担任吴兴太守时，不喝郡里的水，屋前自己种点白苋、紫茄，当作常吃的食物。世上醉饮美酒、饱食美味但尸位素餐的人看到这个，难道不感到羞愧吗？但白苋、紫茄性都微冷，加一些猴姜最好。

延伸阅读：

北方的茄子和南方的不同，北方的茄子是圆球形，稍扁，从前没见过南方的那种细长的茄子。形状不同且不说，质地也大有差异。北方经常苦旱，蔬果也就不免缺乏水分，所以质地较为坚实。

"烧茄子"是北方很普通的家常菜。茄子无须削皮，切成一寸多长的块，用力在无皮处划出纵横的刀痕，像划腰花那样，划得越细越好，入油锅炸。茄子吸油，所以锅里油要多，但是炸到微黄甚至微焦，则油复流出不少。炸好的茄子捞出，然后炒里脊肉丝少许，把茄子投入翻炒，加酱油，急速取出盛盘，上面撒大量的蒜末。味极甜美，送饭最宜。

我来到台湾，见长的茄子，试做烧茄，竟不成功。因为茄子水分太多，无法炸干，久炸则成烂泥。客家菜馆也有烧茄，烧得软软的，不是味道。

在北方，茄子价廉，吃法亦多。"熬茄子"是夏天常吃的，煮得相当烂，蘸醋蒜吃。不可用铁锅煮，因为容易变色。茄子也可以凉拌，名为"凉水茄"。茄煮烂，捣碎，煮时加些黄豆，拌匀，浇上三和油，俟凉却加上一些芫荽即可食，最宜暑天食。放进冰箱冷却更好。

如果切茄成片，每两片夹进一些肉末之类，裹上一层面糊，入油锅炸之，是为"茄子盒"，略似炸藕盒的风味。

吃炸酱面，茄子也能派上用场。拌面的时候如果放酱太多，则过咸，太少则无味。切茄子成丁，如骰子般大，入油锅略炸，然后攉入酱中，是为"茄子炸酱"，别有一番滋味。

摘自：梁实秋.雅舍谈吃[M].南京：江苏凤凰文艺出版社，2019.

⑥ 冰壶珍

太宗问苏易简曰[①]："食品称珍[②]，何者为最？"对曰："食无定味，适口[③]者珍。臣心知虀[④]汁美。"

太宗笑问其故。曰："臣一夕酷寒，拥炉[⑤]烧酒，痛饮大醉，拥以重衾[⑥]。忽醒，渴甚，乘月中庭[⑦]，见残雪中覆有虀盎[⑧]，不暇呼童，掬雪盥手[⑨]，满饮数缶[⑩]。臣此时自谓：上界[⑪]仙厨，鸾脯凤脂[⑫]，殆恐不及。屡欲作《冰壶先生传》记其事，未暇也。"太宗笑而然之。

后有问其方者，仆[⑬]答曰："用清面菜汤浸以菜，止醉渴一味耳。或不然，请问之'冰壶先生'。"

注释：

① 太宗：宋太宗赵光义，939—997，宋朝第二位皇帝，976—997在位。宋太宗本名赵匡义，后因避其兄宋太祖名讳而改名赵光义，即位后又改名赵炅。太宗在位期间，采取治国驭将方针，明显地走上了"崇文抑武"的道路，并最终构成为宋朝"祖宗家法"的重要内容。苏易简：958—997，字太简，梓州铜山县（今四川省德阳市中江县广福镇）人；北宋大臣，与苏舜钦、苏舜元，合称"铜山三苏"。太平兴国五年（980），其参加进士考试，考中状元，连续七年主持贡举，公正无私，深得宋太宗信任；至道二年（996）十二月，饮酒过度，去世于家中，获赠礼部尚书。

② 珍：精美。

③ 适口：适合口味。唐代张蕴古《大宝箴》："罗八珍于前，所食不过适口。"

④ 虀（jī）：即齑，本意指腌制过的韭菜，也泛指经腌制、切碎制成的菜。韩愈《送穷文》："太学四年，朝齑暮盐。"

⑤ 拥炉：围炉取暖。陆游《冬夜炉边小饮》诗："拥炉可使曲身直，饮酒能回槁面红。"

⑥ 重衾：厚被子。《文选·张华〈杂诗〉》："重衾无暖气，挟纩如怀冰。"吕延济注："衾，被也。"宋代周邦彦《尉迟杯·离恨》词："等行人醉拥重衾，载将离恨归去。"

⑦ 乘月中庭：乘月，冒月，沐浴月光。中庭：住宅等建筑物中央的露天庭院。《文选·宋玉·风赋》："然后倘佯中庭，北上玉堂，跻于罗帷，经于洞房，乃得为大王之风也。"

⑧盎：腹大口小的盛物洗物的瓦盆。此处当指腌菜坛。

⑨掬：两手相合捧物。盥（guàn）：洗手。《说水》："盥，澡手也。从臼水临皿。"

⑩缶：瓦器，圆腹小口，用以盛酒浆等。

⑪上界：仙界。

⑫鸾脯凤脂：鸾肉凤膏。凤、凰是同一种神鸟，区分二者是在于雌雄。凤是雄的，凰是雌的。鸾，传说是一种类似于凤凰的神鸟，也有一种说法称鸾为"青鸟"，而青鸟，在传说中是凤凰的前身，是传说中为西王母取食传信的三足神鸟。比如李商隐《无题》中有"此去蓬山无多路，青鸟殷勤为探看"的诗句。脂，《说郛》涵芬楼本作"炙"，小石山房本、《说郛》宛委山堂早稻田大学本、哈佛大学藏本作"腊"。

⑬仆：我，谦称。

译文：

宋太宗问苏易简说："称得上珍美的食品里，哪样最为珍美啊？"苏易简回答说："没有固定的口味，适合口味的就是最珍美的，我心里觉得腌菜汁最美。"

宋太宗笑着问他原因。他回答说："我有一天晚上特别冷，围着火炉，煮着酒，痛饮直至大醉，用厚厚的被子裹着睡着了。后来突然醒了过来，觉得非常渴，于是乘着月光走到庭院里，突然看到残雪露出的腌菜坛子，来不及叫童仆，双手捧了捧雪，洗了洗手。满满地喝了好几缶。那时，我自己觉得，仙界的仙厨做的鸾肉凤膏大概也比不上这个吧。好几次想写篇《冰湖先生传》记录这件事情，还没有找到空余的时间。"太宗皇帝听了笑着点头赞许。

后来，有人问我制作的方法，我回答说："用清面菜汤浸菜，就是治疗喝醉后大渴的一味好药吧。如果觉得不对的话，就去问'冰壶先生'吧。"

延伸阅读：

范仲淹是北宋初年杰出的政治家、文学家。他不仅在政治上有卓越贡献，而且在文学、军事方面也表现出非凡的才能。著名的《岳阳楼记》就是出自他手，文中"先天下之忧而忧，后天下之乐而乐"的名句深为后人喜爱，广为传诵。

他在担任陕西西路安抚使期间，指挥过多次战役，成功抵御了外族的入侵，使当地人民的生活得以安定。西夏的军官互相告诫说："小范老子（指范仲淹）胸中有数万甲兵。"话里对范仲淹充满敬畏之心，这在北宋的历史上是罕见的。

范仲淹之所以有这样杰出的才能，与他在青少年时期的刻苦努力有着必然的因果关系。早年的辛勤耕耘，换来了日后的丰硕果实。

范仲淹的祖籍原来是陕西影州，迁到江苏吴县时他还不到3岁，父亲因病故去，他随母亲改嫁到朱家。十几岁时，范仲淹知道了自己的身世，便辞别母亲，只身来到应天府书院，拜当时著名学者感同文为师，学习安邦治国的知识，立志报国为民。在应天府书院期间，生活条件非常艰苦，他把粥划成若干块，咸菜切成碎末（划粥割齑），当作一天的饭食。

一天，范仲淹正在吃饭，他的同窗好友来看望他，发现他的伙食非常糟糕，于心不忍，便拿出钱来，让范仲淹改善一下伙食。范仲淹很委婉却又十分坚决地推辞了。他的朋友没办法，第二天送来了许多美味佳肴，范仲淹这次接受了。过了几天，他的朋友又来拜访范仲淹，却吃惊地发现，上次送来的鸡、鱼之类的佳肴都变质发霉了，范仲淹连一筷子都没动。他的朋友有些不高兴地说："希文兄（范仲淹的字，古人称字不称名，以示尊重），你也太清高了，连点吃的东西你都不肯接受，岂不是让朋友太伤心了！"

范仲淹笑了笑说："老兄误解了，我不是不吃，而是不敢吃。我担心自己吃了鱼肉之后，咽不下粥和咸菜。您的好意我心领了，请你千万别生气。"朋友听了范仲淹的话，更加佩服他的人品高尚。

一次，有人问起范仲淹的志向，范仲淹说："不是当个好医生，就是当个好宰相。好医生为人治病，好宰相治理国家。"这种不为个人升官发财而读书的伟大抱负，让周围的人非常敬佩。后来，范仲淹入朝为官（参知政事，等同于宰相），提出许多利民富国的措施，实现了自己当年的志向，成为一代名人。

摘自：厉原.划粥割齑（ji）的故事[J].快乐青春：经典阅读（小学生必读），2014（10）：2.

⑦ 蓝田玉①

《汉·地理志》："蓝田出美玉。"魏李预②每羡古人餐玉之法，乃往蓝田，果得美玉种七十枚，为屑服饵，而不戒酒色。偶疾笃③，谓妻子曰："服玉，必屏居④山林，排弃嗜欲，当大有神效。而我酒色不绝，自致于死，非药过也。"

要知，长生之法，能清心戒欲，虽不服玉，亦可矣。

今法：用瓠⑤一二枚，去皮毛，截作二寸方片，烂蒸，以酱食之。不烦烧炼⑥之功，但除一切烦恼妄想，久而自然神气清爽。较之前法，差胜⑦矣。故名"法制蓝田玉"。

注释：

① 蓝田玉：蓝田，县名，位于陕西省西安市长安区东南，秦岭之北。陕西蓝田玉俗称"菜玉"，质地坚硬，色彩斑斓，光泽温润，纹理细密，一玉多色。

② 李预：字元凯，北魏官员，中山卢奴人。太和（477—499）初，历秘书令、齐郡王友、征西大将军长史，带冯翊太守。府解，罢郡，遂居长安。北魏：，386—534，是鲜卑族拓跋珪建立的政权，也是北朝第一个王朝。

③ 笃：严重。

④ 屏居：屏客独居。

⑤ 瓡（hù）：原作"瓠"。小石山房本、《说郛》涵芬楼本、《说郛》宛委山堂早稻田大学本、哈佛大学藏本均为"瓡"，据改，瓡，瓡瓜，一年生草本植物，爬蔓，夏开白花，果实长圆形，嫩时可吃。

⑥ 烧炼：烧丹炼药。

⑦ 差胜：稍微好点。差，稍微。

译文：

《汉书·地理志》说："蓝田出美玉。"北魏李预常常羡慕古人食玉屑得长生的方法，于是前往蓝田，果然得到了七十块美玉，制为玉屑服食，但不戒酒色。后来突感外疾，日渐严重。其和妻子说："服玉，一定要屏客独居山林，摒弃欲望，会大有神效，但是我不戒酒色，自己导致如今将要死亡，不是服玉的过错。"

总而言之，长生之法，如果能清心戒欲，即使不服玉，也是可以的。

现在有方法：用一两个瓡瓜，去皮毛，切成两寸方的小片，蒸烂，蘸酱吃。不需要烧丹炼药，只要除去一切烦恼妄想，久久自然神清气爽。比前面的方法要好点，所以叫作"法制蓝田玉"。

延伸阅读：

一、食玉之风

张岂之先生主编的《中国传统文化》一书中有言："三国两晋南北朝时期，道教发展起来，人们又将玉看成是延年益寿的药物，一度出现食玉之风。"当时的食玉之风，堪称中国文化史上的一大奇观。其中，比较有代表性的是东晋的葛洪，在其著作《抱朴子·内篇·仙药》中，他认为服食"玉"能"令人身飞轻举，不但地仙而已"，即服食"玉"可以让人身体变轻，有飞升一般的感觉与效果。其中，他又具体介绍了食玉之法，"玉可以乌米酒及地榆酒化之为水，亦可以葱浆消之为饴，亦可饵以为丸，亦可烧以为粉"。即用乌米酒和地榆酒把玉化为水，或用葱浆将其化为饴，或将其作成丸状，或烧成粉状皆可。与此同时，葛洪亦提及服玉的禁忌，"服玉屑者，宜十日辄一服雄黄丹砂各一刀圭，散发洗沐寒水，迎风而行，则不发热也"，即是说，对于那些服用玉屑的人来说，最好十天就服用一刀圭的雄黄和丹砂，而且需要披散头发，用冷水沐浴洗澡，迎风走路，以免产生副作用。

食玉蔚然成风，在当时社会，上至帝王贵族，下至文人百姓皆对之青睐有加。最为时人所熟知的例子是《魏书·李先传》中的冯翊太守李预，"每羡古人餐玉之法，乃采访蓝田，躬往攻掘，得若环璧杂器形者大小百馀"，"预乃椎七十枚为屑，日服食之"，"预服经年，云有效验"，"及疾笃"仍笃信"非药过也"，归因于自己"酒色不绝"，未遵食玉禁忌而"自致于死"。讲的是李预特别羡慕古人的服玉方法，就去蓝田采访，亲自去挖掘寻找，最后找到一百多枚环璧玉石，于是他把其中的七十枚碾成粉末，每天都坚持服用，大约一年之后，他说有了效果。当他后来病得很重的时候，仍然笃信这不是药物的过错，而把原因归结为自己"酒色不绝"，没有严格遵守食玉的禁忌而导致死亡。《抱朴子·内篇·仙药》载，"有吴延稚者，志欲服玉，得玉经方不具，了不知其节度禁忌，乃招合得圭璋环璧，及校剑所用甚多，欲饵治服之"。讲的是一个名叫吴延稚的人，他很想食玉，但不知道里面的禁忌事宜，于是就找到了很多各种圭璋环璧和剑器上的饰玉，想把这些玉都吃了。像这样的例子，在当时比比皆是，正如殷志强所言，"魏晋南北朝时，当人们得到一件旧玉或得到一块宝玉料，不是切磋如何藏之深阁或雕琢成一件稀世珍宝，而是想方设法吃下肚去。"由此产生的后果就是，"积累了三千多年的无数精美古玉器，凡能罗而至之者，皆被那些隐居山林、史传无载的'有道之士'们——填入杵臼之间去了……餐玉求长生风气的兴起，标志着古玉文化的衰落。"这不能不说是一种文化的误导。

二、食玉原因

当时的人们为何食玉呢？或者可以从以下三个方面进行探讨。

（一）以玉为天地之精华

古人认为，万物皆有精气，而玉更是天地间精华中的精华。如《吕氏春秋·尽数》中谈到，精气"集于珠玉，与为精朗"，即精气集中于珠玉之中，所以精光朗朗。《淮南子·俶真训》，"譬若钟山之玉，炊以炉炭，三日三夜而色泽不变，则至德天地之精也"，讲钟山所产的玉，用炉炭烧炙，它的色泽三天三夜都不会改变，因为它得到天地间的精华的浸润。《太平御览》引《地镜图》，"玉，石之精也"，玉是石头的精华，又引晋傅咸《玉赋》，"万物资生，玉禀其精"，万物都在生长，而玉禀持着万物的精华。

葛洪《抱朴子内篇·微旨》云："山川草木，井灶洿池，犹皆有精气；人身之中，亦有魂魄；况天地为物之至大者，于理当有精神。"无论是美丽的草木山川，还是污浊的池沼，它们都有精气；在人的身体里面，也有魂魄存在。更何况作为万物之最的天地，按理亦存在精气。人多以为，食玉之后，就会得到玉的精气。正如弗雷泽在《金枝》中所言，野蛮人往往认为，如果吃了一个人或一个动物的肉体，他就能够获得被吃生物的特性或能力，而且同时也会获得被吃生物的智慧与精神。因为他们"都相信自然具有一种特性，能将人和动物所吃的东西或他们感官所接触的物体的素质转移给人和动物。"魏伯阳提出"金性不败朽，故为万物宝。术士伏食之，寿命得长久"（《周易参同契》）的观点，金的性质是不会败朽，所以它是万物中的瑰宝。人如果服用玉，可以延长自己的寿命。葛洪进一步阐述其所以然："夫金丹之为物，烧之愈久，变化愈妙。黄金入火，百炼不消，埋之，毕天不朽。服此二物，炼人身体，故能令人不老不死。此盖假求于外物以自坚固"（《抱朴子内篇·金丹》）。金丹这种东西，烧的时间越久，它的变化也就越奇妙。把黄金投入火中，不会烧化，埋在地下，它也不会朽烂。如果服用金丹和黄金，就可以增强人的身体，不会老也不会死。同理，在道家看来，玉在火中不会焦，长置水土中不会腐烂，也具有长存永固之特性，故服之可长生不老，因而提出"服金者寿如金，服玉者寿如玉"的观点。显然，这种观点具有极强的诱惑力，致使人们迷信不能自拔。

（二）动荡的时局

"如果将整个魏晋南北朝时期都称作乱世，也许并不过分"。战乱中最容易感受人生的短促，生命的脆弱，命运难卜，祸福无常，以及个人的无能为力。

食玉之风与当时动荡的时局息息相关。在血雨腥风的笼罩下，人们"感性命之不永，惧凋落之无期"（石崇《金谷诗序》），感叹着"生年不满百，常怀千岁忧"，"人生忽如寄，寿无金石固"期盼仙人们"来到主人门，奉药一玉箱。主人服此药，身体日康强，发白复更黑，延年寿命长"。即使是曹植等当时的风流名士，亦有相同的境遇与慨叹："人生处一世，忽若朝露晞。年在桑榆间，影响不能追。自顾非金石，咄咤令心悲。"（《赠白马王彪》），幻想着遇仙泰山，"授我仙药，神皇所造。教我服食，还精补脑，寿同金石，永世难老"（《飞龙篇》）。不言而喻，动荡的时局加剧了人们服玉成仙的愿望。

（三）道家神仙思想

道教一直以来所求的就是：怎样才能长生，怎样才能不死。魏晋时道教的经典就相当自信的宣称："我命在我不在天，还丹成金亿万年。"（《抱朴子内篇·黄白》）而且道教还宣扬：无论男女老幼，无论尊卑贵贱，只要一心修炼，坚持服用药物，都可以成为神仙。这恰好吻合了当时苦闷中的人们的心境。

其实，服玉成仙的思想由来已久。屈原《涉江》："登昆仑兮食玉英，与天地兮同寿，与日月兮齐光。"诗人期盼着在巍峨的昆仑山巅服用玉羹，与那苍莽天地比寿命，同那璀璨日月同光辉。汉代《神农本草经》：玉泉（玉屑）"柔筋强骨，安魂魄，长肌肉，益气。久服耐寒暑，不饥渴，不老神仙，人临死服五斤，死三年色不变"，说道玉屑汁可以强壮筋骨，安定魂魄，增加肌肉。长时间服用可以忍耐寒暑，不易饥渴。"上大山，见神仙，食玉英，饮醴泉，驾蚩龙，乘浮云。宜官秩，保子孙。寿万年，贵富昌，乐未央。"（《汉镜铭》刻石）显然，当时的人们是憧憬迷恋那影绰缥缈的神仙世界的。

与此同时，像仙人食玉及一些凡人食玉成仙的例子也都广泛为人们所接受。如《山海经·西山经》，峚山"其中多白玉，是有玉膏，其原沸沸汤汤，黄帝是食是飨"，讲到峚山上面有很多白玉，有一种玉膏，黄帝拿它当饭吃；《河图》，"少室之上巅，亦有白玉膏，服之即得仙道"，亦提及少室上的山顶，也有白玉膏，服用之后可以得到升仙；《搜神记》："赤松子者，神农时雨师也，服冰玉散，以教神农。"讲到有一个赤松子，他是神农时候的雨师，他服用冰玉散，并且也把它教给神农。"赤松子"本来是人间的一个雨师，因为服用了冰玉散，从此跨入神仙的行列。普通的人们受此类故事的影响，就争相食玉，于是食玉之风大行其道。

三、影响及评价

历史上的这股食玉之风，兴于汉末，盛于魏晋南北朝，衰于隋唐。之后，道家就很少提到服玉成仙的事了，很多情况下，玉只是作为一种药引出现在相关的文献里面。推而知之，可能是食玉对人体造成了很大的副作用与危害，所以人们才会停止服用。

葛洪《抱朴子内篇·仙药》："玉屑服之，与水饵之，俱令人不死。所以为不及金者，令人数数发热，似寒食散状也。"陶弘景《本草集注》："（玉）炼服之法，亦应依《仙经》服玉法，水屑随宜，虽曰性平，而服玉者亦多发热，如寒食散状。"二者大意皆指服用玉屑会使人多次发热，会出现像吃了寒食散一样的状况。长期以来由于食玉造成的大量死亡事件，使人们眼见为实，进而对食玉成仙的说法产生怀疑，开始渐渐放弃食玉。虽然如此，食玉之风也并非完全一无是处。利用现代矿物学研究成果来分析，玉石中的确存在着对人体有利的微量元素。如《本草纲目》：玉屑"久服轻身延年，润心肺，助声喉，滋毛发，滋养五脏，止烦躁"；青玉治"妇人无子，轻身，不老长年"等。即玉屑长时间服用可以沁润心肺，清喉利声，繁盛毛发，滋养五脏，达心平气和，且服用青玉可治疗妇女无子等。正如吕建昌先生所言："食玉之风的流行使人们对玉类矿物的药性有了进一步的认识和了解，在某种程度上为传统医药学的发展积累了经验……就这个意义上说，历史上食玉之风所留下的经验和教训，仍是一份值得重视的医药学遗产。"❶

摘自：王艳霞.论道教的"食玉"思想——以魏晋南北朝时期为中心[J].华夏文化，2012（2）：14-16.

8 豆粥

汉光武在芜蒌亭时①，得冯异②奉豆粥，至久且不忘报，况山居可无此乎？

用沙瓶烂煮，赤豆候粥少沸，投之同煮，既熟而食。

东坡诗曰："岂如江头千顷雪，茅檐出没晨烟孤。地碓舂秔光似玉③，沙瓶煮豆软如酥。老我此身无着处，卖书来问东家住。卧听鸡鸣粥熟时，蓬头曳杖君家去。"此豆粥之法也。

若夫金谷之会④，徒咄嗟⑤以夸客，孰若山舍清谈徜徉⑥以候其熟也。

注释：

①汉光武：指刘秀（公元前5—57），字文叔，南阳郡蔡阳县（今湖北省枣阳市）人。刘秀是东汉开国皇帝，汉高祖刘邦九世孙；谥号光武，庙号世祖，安葬于原陵。芜蒌亭：东汉刘秀在蓟，闻王郎等入邯郸称帝，与邓禹、冯异等昼夜急驰南下，至饶阳芜蒌亭，天寒饥疲，仅得以豆粥为食。故址在今河北省饶阳县滹沱河滨，事见《后汉书·冯异传》。"芜"字原缺，据小石山房本、《说郛》涵芬楼本补。

②冯异（？—34）：字公孙，颍川父城（今河南省宝丰县东）人，东汉开国名将、军事家，云台二十八将第七位；原为新朝颍川郡掾，后归顺刘秀，随之征战，大破赤眉、平定关中。后冯异协助刘秀建立东汉。

③地碓：即碓，舂米用具。舂：把东西放在石臼或乳钵里捣去皮壳或捣碎。秔：同"粳"，即粳稻。

④金谷之会：西晋惠帝元康六年（296），石崇于洛阳金谷园主持金谷集会。金谷园，故址在今河南洛阳西北，是西晋富豪石崇的别墅，繁荣华丽，极一时之盛。

⑤咄嗟：呼吸之间。谓时间迅速。《晋书·石崇传》记载："崇为客作豆粥，咄嗟便办。"

⑥清谈徜徉：闲谈自得。唐代韩愈《送李愿归盘谷序》："膏吾车兮秣吾马，从子于盘兮，终吾生以徜徉。"

译文：

汉代光武帝刘秀在芜蒌亭时，有冯异奉上赤豆粥，直到很久以后也不忘报答这份恩情，何况山间生活怎么可以没有它呢？

豆粥应当用砂罐烂煮，等到粥稍稍沸腾，把赤豆投入一起煮，等到熟了就可以吃了。

苏东坡《豆粥》诗写道："岂如江头千顷雪，茅檐出没晨烟孤。地碓春秔光似玉，沙瓶煮豆软如酥。老我此身无着处，卖书来问东家住。卧听鸡鸣粥熟时，蓬头曳杖君家去。"这就是做豆粥的方法。

若是石崇的金谷之会，很快就做好赤豆粥，只为了向客人夸耀。哪里比得上在山间小屋闲谈闲坐等到豆粥熟更加悠然自得呢？

延伸阅读：

一、起源与传播

赤豆属豆科蝶形花亚科豇豆属一年生直立或缠绕草本植物，是亚洲主要的豆类作物之一。其种子长圆柱形，两端平截或圆钝，暗红色或赤红色，古称"小菽""赤菽"，俗称"赤小豆""红豆""米豆"等。赤豆的起源地曾有不同意见，但现已公认起源于中国。在云南与湖北神农架及三峡地区，均收集到了野生赤豆的种子和标本。此外，据相关考证表明，3~8世纪，赤豆由中国经朝鲜传入日本，并在日本形成次生中心，后传至美洲及世界的其他地区。

二、生产应用

赤豆以亚洲面积最大，主要在中国、日本、印度、朝鲜半岛及东南亚等国家和地区。我国是赤豆的主产国和出口国，种植面积和总产量均居世界之首，出口的国际市场主要是日本、韩国、朝鲜和东南亚国家。近年来，赤豆及其加工产品更是远销加拿大、巴西、美国、瑞典、俄罗斯等国家。目前，我国各地均有赤豆种植，主要分布在华北、东北、黄河及长江中下游地区。其中以北方居多，河北、河南、辽宁、吉林、陕西等省种植面积较大；南方赤豆区则以安徽、湖北、江苏、四川、云南面积较大，其他省种植面积较小或零星种植。

三、饮食文化

赤豆是高蛋白、低脂肪、多营养的功能食品，被誉为粮食中的"红珍珠"，既是调剂人们生活的营养佳品，又是食品和饮料加工业的重要原料之一。赤豆可制作饭、粥、汤；做成的豆沙则用于多种副食品的制作，如豆面条、糕点馅、冰糕、饮料等；

赤豆皮可提炼色素；赤豆性甘寒，有治血、排脓、消肿、解毒之功效，是食疗佳品；赤豆茎叶含有丰富的蛋白质，是牲畜的优质饲料；赤豆根部有固氮根瘤菌，是用地养地的好作物。中国人民用赤豆煮粥的历史悠久，据《荆楚记》记载："冬至日作赤豆粥。"《岁时杂记》也记载："冬至日以赤小豆煮粥，合门食之，可免疫。"现在的八宝粥中除了大米、高粱等，也有赤豆的成分。

摘自：苏咏农.赤豆文化[J].农家致富，2021（9）：64.

⑨ 蟠桃饭

采山桃，用米泔①煮熟，漉②，置水中，去核，候饭涌，同煮顷之③，如盦饭法④。

东坡用石曼卿⑤海州事诗云："戏将桃核裹红泥，石间散掷如风雨。坐令空山作锦绣，绮天照海光无数。"⑥此种桃法也。桃三李四⑦，能依此法，越三年皆可饭也。

注释：

①米泔：淘米水。明代李时珍《本草纲目·谷一·稻》："米泔，甘，凉，无毒。"亦称"米泔水"。

②漉：过滤。

③顷之：不久，一会儿。

④盦饭法：焖饭的方法。盦，覆盖。

⑤石曼卿：一般指石延年。石延年，994—1041，北宋文学家、书法家；字曼卿，一字安仁，南京应天府（今河南省商丘市睢阳区）人。北宋文学家石介以石延年之诗、欧阳修之文、杜默之歌称为"三豪"。石曼卿尤工诗，善书法，著有《石曼卿诗集》传世。原诗名为《和蔡景繁海州石室》。

⑥"戏将桃核裹红泥"数句：原诗为"芙蓉仙人旧游处，苍藤翠壁初无路。戏将桃核裹黄泥，石间散掷如风雨。坐令空山出锦绣，倚天照海花无数。花间石室可容车，流苏宝盖窥灵宇。"说的是宋诗人石曼卿做海州通判（相当于现在的副市长）时，山岭高峻，人路不通，植树不易。有一天石曼卿突发奇想，叫人将黄泥巴裹着桃核为蛋，一个个往山岭上扔。这一两年下来，竟然桃花满山，烂若锦绣，最终桃李不言，下自成蹊，桃花树中间的大石室由此可以停得大车，看得天宇。红泥，原诗作黄泥、黄泥巴。桃核，原作"核桃"，据原诗改。

⑦桃三李四：谚语。谓栽桃树三年结实，栽李树四年结实。《埤雅·释木》："谚曰：'白头种桃。'又曰：'桃三李四、梅子十二。'言桃生三岁便放华果，早于梅李。"

译文：

采来山间的桃子，用淘米的水煮熟，过滤掉淘米的水，把桃子放入水中，除去桃核，等到粥饭沸腾上涌的时候，把桃子放入，和粥饭一起煮片刻，像焖饭一样。

苏东坡把石曼卿海州的故事写进诗里："戏将桃核裹红泥，石间散掷如风雨。坐令空山作锦绣，绮天照海光无数。"这是种桃子的方法。桃三李四，如能依照这种方法等上三年，就可以吃蟠桃饭了。

延伸阅读：

唐人经常将"蟠桃"意象写入诗歌作品中，为读者营造出一种幽微缥缈的神秘文化气息。唐人热衷于吟咏"蟠桃"仙果和神木，这与萦绕在他们内心深处的"度朔山""桃都山""金鸡报晓"之类的神话传说和道教典故密切相关。

"蟠桃"从语意上理解，可喻指为蟠桃树或蟠桃枝。"蟠"有盘曲、盘结、交错之意，"蟠木"为曲折盘结难以为器的树木，如汉代邹阳在其《狱中上书自明》一文中提道："蟠木根柢，轮囷离诡，而为万乘器者，何则？"神话传说中"蟠桃树"生长在大海中的"度朔山"或"桃都山"，更是盘曲连绵几千里一望无际不知其极。唐代诗人卢照邻在《病梨赋》中认为："建木耸灵丘之上，蟠桃生巨海之侧。细叶枝连，洪柯条直。齐天地之一指，任乌兔之栖息。"唐人敬括在《建木赋》一文中认为蟠桃生长在大海的"度朔山"，所谓"靡蟠桃于度索之上，毫若木于沧海之边。"唐代文人独孤授在《蟠桃赋》一文中对蟠桃神木的位置、形状、气势有着更为夸张的描述，所谓："东海神木，是曰蟠桃。可得闻其广，而未量其高。盖苍龙之所临据，白日之所光照。结根于凌北之峰，烹气乎衡星之耀。其生植也，与乾坤始；其蟠萦也，至三千里。上鸣天鸡，下宅郁垒，徒骇于说，莫原所以。配若木以相望，冠扶桑而特起。尔乃焕初阳之杲杲，压巨海之漫漫。""蟠桃"神木在大海中的地理位置并不固定，有时在东海"度朔山"，有时又被说成在大海东南的"桃都山"，如《河图括地象》记载云："桃都山有大桃树，盘曲三千里。"唐人有时故意模糊蟠桃神木的位置所在，以笼统的沧海概而言之。如元稹《梦上天》诗云："梦上高高天，高高苍苍高不极。下视五岳块累累，仰天依旧苍苍色。蹋云耸身身更上，攀天上天攀未得。西瞻若水兔轮低，东望蟠桃海波黑。日月之光不到此，非暗非明烟塞塞。"又徐夤《东》诗云："紫气天元出故关，大明先照九垓间。鳌山海上秦娥去，鲈脍江边齐掾还。青帝郊坰平似砥，主人阶级峻如山。蟠桃树在烟涛水，解冻风高未得攀。"

在上古的神话传说和道教事典中，"蟠桃"神木上栖息着一只感召天下雄鸡报晓的金鸡。《太平御览》引《金楼子》云："东南有桃都山，山上有树，树上有鸡。日初出，照此树，天鸡即鸣，天下之鸡感之而鸣。"唐代诗人崇拜"天鸡"，经常将"蟠桃"神木上金鸡啼晓的神话故事写到作品中来。如唐人李白一生热衷于寻奇探幽，醉心于访道求仙，其诗歌作品往往笼罩着一层色彩斑斓的道教"仙化"气息。诗人李白对茫茫沧海中蟠桃神木上的金鸡深信不疑，其《大鹏赋》文曰："天鸡警晓于蟠桃，踆乌晰耀于太阳。不旷荡而纵适，何拘挛而守常？"李白《梦游天姥吟留别》一诗，更以其"脚著谢公屐，身登青云梯。半壁见海日，空中闻天鸡"般的神仙光怪之语，为后世的文人士子所击节赞叹和倾心折服。除了李白的作品之外，唐人描写蟠桃金鸡的诗歌作品很多。如元稹《三叹》诗云："顾影不自暖，寄尔蟠桃鸡。驯养岂无愧，类族安得齐。"吕岩《题东都妓女馆壁》诗云："一吸鸾笙裂太清，绿衣童子步虚声。玉楼唤醒千年梦，碧桃枝上金鸡鸣。"

"蟠桃"一词的语义，在唐人那里除了理解为蟠桃树或蟠桃枝外，还可喻指长生不老的"蟠桃"仙果。"桃"最初是作为一种供人食用的原始果木走进人们的视野的，"蟠桃"更以其味美甘甜益寿延年的仙果极品为世人所垂涎膜拜。仙桃形状奇特非同凡果，色香味俱全，唐人段成式《酉阳杂俎》记载："王母桃，在洛阳华林园内，十月始熟，形如括篓。"唐代文人贯休《再逢虚中道士》诗歌中提到："寻常有语争堪信，爱说蟠桃似瓮粗。""蟠桃"颜色鲜艳，唐代文人陆希声《阳羡杂咏》赞美其："君阳山下足春风，满谷仙桃照水红。"唐人王贞白《游仙》描绘其："露香红玉树，风绽碧蟠桃。"唐人杜光庭在《墉城集仙录》中描绘西王母的蟠桃"大如斗，半赤半黄半红"。如此硕大鲜艳的蟠桃不免令人垂涎，于是偷吃"蟠桃"仙果的诗歌吟诵不断，呈现在后世读者的面前。如唐人贯休《梦游仙》诗云："守阍仙婢相倚睡，偷摘蟠桃几倒地。"唐人李中《思简寂观旧游寄重道者》诗云："偷摘蟠桃思曼倩，化成蝴蝶学蒙庄。"吕岩《敲关歌》诗云："仙桃熟。摘取饵，万化来朝天地喜。"在唐代诗人那里，经常将"蟠桃"与西王母的"仙桃"混为一谈，蟠桃成了西王母仙桃园中独一无二的物种。如陈陶《续古》诗云："邂逅汉武帝时，蟠桃海东熟。"张碧《惜花》诗云："阿母蟠桃香未齐，汉皇骨葬秋山碧。"在唐人那里，偷摘西王母蟠桃园仙果的人物形象是东方朔，而不是明清小说里的美猴王。关于东方朔偷摘"蟠桃"的神话传说，《汉武故事》记载云："（东方）朔至，呼短人曰：'巨灵，汝何忽叛来，阿母还未？'短人不对，因指朔谓上曰：'王母种桃，三千年一作子，此儿不良，已三过偷之矣。'"唐人经常将东方朔偷摘仙桃的典故素材写到作品中来，如柳宗元《摘樱桃赠元居士》

诗云："蓬莱羽客如相访，不是偷桃一小儿。"施肩吾《赠凌仙姥》诗云："仙桃不啻三回熟，饱见东方一小儿。"李绅《新楼》诗云："惆怅桂枝零落促，莫思方朔种仙桃。"

摘自：孙振涛.《全唐诗》宗教名物意象考释[M].北京：宗教文化出版社，2019.

10 寒具①

晋桓玄②喜陈书画，客有食寒具不濯手而执书帙者③，偶④污之，后不设寒具，此必用油蜜者。

《要术》并《食经》者⑤，只曰"环饼"，世疑"馓子"⑥也，或巧夕⑦酥蜜食也。杜甫十月一日乃有"粔籹作人情"⑧之句，《广记》⑨则载于寒食事中。三者俱可疑。

及考朱氏注《楚辞》"粔籹蜜饵，有餦餭些"⑩，谓"以米面煎熬作之，寒具也。"以是知《楚辞》一句，自是三品：粔籹乃蜜面之干者，十月开炉，饼也；蜜饵乃蜜面少润者，七夕蜜食也；餦餭乃寒食具，无可疑者。闽人会姻名煎铺，以糯粉和面，油煎，沃以糖。食之不濯手，则能污物，且可留月余，宜禁烟用也。

吾翁和靖先生⑪《山中寒食》诗云："方塘波绿杜蘅青，布谷提壶已足听。有客初尝寒具罢，据梧慵复散幽经。"吾翁读天下书，攻媿先生且服其和《琉璃堂图》事⑫。信乎，此为寒食具者矣。

注释：

① 寒具：亦称"馓""环饼"等，俗称"馓子"，本是古代寒食节禁火时用以代餐的食品，后成为一种平时的点心。寒具始见载于《周礼·笾人》："朝事之笾，其实黄、白、黑。"注："朝事，谓清朝未食，先进寒具口实奕之笾。"此寒具即是泛指制熟后冷食的干粮。又因春秋战国时期，古人在寒食节禁火时食用，于是，耐储好吃的馓子、麻花之类油炸面食品，便成为寒食节诸食品中的佼佼者，遂冠以"寒具"的美名，南北朝时，其被列为珍贵食品之一，此后历代传习。

② 桓玄：369—404，字敬道，一名灵宝，谯国龙亢县（今安徽省怀远县龙亢镇）人；东晋权臣，大司马桓温之子，桓楚开国皇帝。桓玄形貌瑰奇，风神疏朗，博综艺术，善于属文。

③ 濯手：洗手。书帙：书套，泛指书籍。《说郛》涵芬楼本作"书籍"，小石山房本、《说郛》宛委山堂早稻田大学本、哈佛大学藏本、《夷门广牍》本作"书帙"。

④ 偶：不小心。

⑤《要术》：《齐民要术》，大约成书于北魏末年，533—544，是北朝北魏时期、南朝宋至梁时期，中国杰出农学家贾思勰所著的一部综合性农学著作，也是世界农学史上专著之一，是中国现存最早的一部完整的农书。《齐民要术》："细环饼，一名寒具，脆美。截饼，一名蝎子。皆须以蜜调水搜面。若无蜜，煮枣取汁。牛羊脂膏亦得，用牛羊乳弥好，令饼美脆。"《食经》：《齐民要术》《北堂书钞》《太平御览》及王祯《农书》等书中收录有未署作者姓名的《食经》，内容有四十多条（少数重复），有学者认为，这些《食经》之佚文，极可能源自崔浩的《食经》，有待于进一步证实。

⑥馓子：又称食馓、捻具、寒具、麻物子，是一种油炸食品，香脆精美。

⑦巧夕：即七夕，农历七月七日之夜。古代妇女于是夜穿针乞巧，故称。

⑧粔籹（jù nǚ）作人情：见杜甫《戏作俳谐体遣闷二首》："於菟侵客恨，粔籹作人情。"

⑨《广记》：即《太平广记》，是中国古代文言纪实小说的第一部总集，为宋代人撰写的一部大书。全书500卷，目录10卷，取材于汉代至宋初的纪实故事为主的杂著，属于类书。宋代李昉、扈蒙、李穆、徐铉、赵邻几、王克贞、宋白、吕文仲等14人奉宋太宗之命编纂此书，开始于太平兴国二年（977），次年（978）完成。因成书于宋太平兴国年间，和《太平御览》同时编纂，所以叫作《太平广记》。

⑩朱氏：朱熹。朱熹曾注楚辞，作《楚辞集注》。"粔籹蜜饵，有餦餭些"：出自《楚辞·招魂》。粔籹，甜面饼。蜜饵，蜜米糕。餦餭（zhāng huáng），即麦芽糖，也叫饴糖。

⑪和靖先生：即林逋，967—1028，字君复，后人称为和靖先生、林和靖，奉化大里黄贤村人，北宋著名隐逸诗人。宋仁宗赐谥"和靖"。林逋隐居西湖孤山，终生不仕不娶，惟喜植梅养鹤，自谓"以梅为妻，以鹤为子"，人称"梅妻鹤子"。

⑫攻媿先生：即楼钥，1137—1213，字大防，又字启伯，号攻媿主人，明州鄞县（今浙江宁波）人。南宋大臣、文学家。《琉璃堂图》：据《宣和画谱》，南唐周文炬画有《琉璃堂人物图》，藏于内府。此诗或是林逋咏画而楼钥服之。

译文：

东晋桓玄喜欢向别人展示书画，他有个客人吃寒具没洗手就去拿书画，不小心弄脏了书画，后来桓玄就不给客人提供寒具了，这种寒具能脏手，一定用了油蜜。

《齐民要术》和《食经》里，只说寒具是"环饼"，世人怀疑就是"馓子"，或者七夕那天吃的酥蜜食。但杜甫到十月一日才写了"粔籹作人情"这句诗，《太平广记》则把寒具记载在寒食节的事情里。三者都值得推敲。

等到考证朱熹注《楚辞》的"粔籹蜜饵，有餦餭些"，写到"以米面煎熬作之，寒具也"，才知道《楚辞》一句话里面包含三种东西：粔籹是干的蜜面，十月开炉，就是甜烧饼；蜜饵是稍微湿润的蜜面，就是七夕的蜜食；餦餭才是寒食节的寒具。这就清楚了。福建人把会姻叫作"煎餔"，用糯米粉和面，再用油煎，浇上糖；吃了不洗手，就会弄脏东西，并且可以存放一个多月，适合在寒食节这种不能烧火生烟的时候用。

先祖和靖先生在《山中寒食》写道："方塘波静杜蘅青，布谷提壶已足听。有客初尝寒具罢，据梧慵复散幽经。"先祖读了天下的书，攻媿先生都叹服他和《琉璃堂图》的事情。这确实就是寒食具了。

延伸阅读：

一、《周礼》注中的"寒具"

《周礼·天官·笾人》："朝事之笾，其实麷、蕡、白、黑、形盐、膴、鲍鱼、鱐。"郑司农云："朝事谓清朝未食，先进寒具口实奠之笾。"郑司农名郑众，东汉经学家。据贾公彦在《序周礼废兴》中引《马融传》记载，郑众是跟杜子春学习《周礼》的，杜子春是刘歆的弟子。《周礼》一书据很多学者考证为周秦时期的书，其中的部分内容又被疑为西汉刘歆伪作。因此，郑众对于朝事之笾的解释有可能来自杜子春或刘歆。郑众认为"朝事之笾"是"清朝未食"时点饥的食物。郑玄看法与郑司农不同，"玄谓以'司尊彝'之职参之，'朝事'谓祭宗庙荐血腥之事。"也就是说"朝事之笾"不是给人吃的食物，而是用来祭祀的（当然祭祀仪式结束后，这些食物还是给人吃的）。郑玄是从前后文关系上得出的结论，后代很多学者都认可郑玄的观点。二郑对"寒具"用途的解释不一，但对"寒具"这个名词都没有否定。东汉桓谭的《新论》及张逸《遗令》中都提到"寒具"，可见"寒具"确实是食物的名称。

朝事之笾中放了"麷、蕡、白、黑、形盐、膴、鲍鱼、鱐"八种食物，前四种是谷类，可称为谷类寒具；后三种是鱼肉，可称为鱼肉寒具。这些都是可用来充饥的食物。唯"形盐"有点奇怪："筑盐以为虎形，谓之形盐，故《春秋传》曰：盐虎形。"郑玄则认为形盐是"盐之似虎者。"不论是哪种解释，"形盐"应该都不会是直接食用的食物。去掉"形盐"，寒具就有两类七种食物。

谷类寒具"麷、蕡、白、黑"的制作方法："麷为熬麦""蕡为麻子""白为熬稻米""黑为熬黍米"。除了"蕡"，另外三种的制作方法都是"熬"——熬麦、熬稻、熬黍。鱼类寒具"膴、鲍鱼、鱐"的制作方法："膴，生鱼为大脔。鲍者，于室中糗干之，出于江淮也。鱐者，析干之，出东海。王者备物，近者腥之，远者乾之，因其宜也。"鲍是加米粉腌制后烘干的咸鱼，鱐是无盐的鱼干。"膴"与"鲙"是相似的菜肴。"脍"是生肉丝，写作"鲙"的时候专指生鱼丝。《礼记·少仪》："牛羊与鱼之腥，聂而切之为脍。"注："聂之言牒也。"疏："聂而切之者，谓先牒为大脔，而后细切之为脍也。""牒为大脔"的时候正是朝事之笾中的"膴"。郑玄在《周礼》注中说："燕人脍鱼方寸，切其腴以啗所贵。""腴"指的是鱼腹。可知当时燕地流行的是用鱼腹切成的生鱼片，不同于中原的切成丝的鲙。

以上是据郑玄注释的内容整理的。据郑玄注，寒具是冷食的，谷类寒具是热制冷食的，鱼肉寒具有腌制后冷食的，也有生切的鱼脍。汉以后，人们提到寒具往往是指一种食物，都属谷类的，以鱼为寒具的，再无所闻。所以，后面的讨论只针对谷类寒具，鱼及形盐之类均不在此讨论。

二、汉唐时期对于寒具的表述

在翻检古籍时，人们往往会发现寒具有各种各样的别名。缪启愉先生在《齐民要术》卷九"细环饼、截饼"之校释中整理了寒具的名字：寒具、蝎子、餲、膏环、捻头、粔籹、安乾、饆饠、饊饆、环饼、粺粍、粔粍。这其中有可以商榷的地方，但汉唐文献中对于寒具的表述确实不一样：

（1）桓谭《新论》曰：孔子，匹夫耳，而卓然名著。至其冢墓，高者牛羊鸡豚而祭之，下及酒脯、寒具，致敬而去；《张逸遗令》曰：闭口寒具不得入。

（2）唐代张彦远《法书要录》："桓玄爱重书法，每燕集，辄出法书示宾客。客有食寒具者，仍以手捉书，大点污。后出法书，辄令客洗手，兼除寒具。"张彦远于"寒具"后夹注道："按寒具即今之环饼，以酥油煮之，遂污物也。"《集韵》亦注："寒具，环饼也。"

（3）北魏贾思勰《齐民要术》卷九《饼法第八十二·细环饼截饼》："（细）环饼一名寒具，截饼一名蝎子。皆须以蜜调水溲面，若无蜜，煮枣取汁，牛羊脂膏亦得，用牛羊乳亦好，令饼美脆。"

（4）《太平御览》引《通俗文》曰："寒具谓之餲。"

（5）吴炯的《五总志》："干宝司徒仪曰：祭用䊦䅫。晋制呼为撮饼，又曰寒具，今曰馓子。"

（6）段公路《北户录》："果奠合子有寒具（《证俗音》䊦䅫，内国呼为糫饼，亦呼寒具。《郑玄》注：周官有寒具，未知是䊦䅫否）。"

上面所引六条是汉唐之间最重要的寒具资料，它们或者直接提到"寒具"或者明确解释"寒具"是什么。（1）（2）两条是文人的原创著作所提及的"寒具"。其后四条所记的是民俗中对于"寒具"的称呼（《五总志》是宋代的书，但所引的《司徒仪》是晋代的）。在解释"寒具"这个词的时候，用的常是民俗中的名称。在民俗文化中，这一类食物则有不同的名字，或者叫环饼，或者叫餲，或者叫撮饼。"寒具"这个名字可能被人们淡忘了，也有可能，民间本来就不用这个名字。但是有一点可以肯定，汉唐时期，"寒具"只是一个流行在知识分子圈里的名称，而这个名称的由来，可能与《周礼》有关。

贾俊侠先生在《汉唐长安"饼食"综论》中提出，寒具和环饼是同一食物，寒具是南方的称呼，环饼是北方的称呼。这个说法值得商榷。贾先生说不同地方对寒具的称呼不一样，这是对的。说寒具是南方称呼，环饼是北方的称呼，却没有证据。至少从上面所列六条资料来看，《新论》作者桓谭、《张逸遗令》作者张逸均是北方人。干宝主要生活在南方地区，《北户录》一书所记为岭南地区的民俗，以此推测，䊩䊀应是南方的名字，其他的"寒具""环饼""截饼""蝎子""餲"也都是北方的名称。

三、"寒具"与寒食节的关系

晋孙楚《祭子推文》云："黍饭一盘，醴酪一盂，清泉甘水充君之厨。"

晋陆翙《邺中记》："邺俗，冬至一百五日为介子推断火，冷食三日，作乾粥，是今之糗。寒食三日，为醴酪，又煮糯米及麦为酪，捣杏仁煮作粥。"

北魏贾思勰《齐民要术·醴酪第八十五》也说醴酪是为纪念介子推，"忌日为之断火，煮醴而食之，名曰寒食"，又说"中国流行，遂为常俗。"

梁宗懔《荆楚岁时记》："寒食禁火三日，造饧大麦粥，斗鸡，镂鸡子，斗鸡子。"

隋杜台卿《玉烛宝典》曰："今人悉为大麦粥，研杏仁为酪，引饧沃之。"

上面所列为汉唐时期寒食节的食物，名称有：黍饭、醴酪、饧大麦粥、乾粥、糗等，这些食物的功能明确地指向介子推的传说。但是这些食物都不叫寒具。

通常学者们都把寒具当成是寒食节的食物。林洪《山家清供》："寒具……可留月余，宜禁烟用。"李时珍说："冬春可留数月，及寒食禁烟用之，故名寒具。"但这基本是宋朝以后的观点，二郑在注《周礼》时并无提及"寒具"的季节性。在前一节所引的"寒具"资料中，也都没有提到季节。最有意思的是，《齐民要术》"饼法第八十二"提及寒具，没讲寒具与寒食节的关系，但到了"醴酪第八十五"介绍醴酪时却说明是纪念介子推的。莫非"寒具"与寒食节无关？

对此，还是要回到《周礼》郑注。郑玄说："䊀为熬麦""白为熬稻米""黑为熬黍米"。这三种食物分别为熬麦、熬稻米和熬黍米。如果把熬解释为用小火慢煮的话，那么䊀就是大麦粥黑就是黍饭，䊀与白的结合体就是把麦和糯米一起煮的醴酪。也就是说，"朝事之笾"的食物在民间一直都存在，只是名称不像《周礼》里的"䊀""白""黑"那么简洁，而是口语化的大麦粥、醴酪和黍饭。这样的食物，平时也可以吃，不一定非得到寒食节时才做，而"寒具"也就不是"寒食之具"，而是冷食的意思。果真如此的话，平常的祭祀也是可以用这些食物的。按照这个推理来看前面所引桓谭《新论》："孔子，匹夫耳，而卓然名著。至其冢墓，高者牛羊鸡豚而祭之，下及酒脯、寒具，致敬而去。"人们来到孔子墓前祭拜，条件好的人用"牛羊鸡豚"，条件差些的就摆些"酒脯寒具"。此处的"寒具"应该是指"䊀""白""黑"，就是

"黍饭""醴酪""饧大麦粥"。从受祭者的身份来说，孔子与介子推是一样的，又都是北方地区人，用同样的祭品完全可以理解。

四、环饼寒具的误会

《齐民要术》中记载的"寒具"比《周礼》"寒具"影响要大得多，后人所说的寒具大多与此有关。"（细）环饼一名寒具，截饼一名蝎子。皆须以蜜调水溲面，若无蜜，煮枣取汁，牛羊脂膏亦得，用牛羊乳亦好，令饼美脆。"两汉和魏晋南北朝时，"饼"的概念与今天不一样，面条、馄饨、馒头都可称"饼"，寒具就是一种细面条盘起来的"环饼"。这大概是最早的有详细制作方法的寒具记录了，但它和《周礼》寒具似像非像。

首先是这种细环饼的形状。《齐民要术》中有两个环饼，一个是叫作"粔籹"的"膏环"，另一个是叫作"寒具"的"细环饼"。这个细环饼很容易让人联想到馓子、面条之类的食物。这种形状的食物在东汉时期才见史料中有记载，应该与《周礼》寒具没有太多的联系。其次，从制作方法上看。细环饼用蜜或者枣汁调水和面，或者用牛羊乳、牛羊脂膏来和面，制成以后饼"美脆"。由于有蜜或枣汁，这种细环饼用油炸成熟的可能性比较小，烤熟的可能性比较大。但无论是炸是烤，都与"熬"相去甚远。既然这样，为什么细环饼会有寒具这个名字呢？

细环饼被称为寒具可能与膏环"粔籹"有关。"粔籹"见于《楚辞·招魂》："粔籹蜜饵，有餦餭些。"东汉王逸注："粔籹，环饼也。餦餭，饧也。言以蜜和米面，熬煎作粔籹，捣黍作饵，又有美饧，众味甘美也。"有以下三个原因把粔籹、细环饼和寒具混同起来：

其一是名称。据王逸注可知"膏环"也可以叫"环饼"。在民间语言中，细环饼与环饼不可能分得那么清楚，用得久了，两者也就混为一谈了。

其二是做法。"以蜜和米面，熬煎作粔籹"，与《齐民要术》中细环饼"蜜调水溲面"的做法非常相似。可能的情况是，细环饼的做法有两类，一类是粔籹的做法，另一类是添加牛羊乳、牛羊脂膏的做法。粔籹是南方的食物，而作注的王逸是东汉南郡宜城人（今湖北襄阳宜城），与屈原同土同国。所作《楚辞章句》是《楚辞》最早的完整注本。因此，他所说的粔籹很可能就是当时民间常用的做法。后一类做法很可能来自北方的胡人，草原缺水，以牛羊乳或膏脂和面很合乎情理。

其三是时间。粔籹的使用在春季。《招魂》："稻粢穱麦，挐黄粱些。"王注："稻，稌。粢，稷。穱，择也，择麦中先熟者也。挐，糅也。言饭则以杭稻糅稷，择新麦糅以黄粱，和而柔嫩，且香滑也。"可知当时处于麦子将熟未熟之际。

又"乱曰：献岁发春兮汩吾南征。"是说当时正是春季。前后联系起来看，招魂的时间应该是春末夏初，麦熟之前。这一时间与寒食节也有点关系。东汉末蔡邕的

《琴操》:"子绥抱木而死,文公哀之,令人五月五日不得举火。"关于寒食节的时间问题,研究者多有考证,五月五日也是一说,而且是在寒食节最流行的时期出现的,说明当时可能有五月五日禁火寒食的地方。

名称相似,做法相似,使用时间相近,如此,粔籹、细环饼、寒具三者混成一体也就可以理解了。后来,朱熹在《楚辞集注》中说:"粔籹,环饼也,吴谓之膏环,亦谓之寒具。"

还有一个让细环饼成为寒具的关键食品——餦。后来常把粔籹、寒具与餦子混为一谈,这种混淆也在汉晋之间。

汉代的餦是用米制成的一种甜食。汉许慎《说文》:"餦,熬稻餭餭也。"餭餭指饴糖,前引王逸注"餭餭,饧也。"汉以前普遍称为饧,是民间常见的甜食。史游《急就篇》有"枣杏瓜棣餦饴饧"。唐人颜师古注云:"餦之言散也。熬稻米饭使发散也。"段玉裁进一步解释:"熬,干煎也。稻,稌也。稌者,今之稬米,米之粘者。鬻稬米为张皇,张皇者,肥美之意也。既又干煎之,若今煎粢饭然。是曰餦。饴者,熬米成液为之。米谓禾黍之米也。餦者,谓干熬稻米之张皇为之。两者一濡一小干,相盉合则曰饧。此许意也。"即"餦"是用糯米煮成很烂的粥使之成为餭餭,再将其熬干,即成餦。这种餦与《周礼》郑注的"蘲为熬麦""白为熬稻米""黑为熬黍米"非常相似,它们之间应该是有传承关系。

"餦"也叫"餦饭",在唐朝时称粇糇。《北户录》注引《证俗音》云:"今江南呼餦饭以煎米以糖饼之者为粇糇。"唐代制糖业发达,人们在制作餦饭时不再用饧,改用糖了。南宋林洪《山家清供·寒具》:"餭餭乃寒食具,无可疑者。闽人会名煎铺,以糯粉和面油煎,沃以糖,食之不濯手则能污物,且可留月余,宜禁烟用也。"林洪所说的寒具与《证俗音》的"粇糇"实为同一样食品。今天中国南方的土家族、苗族、白族的"团餦"和仡佬族的"米花"很有可能就是《楚辞》中的粔籹。这两种食物在《中国少数民族饮食文化荟萃》一书中有记载。日本有一种点心叫おこし,汉字写作"粔籹",具体品种有栗粔籹和雷粔籹两种,其做法也与餦饭类似。

五、结论

综上所述,"粔籹"与"餦饭"与《周礼》谷类寒具有传承关系,两者的制作方法非常相似,因此,在流传过程中,"粔籹"的俗名"环饼"与"餦饭"合二为一。"细环饼"是北方食物,制作方法分两种,其中一种调制方法类似于南方的"餦饭""粔籹",因而两者再被人们混淆,寒具也就完成了从"蘲""白""黑"到"细环饼"演化过程,宋朝时,寒具已经被称为餦子。前引吴炯的《五总志》:"寒具,今曰餦子。"但宋朝人对于寒具与餦子的关系还是有疑问的,林洪说:"寒具,此必用油蜜者。《要术》并《食经》者,只曰环饼,世疑餦子也。"用一"疑"字表示不确定。但是在民间，寒具与馓子已经被认为是一种食物了。

摘自：周爱东.汉唐时期"寒具"考[J].农业考古，2018（1）：5.

11 黄金鸡①

李白诗云："亭上十分绿醑酒，盘中一味黄金鸡②。"其法：燖③鸡净洗，用麻油、盐水煮，入葱、椒。候熟，擘、饤④，以元汁⑤别供。或荐⑥以酒，则"白酒初熟、黄鸡正肥"之乐得矣。

有如新法川炒等制，非山家不屑为，恐非真味也。或取人字为有益，今益作人字鸡，恶伤类也⑦。每思茅容以鸡奉母⑧，而以蔬奉客，贤矣哉！《本草》云："鸡，小毒，补，治满⑨。"

注释：

① 黄金鸡：小石山房本、《说郛》涵芬楼本后有注："又名钻篱菜，出《志林》。"《说郛》宛委山堂早稻田大学本、哈佛大学藏本、《夷门广牍》本无。

② "李白诗云"三句：此诗未见于《李白诗集》。《宋艺圃集》卷十三收有马存三首，其中《邀月亭》中有"亭上十分绿醑酒，盘中一箸黄金鸡"。《夷门广牍》本误作"堂""杯"，小石山房本、《说郛》涵芬楼本、《说郛》宛委山堂早稻田大学本、哈佛大学藏本作"亭""盘"，据改。醑（xǔ），美酒。南朝·谢灵运《石门新营所住》："芳尘凝瑶席，清醑满金尊。"

③ 燖（xún）：把已宰杀的猪或鸡等用热水烫后去掉毛。晁补之《猪齿白化佛赞》："扬汤燖毛，毛须弥聚。"

④ 擘（bò）：分开；剖裂。唐代李朝威《柳毅传》："乃擘青天而飞去。"饤：贮食，盛放食品。

⑤ 元汁：即原汁。

⑥ 荐：进献。

⑦ "或取人字为有益"三句：小石山房本、《说郛》涵芬楼本、《说郛》宛委山堂早稻田大学本、哈佛大学藏本均无此三句。

⑧ 茅容以鸡奉母：东汉茅容事母至孝，名流郭太寓其家，茅杀鸡奉母，而自己与客人仍吃蔬菜糙饭。后世遂用作孝子事母之典。

⑨ 本草云：鸡，小毒，补，治满：《说郛》宛委山堂早稻田大学本、哈佛大学藏本后无此句，小石山房本、《说郛》涵芬楼本后双行小字夹注："《本草》云：鸡，小毒，补虚治病。"宋代唐慎微《证类本草》卷十九："丹雄鸡：味甘微温、微寒，无毒。主女人崩中漏下、赤白沃，补

虚，温中，止血，通神，杀毒，辟不祥。""小毒"疑作"杀毒"。满，指胀闷。

译文：

李白诗写道："亭上十分绿醑酒，盘中一味黄金鸡。"黄金鸡的制作方法：把鸡用热水烫后去掉毛洗干净，再用麻油、盐水煮，放入葱、椒。等到熟了，剖开，分块盛放好，再盛鸡汤作为另一道菜。或者再配点酒，那么就可以享受到"白酒初熟、黄鸡正肥"的乐趣了。

像新的川炒等制作方法，不是山家不屑于做，而是这样做了恐怕就不是真正的味道了。又有人把鸡弄成人字形，认为对人很有益处，现今的人争相作人字鸡，但我作为人，讨厌这种物伤其类的作法。我常常想到茅容杀鸡奉母，而自己与客人仍吃蔬菜糙饭，实在是贤德啊！《本草》上写："鸡，小毒，补虚，治胀闷。"

延伸阅读：

中国的"鸡文化"源远流长，内涵丰富多彩，鸡与古人的生活密切相关。在距今七八千年前的新石器时代的陶器上，已出现了鸡的形象；在距今3300年前的商代都城殷墟遗址，曾出土有被认定的最早的家鸡鸡骨，甲骨文里也发现了鸡的象形文字。正如展览中所介绍的，在古籍记载中鸡有很多别名，"钻篱菜"就是鸡的称谓之一。何谓"钻篱菜"？顾名思义，是因为鸡喜欢钻篱笆的缘故。

"钻篱菜"典出宋代大文豪苏轼《东坡志林·卷二·僧文荤食名》："僧谓酒为'般若汤'，谓鱼为'水梭花'，鸡为'钻篱菜'……"在中国古代，佛门弟子是戒食酒肉的，可是有些僧人为了过个嘴瘾，往往偷着喝点酒，吃点肉。吃后喝后为了求得心安理得，又要想法对佛祖有个交代，于是就有了这些"代名词"。所谓"般若汤"，就是僧人称呼酒的隐语；"水梭花"则是指鱼。其实，苏轼在《东坡志林》中已抨击了这些"巧立名目"僧人的虚伪："但自欺而已，世常笑之。人有为不义而文之以美名者，与此何异哉！"

可见，"钻篱菜"之"篱"万万不可写成"蓠"。因为篱（籬）是指用竹、苇、树枝等编成的篱笆，晋代陶潜《饮酒》一诗中"采菊东篱下，悠然见南山"就是这个"篱"字。"篱"还可以组成"篱栅""篱障"等词。而"蓠（蘺）"字则是古书上说的一种香草，相关的词语有"江蓠""青蓠"等。

摘自：赖莉.鸡被称为"钻篱菜"还是"钻蓠菜"[OL].北京晚报，2017[2017-02-23].

12　槐叶淘①

杜甫诗云："青青高槐叶，采掇付中厨。新面来近市，汁滓宛相俱。入鼎资过熟，加餐愁欲无。"②即此见其法：于夏，采槐叶之高秀者。汤少瀹③，研细滤清，和面作淘，乃以醯、酱为熟齑④。簇细苗⑤，以盘行之，取其碧鲜可爱也。末句云："君王纳凉晚，此味亦时须。"不唯见诗人一食未尝忘君，且知贵为君王，亦珍此山林之味。旨⑥哉！诗乎！

注释：

①槐叶淘：唐代杜甫有《槐叶冷淘》诗，仇兆鳌注引朱鹤龄曰："以槐叶汁和面为冷淘。"

②"杜甫诗云"数句：杜甫诗指杜甫《槐叶冷淘》："青青高槐叶，采掇付中厨。新面来近市，汁滓宛相俱。入鼎资过熟，加餐愁欲无。碧鲜俱照箸，香饭兼苞芦。经齿冷于雪，劝人投此珠。愿随金騕袅，走置锦屠苏。路远思恐泥，兴深终不渝。献芹则小小，荐藻明区区。万里露寒殿，开冰清玉壶。君王纳凉晚，此味亦时须。"采掇，采摘，采集。

③瀹：浸渍。

④醯：醋。齑：调味品。

⑤簇细苗："苗"原作"茵"，《说郛》涵芬楼本、《说郛》宛委山堂早稻田大学本、哈佛大学藏本均作"苗"，小石山房本作"茵"。此处当为"苗"，据改。簇，聚拢在一块儿，聚集成一团。簇细苗，堆簇细嫩槐叶。即摆盘。

⑥旨：美。

译文：

杜甫的诗写道："青青高槐叶，采掇付中厨。新面来近市，汁滓宛相俱。入鼎资过熟，加餐愁欲无。"即可知晓槐叶冷淘的制作方法：在夏天的时候，采来高大丰秀槐树的叶子，用开水稍微氽一下，把槐树叶研细，把渣滤清，用槐树汁和面做成面条，又用醋、酱做的调味汁拌上。再堆簇细嫩槐叶在盘子里的面条边上，因为新鲜嫩槐叶碧鲜可爱。最后一句写道："君王纳凉晚，此味亦时须。"不仅可以看出诗人吃一顿饭也没有忘记君王，并且知道就算贵为君王，也知道珍惜这样的山林之味。这诗写得真美啊！

延伸阅读：

青青高槐叶，采掇付中厨。新面来近市，汁滓宛相俱。入鼎资过熟，加餐愁欲无。碧鲜俱照箸，香饭兼苞芦。经齿冷于雪，劝人投此珠。愿随金騕褭，走置锦屠苏。路远思恐泥，兴深终不渝。献芹则小小，荐藻明区区。万里露寒殿，开冰清玉壶。君王纳凉晚，此味亦时须。

这是唐代大诗人杜甫的《槐叶冷淘》诗，作于唐代宗大历二年（767）夏天，杜甫寓居瀼西草堂时。

冷淘，即凉面，又称伏面。其起始缘于上古"伏日祭祀"活动——古时民间于伏日祭祀太阳神（炎帝）和火神（祝融）感谢他们为人类带来光明生长万物。三国时期开始食面以祭，但一开始食用的是汤饼（热汤面），到了唐朝，才变成夏日吃冷淘，以适应消暑的要求。《唐会要》中载："冬月量造汤饼及黍臛，夏月冷淘、粉粥。"杜甫诗中所赞美的槐叶冷淘，即槐叶冷面，"盖以槐叶汁和面为之"（《杜诗镜铨》引张溍语）——这是采摘嫩槐叶捣汁后和面做成的面条，其颜色鲜碧而好看，煮熟之后，再放在冰水或井水中浸凉。这样，吃面的时候才有"经齿冷于雪"之感。此面碧绿清香，为进食消暑佳品，正如诗中所述"君王纳凉晚，此味亦时须"。槐叶冷淘是唐代上层社会的一种饮食，据《唐六典》记载："太官令夏供槐叶冷淘。凡朝会宴飨，九品以上并供其膳食。"古人在食用这种面时，往往调以盐、醋、芝麻酱、芥末等，甚至还有猪肉、鱼肉、木耳、口蘑、花椒、黄瓜丝、蒜泥等。

从唐朝至明朝，槐叶冷淘一直盛行。而诗咏槐叶冷淘的，除了杜甫，宋代苏轼（1037—1101）的诗作亦佳，他在枇杷熟、桑葚落的时节，吃到了用槐芽做成的槐叶冷淘，令这位大美食家发出"此生有味在三余"的感叹。

枇杷已熟粲金珠，桑落初尝滟玉蛆。暂借垂莲十分盖，一浇空腹五车书。青浮卵碗槐芽饼，红点冰盘藿叶鱼。醉饱高眠真事业，此生有味在三余。

——宋代苏轼

王子仁注此诗曰："槐芽饼，即序所谓槐叶冷淘也，盖取槐叶汁溲面作饼，即鲜碧色也。"而晚于苏轼的陆游（1125—1210）在《春日杂题·其四》中，也有"佳哉冷淘时，槐芽杂豚肩"的描写。陆游吃凉面时，正是用槐芽配有猪腿肉，口味颇佳。

国槐花苦，只能入药不能入食。笔者曾从书市淘来一本饮食图书，从隋唐饮食的记载中看，古人食用槐叶应当多是取其汁，再做成冷面（或槐叶饼），由于食用时往往又加上众多调料，并用于宴席，我猜想，如果天天用其充饥，恐怕也就不成其为美味了。

摘自：丁兆平.槐花入药 槐叶入膳[J].家庭中医药，2017，24（6）：72-74.

13　地黄馎饨①

崔元亮《海上方》："治心痛，去虫积，取地黄大者，净，捣汁，和面，作馎饨，食之，出虫尺许，即愈②。"正元③间，通事舍人崔杭女作淘食之，出虫，如蟆状，自是心患除矣④。《本草》："浮为天黄，半沉为人黄，惟沉底者佳。宜用清汁，入盐则不可食。或净洗细截，和米煮粥，良有益也⑤。"

注释：

① 馎饨（bó tún）：也叫不托，古代一种水煮的面食。北魏·贾思勰《齐民要术·饼法》："馎饨，挼如大指许，二寸一断，着水盆中浸。"

② "崔元亮《海上方》"数句：唐慎微《证类本草》卷六："崔元亮《海上方》：治一切心痛，无问新久，以生地黄一味，随人所食多少，捣绞取汁，搜面作馎饨或冷淘食，良久当利，出虫长一尺许，头似壁宫，后不复患矣。昔有人患此病，三年不瘥，深以为恨，临终，戒其家人：'吾死后，当剖去病本。'果得虫，置于竹节中，每所食，皆饲之，因食地黄，亦与之，随即坏烂，由此得方。"崔元亮，生平不详。

③ 正元：小石山房本、《说郛》涵芬楼本作"贞元"。当是。贞元，785—805，唐德宗李适的年号，共计21年。

④ "通事舍人"数句：刘禹锡《传信方》云："贞元十年，通事舍人崔杭女患心痛，垂气绝，遂作地黄冷淘食之，便吐一物，可方一寸以来，如蛤蟆状，无目、足等，微似有口。盖为此物所食，自此遂愈。"通事舍人，官名，始于东晋。唐代改为通事舍人。于中书省置十六人，并从六品上，称中书通事舍人；复于太子右春坊也置八人，并正七品下，称太子通事舍人，分别掌管皇帝与太子的朝见引纳、殿廷通奏等事。淘，汁液拌食。

⑤ "本草"数句："底"字、"洗"字，原无，据小石山房本、《说郛》涵芬楼本、《说郛》宛委山堂早稻田大学本、哈佛大学藏本补。《证类本草》卷六"干地黄"引日华子曰："生者水浸验，浮者名天黄，半浮半沉者名人黄，沉者名地黄。沉有力，佳；半沉者，次；浮者，劣。煎忌铁器。"

译文：

崔元亮在《海上方》里写道："想要治疗心痛，除去虫积，就取大的地黄，洗净，捣汁，和面，做成馎饦，然后服用，能排出一尺多长的虫，病就好了。"贞元年间，通事舍人崔杭的女儿拿地黄汁拌东西吃，吐出一条虫，像蛤蟆一样大，从此以后，心脏的毛病就好了。《本草》里写道："把地黄放在水里，浮着的是天黄，半浮半沉的是人黄，只有沉底的好。适合吃纯地黄汁，加了盐就不能吃了。另一种吃法是将地黄洗干净切细，和米一起煮粥，对身体还是很有益处的。"

延伸阅读：

一、传说故事

在唐朝时，有一年黄河中下游瘟疫流行，无数百姓失去生命，县太爷来到神农山药王庙祈求神佑，得到了一株根状的草药，送药人将此药称为地皇，意思是皇天赐药，并告诉他神农山北草洼有许多这种药，县太爷就命人上山采挖，解救了百姓。瘟疫过后，百姓把它引种到自家农田里，因为它的颜色发黄，百姓便把地皇叫成地黄了。值得一提的是，不管是否和传说有关，此后一说到地黄，人们都会认为怀庆府所产的最为地道。明朝名医刘文泰在《本草品汇精要》中说"生地黄今怀庆者为胜"，药物学家李时珍在《本草纲目》中记载："今人惟以怀庆地黄为上。"

二、功能主治

滋阴补血，益精填髓。用于肝肾阴虚、腰膝酸软、骨蒸潮热、盗汗遗精、内热消渴、血虚萎黄、心悸征仲、月经不调、崩漏下血、眩晕、耳鸣、须发早白。

摘自：韩兴贵，何召叶，密丽.中医药故事[M].天津：天津科学技术出版社，2020.

14 梅花汤饼①

泉之紫帽山有高人②，尝作此供。初浸白梅檀香末水，和面作馄饨皮。每一叠用五出铁③凿如梅花样者，凿取之。候煮熟，乃过④于鸡清汁内。每客止⑤二百余花。可想一食，亦不忘梅。后留玉堂元刚亦有诗⑥："恍如孤山下，飞玉浮西湖。"

注释：

①**汤饼**：水煮的面食。此处指馄饨。

②泉：泉州。紫帽山：位于福建省晋江市紫帽镇，与清源山、朋山、罗裳山号称"泉州四大山"。明黄仲昭《八闽通志》卷七："紫帽山，在当泰里三十三都。为峰凡十有二，常有紫云覆其巅。"清顾祖禹《读史方舆纪要》引《志》云："石所（山），在何岩之东，紫帽之西。其紫帽山，石壁削成，有麦斜岩诸胜。"

③五出铁："出"，原作"分"，小石山房本、《说郛》涵芬楼本、《说郛》宛委山堂早稻田大学本、哈佛大学藏本为"出"，据改。"五出"，谓五瓣，即可使一块馄饨皮上凿五花的铁模。

④过：汆（cuān）一下。把食物放到沸水里稍微一煮。

⑤止：《说郛》本作"上"。

⑥留玉堂元刚：留元刚（一作纲），字茂潜，晚自号云麓子，泉州晋江（今福建泉州）人；宁宗开禧元年（1205）试中博学宏词科，特赐同进士出身。嘉定元年（1208），其除秘阁校理。二年，其为太子舍人兼国史院编修官、实录院检讨官。迁直学士院。三年，其兼太子侍讲，除起居舍人，以母忧去。其起知温州，移赣州，以事罢，筑圃日山以终；有《云麓集》，已佚；事见清道光《福建通志》卷一七六《留正传》附。"诗"：前原有"如"字，小石山房本无，据删。

译文：

泉州紫帽山有高人曾经做过这种食物。刚开始是先把白梅浸在檀香末水里，拿汁液和面做成馄饨皮。每一叠面皮用凿成梅花样的五出铁凿取。等到煮熟了，才在鸡清汤里过一下。每个客人只要二百多朵花就够了。可以想象一样食品都不忘梅花的高洁是多么雅趣啊。后来留元刚，也写了这样应和的诗："恍如孤山下，飞玉浮西湖。"

延伸阅读：

中国面点制作工艺中有一项重要的内容，即用模具成型。

唐代段成式《酉阳杂俎·酒食》记有"赍字五色饼法"："刻木莲花，藉禽兽形按成之。合中累积五色竖作道，名曰斗钉。"据考证，这段话为南北朝时《食经》的佚文。这段话尽管有些令人费解之处，但仔细分析，仍然可以看出，"赍字五色饼"为花色点心，是将调拌揉按好的面团用雕刻成禽兽形的木模按压、染色而成（加热过程未提，倘用蒸熟之米粉，则不必再加热）。

宋代，面点模子用得多了起来。如浦江吴氏《中馈录》中记载的"酥饼"制法中，面剂是要"入印""成饼"（用木模压成饼形），然后再上炉烤熟的。但比较而言，林洪《山家清供》中记载的"梅花汤饼"却更具艺术性。这是一道构思奇妙、制作精巧的面点。首先，体现在用白梅花、檀香末浸泡的水和面作皮上，这样，面皮自会染上梅花、檀木之香。其次，体现在用梅花状的铁模将面皮凿成一朵朵"梅花"状。最后，是将"梅花汤饼"煮熟后过入鸡清汁中供客食用。如此，色、香、味、形有机结合的"清供"也就形成了。这很有意思，在饮食史上也较有影响。

明、清时期，糕饼模具用得更多。如袁枚《随园食单》中记道："杭州金团，凿木为桃、杏、元宝之状，和粉搦成，入木印中便成，其馅不拘荤素。"清代宫廷中月饼模子的种类也多，图案也美。苑洪琪《中国的宫廷饮食》中曾有专门章节介绍。但《红楼梦》中写到的"莲叶羹"，却是用模具"刻"出的独具生活情趣的小点心。

摘自：邱庞同.知味难·中国饮食之魅[M].青岛：青岛出版社，2015.

15 椿根馄饨

刘禹锡著樗根馄饨皮法①：立秋前后，谓②世多痢及腰痛，取樗根一大两握，捣筛，和面，捻馄饨如皂荚子③大。清水煮，日空腹服十枚。并无禁忌。

山家晨④有客至，先供之十数，不惟有益，亦可少延⑤早食。椿实而香，樗疏而臭，惟椿根可也。

注释：

①刘禹锡：772—842，字梦得，籍贯河南洛阳，生于河南郑州荥阳，自述"家本荥上，籍占洛阳"，其先祖为中山靖王刘胜（一说是匈奴后裔）。唐朝时期大臣、文学家、哲学家，有"诗豪"之称。樗：即臭椿。刘禹锡著樗根馄饨皮法：《证类本草》卷十四"椿木叶"："唐代刘禹锡著樗根馄饨法云：'每至立秋前后即患痢，或者水谷痢兼腰疼等。取樗根一大两，捣筛，以好面捻作馄饨子，如皂荚子大，清水煮。每日空腹服十枚。并无禁忌。神良。'"著，原作"煮"，小石山房丛书本、《说郛》哈佛大学藏本作"著"，据改。

②谓：通"为"，因为。

③皂荚子：豆科植物皂荚的种子。干燥种子呈长椭圆形，一端略狭尖，长11~13毫米，宽7~8毫米，厚约7毫米。

④晨：原作"良"，小石山房本、《说郛》涵芬楼本、《说郛》宛委山堂早稻田大学本、哈佛大学藏本作"晨"，义长，与后处"少延早食"意合，据改。

⑤延：延迟。

译文：

刘禹锡著樗根做馄饨皮的方法：立秋前后，因为世人多得痢疾和腰痛病，就取臭椿根一大两把，捣烂过筛成面粉，和面捏成皂荚子大的馄饨。（馄饨）用清水煮，每天空腹吃十枚，没有禁忌。

山野人家早上有客人来的话，先给他十几个，不只对身体有益，也可以垫垫饥，延迟早饭。香椿的根致密又香，臭椿的根疏松又臭，所以仅是食用的话一定要用香椿。

延伸阅读：

椿树有两种，一叶香而质实，一叶臭而质疏。后者一般叫臭椿，又称为樗。据陆玑《毛诗草木鸟兽虫鱼疏》的记载："樗，树及皮皆似漆，青色，叶臭。"而比起香椿来，人们对它陌生得多，因为其叶入口苦涩，但樗根具有药用价值，主治腰痛，可制成樗根汤、樗根散等剂。

事实上，香椿芽亦可充作药用，主治外感伤风、风湿痹痛、胃痛及痢疾等。然而，人们所重视的，反而是其滋味，号称"树上蔬菜"。之所以会如此，在于这种木本菜蔬，幼芽芳香浓郁、清脆鲜嫩之外，富含挥发油，营养价值高，为席上之珍。每年谷雨前，可采摘三次，分头茬、二茬、三茬；一旦过谷雨，芽子便生楂，质老且粗硬，已不堪食用。开始结实后，枝叶纷披，一树挺然，籽小似珠子，其色深绿，累串盈枝，一阵风来，散珠满地，弥漫异香。是以民谚云："雨前椿芽嫩无比，雨后椿芽生木质。"适足说明应在谷雨前采摘此一尤物。

以香椿芽入馔，烧法多元，滋味全面，耐人寻味。分别叙述如下，可窥见其奥妙处。

其一为"椿芽炒鸡蛋"。头茬最嫩，宜炒鸡蛋。锅内多放点油，鸡蛋不可炒老，于嫩黄中，点缀翠绿，吐馥留香，别有风味。高档菜中，采用烘蛋；充家常菜，则可蒸蛋。

其二为"香椿拌豆腐"。先将豆腐以沸水略滚，晾凉，切成小丁。香椿用热水一烫，逸出馨香，捞出剁碎，加香油、细盐，与豆腐丁同拌，清隽宜人，堪称一绝。

其三为"香椿炒肉丝"。其常见于小饭馆。肉丝用芡粉一抓，入油一划，放上寸段香椿，三颠两翻即成。食素者可改以腐皮切丝，或者用面筋，均素菜中之逸品也。

其四为"拌香椿松"。此菜可荤可素，皆先将椿芽斩碎，荤用熟鸡脯肉、熟火腿，均切成米粒状，素则用豆干丁、松子，加调料拌匀后，质嫩味鲜，清香适口，佐酒下饭两相宜。我特爱食素者，以匙就口，不亦快哉！

其五为"腌香椿"。山东济南人颇嗜此味。取三茬椿芽，熬一锅盐水，浸渍后装瓶。热天食麻汁（即麻酱）面时，浇上一两匙浆汁，倒出香桩些许，与胡萝卜丝或丁一起充做浇头，过瘾出味，足消酷暑。

其六为"春椿鱼"，华北的时令菜，为香椿菜魁首。在饭庄、素菜馆中，每每见其芳踪，一称为"炸香椿"。其做法为洗净椿芽，蘸上蛋黄与面粉调成的糊，入锅炸成焦黄，现炸现吃，香脆酥松，好味至极。亦可拌面粉中，蒸而食之，其味甚佳。

摘自： 陶诗秀.椿芽椿根皆可口[J].工会博览，2020（20）：57.

16　玉糁羹①

东坡一夕与子由②饮，酣③甚，搥芦菔烂④，煮，不用他料，只研白米为糁。食之，忽放箸抚⑤几曰："若非天竺酥酡，人间决无此味。"⑥

注释：

① 糁（sǎn）：谷类磨成的碎粒。"玉羹糁"后小石山房本、《说郛》涵芬楼本后有"或用山芋"。

② 子由：苏轼之弟苏辙，1039—1112，字子由，一字同叔，晚号颍滨遗老；眉州眉山（今属四川）人；北宋时期官员、文学家，"唐宋八大家"之一。

③ 酣：酒喝得很畅快。

④ 搥：同"捶"，捶打，敲击。芦菔：萝卜。《尔雅·释草》："葖，芦萉。"郭璞注："芦萉，芜菁属，紫华大根，俗呼雹葖。"《齐民要术》卷三《方言》："芜菁，紫花者谓之芦菔。"

⑤ 抚：轻轻地按着。

⑥ "若非天竺酥酡"二句：《苏轼集》卷二九《过子忽出新意，以山芋作玉糁羹，色香味皆奇绝。天上酥陀则不可知，人间决无此味也》："香似龙涎仍酽白，味如牛乳更全清。莫将北海金齑鲙，轻比东坡玉糁羹。"天竺，印度古称。酥陀，古印度酪制食品。《法苑珠林》卷一一二："诸天有以珠器而饮酒者，受用《化书》之食，色触香味，皆悉具足。"

译文：

苏东坡有天晚上和弟弟苏辙喝酒，喝得酣畅之时，捣烂萝卜，用水煮，不用其他配料，只研磨了些碎米放入。吃了后，突然放下筷子轻轻按着桌子说："如果不是天竺的酥酡，人世间一定没有这样的美味。"

延伸阅读：

萝卜之于人类，最根本的价值还在于吃。俏皮点儿说：勤劳勇敢的上古人民早早地在他们的基本食谱中为萝卜君留下了光辉的一席之地。记得曾听父亲讲过流传在故乡冀东的民谚，"春吃顶，秋吃根，十冬腊月吃当心儿"。腊月里，萝卜当心儿正肥，如此美味，您吃了吗？

然而萝卜的出场却并不华丽，甚至略带苦涩与忧伤：《诗经·谷风》并不是一首高兴的诗——郑笺曰："然而其根有美时，有恶时，采之者不可以根恶时并弃其叶，喻夫妇以礼义合，颜色相亲，亦不可以颜色衰，弃其相与之礼。"弃妇用葑、菲自喻，指责丈夫不应"以其颜色之衰，弃其德音之善"（朱熹《诗集传》卷二）。看来，"葑"和"菲"在先秦还基本依靠采摘，并不一定很美味。葑、菲有风险，采摘需谨慎。如果遇到战乱，萝卜能扮演的角色只有充饥。《后汉书·刘盆子传》载西汉末更始帝败亡，长安宫中宫女被困，以芦菔根和池鱼充饥，饿死甚多，好不凄惨。可见野生萝卜充饥效果也并不佳。

不过，自萝卜有了人工种植和培育以后，品种得到改良和丰富，配以姜、菘、蔓菁等辅料，制出一道道传世美味。北宋东京汴梁州桥夜市上就有卖辣萝卜的，算得一道名吃。《东京梦华录》"饮食果子"中记载当时酒店中有一类名为"撒暂"的小商贩，向食客强卖物什，个中也有"果实萝卜之类"（孟元老《东京梦华录》卷二，中华书局，1982，65、73页）。北宋大文豪苏轼曾研发过一道"东坡羹"，做法如下：

不用鱼肉五味，有自然之甘，其法以菘，若蔓菁，若萝菔，若荠揉洗去汁，下菜汤中，入生米为糁，入少生姜，以油碗覆之其上，炊饭如常法。饭熟羹亦烂可食。（《东坡羹颂引》）

清淡自清淡，却"有自然之甘"，东坡还特地赋诗："中有芦菔根，尚含晓露清。勿语贵公子，从渠醉膻腥。"（《狄韶州煮蔓菁芦菔羹一首》《苏轼诗集合注》卷四，上海古籍出版社，2001，2259页）真不愧是低调的美食家，彻底的乐观主义者。

关于萝卜的美食，从北魏的《齐民要术》到清代的《随园食单》，记载不胜枚举。总的说来，李时珍的评价最恰当："可生可熟，可菹可酱，可豉可醋，可糖可腊，可饭，乃蔬中之最有利益者。"聂凤乔先生著有《蔬食斋随笔·萝卜谚》，积二十年之功穷究文献，对萝卜的各种美食有精深研究，令人读之垂涎，恕不赘述。

萝卜不仅是美食，还是良药。《本草纲目》认为萝卜"根辛、甘，叶辛、苦，温，无毒"。熟食"大下气，消谷和中"，"制面毒，行风气，去邪热气"。对萝卜下气的功能，笔记小说多有记载，如清人阮葵生记李光地"每秋冬夜永，饱餐。炳炬摊书，断生萝卜寸许者满置大盂。每精诣深思时，辄停笔尝一二寸，尽盂乃就寝"（《茶馀客话》卷八，中华书局，1959，210页）。饮食过饱，则萝卜能消食，民谚所谓"上床萝卜下床姜"是也。李光地不仅通达医理，而且冬夜读书，有萝卜相伴，真会享受生活。

摘自：李远达.萝卜趣史[J].文史知识，2015（4）：55-62.

17 百合面

春秋仲月^①，采百合根，曝干，捣筛，和面作汤饼，最益血气。又，蒸熟可以佐酒。《岁时广记》^②："二月种，法宜鸡粪。"《化书》^③："山蚯化为百合，乃宜鸡粪。"岂物类之相感耶？

注释：

① 仲月：每季的第二个月。

② 《岁时广记》：是一部包罗南宋之前岁时节日资料的民间岁时记，全书共四十卷；陈元靓编撰，作者生卒年不详。陈元靓祖籍福建崇安，自署广寒仙裔，南宋末年人；作品还有《事林广记》《博闻录》等书。

③ 《化书》：唐末五代谭峭撰；共六卷，分道、术、德、仁、食、俭六化，一百一十篇。谭峭继承老子"有生于无"最后"有"又归于"无"的思想，认为"道"是万物变化的根本，全书基本上发挥黄老列庄学说，受列子的化、盗天等思想影响颇大。该书还继承张湛《列子注》所论述的最高哲学"太虚"，亦即虚，谓"太虚一虚也"，"其说多本黄老道德之旨，文笔简劲奥质"。谭峭的《化书》在中国思想史上有着重要的地位。

译文：

春秋两季的第二个月，采百合根，晒干，捣碎筛面，和面做成汤饼，最能补益血气。此外，其蒸熟了还可以用来伴酒。《岁时广记》写道："二月种，适合用鸡粪施肥。"《化书》写道："山蚯蚓变化为百合，所以适合鸡粪种。"这难道不是物类相互感应吗？

延伸阅读：

"冥搜到百合，真使当重肉。果堪止泪无，欲纵望江目。"这是唐代著名诗人吟诵百合的五言绝句。

百合属百合科多年生宿根植物百合或细叶百合及其同属多种植物的地下所生的扁圆形鳞茎，因"数十片相累"，状若白莲花而得名百合。

百合原产亚洲东北部，以我国为主。我国百合的产地较广，品种较多。四川所产叫"川合"，湖北麻城所产叫"麻城百合"，江浙太湖湖畔所产叫"苏合"，广东连阳一带所产叫"龙合"，北方则有兰州百合等。其中"苏合"生长于土质疏松肥沃的太湖冲积平原，瓣匀肉厚，质坚筋少，色白，味微苦，为百合中的上品。百合于秋冬二季采挖，剥取鳞片，用沸水烫或蒸后晒干入药，生用或蜜炙用。

百合既是食品，又有很高的药用价值，是药食两用的补益佳品。当前药食所用百合中有野生百合和家种百合之别，家种的鳞片阔而薄，味不甚苦；野生的鳞片小而厚，味较苦。

中医认为，百合味甘苦，性微寒而润，无毒，走心、肺二经。有润肺止咳、养阴清热、清心安神、补中益气以及利大小便之功效。特别是其清润心肺、止咳安神之功效最佳。百合用于治疗干咳久咳、劳嗽吐血，以及热病后期，余热未清、虚烦惊悸、神志恍惚、失眠多梦等症，最为相宜。一般临床百合若用于治疗肺炎、肺结核等导致的肺燥咳嗽、痰中带血之症，多与麦冬、沙参、生地黄、川贝母、梨皮、款冬花、玄参、阿胶、白芨等配伍，方如百合固金汤、百花丸等。百合用于清心安神，多与知母、生地黄（方如百合知母汤、百合地黄汤）以及柏子仁、远志、五味子、炒枣仁、夜交藤、莲子等同用。

笔者在临床中，多次用百合、蛤粉各60克，白芨120克，百部30克，阿胶20克，共研细末为丸，每丸重6克，每次1丸，每日3次，治疗肺结核和支气管扩张咯血，功效显著。百合还有益气调中的功效，用本品约33克配乌药约10克名百合汤，可用于治疗久久难愈的胃痛。笔者多次用百合30克，乌药10克，丹参30克，檀香6克（后下），延胡索10克，炒白芍12克为基础方，加味治疗多例虚实并见、寒热夹杂、气血皆病的慢性溃疡病所致的长期胃痛取得了较理想的功效（此是学习焦树德教授所著《用药心得十讲》的用药经验，笔者略有化裁），仅供同道参考。

百合常用量一般为10～30克，水煎服，清心宜生用，润肺宜炙用。

现代研究表明，百合营养丰富，含有蛋白质、脂肪、淀粉、蔗糖以及胡萝卜素和维生素C等，还含有秋水仙碱等多种生物碱以及钙、磷、铁等成分。

百合是食用补益佳品，食用方法很多，可糖煎，可荤炒，能烧能蒸，可清水煮，可配粳米等做粥。家常做的菜肴有"百合炒肉片""酿百合"等。

秋冬季节气候干燥，是最适合以百合进补的季节。

百合银耳粥：百合20克，银耳6克（泡发），与粳米80克共做粥；有补脾、润肺、安神之适合夏秋烦躁心悸、精神不宁的治疗。

百合莲子粥：鲜莲子（根据个人需要去莲心或不去莲心）、鲜百合各60克（或干品各20克）洗净，与粳米80克（淘净），三者一同放入砂锅，加水适量共煮粥，粥将熟时可加冰糖适量，粥熟软后食粥；有健脾益肺、清心安神之良效，常用于神经衰弱、失眠多梦的辅助治疗。

百合绿豆粥：百合20克，绿豆10克，粳米80克，共做粥；除养阴清热、清心安神作用外，还加强了清热解毒、消暑利尿之功效，适合夏日食用。

需要注意的是，百合毕竟属于偏凉之物，因此对于外感初嗽、风寒咳嗽、虚寒出血以及脾胃虚寒、消化不良或有便溏症状之人则不宜进食。

现代研究证实，百合粉外用有止血作用，可制成百合海绵作填塞治疗鼻出血，止血功效良好。此外，本品不仅具有滋补作用，还有一定的防癌功效。特别是在放、化疗之后，出现体疲乏力、口干心烦等症状时，用鲜百合与粳米共煮粥，或再加入冰糖、蜂蜜等，对增强体质，抑制癌细胞生长，缓解放、化疗的不良反应具有较好功效。

摘自：孙川.药食两用 清心润肺话百合[J].家庭中医药，2018，25（11）：70-71.

18　栝楼①粉

孙思邈②法：深掘大根，厚削至白，寸切，水浸，一日一易，五日取出。捣之以力，贮以绢囊③，滤为玉液，候其干矣，可为粉食。杂粳为糜④，翻匙雪色，加以乳酪⑤，食之补益。又方：取实，酒炒微赤，肠风血下⑥，可以愈疾。

注释：

①栝楼：葫芦科，属多年生攀缘草本，长可达10米。根状茎肥厚，圆柱状，外皮黄色；茎多分枝，无毛；叶互生，近圆形或心形，雌雄异株；雄花数朵总状花序，少有单生，花冠裂片倒卵形，雌花单生，子房卵形，果实近球形，熟时橙红色，花果期7～11月。栝楼有解热止渴、利尿、镇咳祛痰等作用。

②孙思邈：581—682，京兆华原（今陕西省铜川市耀州区）人，相传为楚大夫屈原的后人，唐代医药学家、道士，被后人尊称为"药王"。

③力：原作"办"。小石山房丛书本作"力"，据改。绢囊：丝绢做的袋子。

④糜：《释名·释饮食》："糜，煮米使糜烂也。"

⑤翻匙雪色，加以乳酪：《说郛》宛委山堂早稻田大学本、哈佛大学藏本作"翻匙雪色似乳酥酪"。

⑥肠风血下：即肠风下血，指有风从经脉进入肠胃，引起腹中、肛门疼痛、下青血。

译文：

孙思邈做栝楼粉的方法：深掘大的栝楼根，厚削外皮至露出它的白穰，切成一寸大，用水浸，一日一换水，过五天取出。用力捣，再用丝绢袋子包好滤出白色液体，等到液体变干，就变成了粉食。杂入些粳米做成糜，翻动勺匙，变为雪色，再加点乳酪，吃了能补益身体。还有个方子：取栝蒌实，酒炒微红，可以治疗肠风下血的疾病。

延伸阅读：

瓜蒌为栝楼的果实，在本草文献中名称指代稍有混乱，需要考辨。

瓜蒌在本草文献中首载于《名医别录》（以下简称《别录》），《别录》栝楼根项下用"实"来指代瓜蒌即栝蒌实。汉代张仲景《伤寒论》所用栝蒌，如果用根，名为栝楼根，如用实，名为栝蒌实，明确无疑意。东晋葛洪的《肘后备急方》中凡用果实均称栝蒌，用根称栝蒌根。唐《新修本草》瓜蒌名称指代沿用《别录》，但孙思邈的《急备千金药方》中出现了栝蒌、栝蒌根、栝蒌实、栝蒌子、栝蒌仁等名称。仔细辨别可见，《千金方》中栝蒌除个别指代植物栝楼外，一般指栝蒌实，栝蒌子也是指瓜蒌，即栝蒌实，而不是《药典》中的瓜蒌子。记载如"取栝蒌子尚青色，大者一枚熟捣，以白酒一斗，煮取四升，去滓，温服一升，日三。"但五代时期《日华子本草》中的栝楼子不应是栝蒌实而应是瓜蒌子。《日华子本草》（辑复本）在校订注释中写道："栝楼子为葫芦科植物栝楼的果实。亦名瓜蒌、栝蒌。《本经》名地楼。《别录》名黄瓜、泽姑。"这一注释值得存疑，原因有二：一是栝楼子项下记载其功效为"补虚劳口干，润心肺，疗手面皱。吐血，肠风泻血，赤白痢，并炒用。"二是对照《本草纲目》栝楼项中记载"子炒用，补虚劳口干，润心肺，治吐血，栝蒌。"《太平惠民和剂局方》中瓜蒌的名称指代与《证类本草》相同。宋以后，瓜蒌在文献中一般称为栝蒌实。如明代的《本草品汇精要》《本草汇言》中栝蒌实都作为一味药而单列，清代的《本草求真》等本草文献中也是用栝蒌实。

综上，传统本草文献中瓜蒌有栝蒌、栝蒌子、栝蒌实等名称，而《日华子本草》中的栝楼子则不是瓜蒌，而是瓜蒌子。宋以后，瓜蒌一般用栝蒌实来称谓。

摘自： 刘秀峰，谢明.瓜蒌名称、药用部位及性味的本草考证[A].中国药学会药学史专业委员会.第十九届全国药学史本草学术研讨会暨2017年江苏省药学会药学史专业委员会年会论文集.苏州：中国药学会，2017：2.

⑲ 素蒸鸭（卢怀谨事）

郑馀庆①召亲朋食。敕令②家人曰："烂煮去毛，勿拗折项③。"客意④鹅鸭也。

良久，各蒸葫芦一枚耳。今岳倦翁（珂）⑤《书食品付庖者》诗云："动指不须占染鼎，去毛切莫拗蒸壶。"岳，勋阀阅⑥也，而知此味，异哉！

注释：

① 郑馀庆：746—820，唐郑州荥阳人，字居业。少勤学，善属文。代宗大历进士。德宗贞元中由翰林学士累进中书侍郎、同中书门下平章事。坐事贬郴州司马。顺宗以尚书左丞召。宪宗立，复入相。时主书滑涣弄权，馀庆面叱之。拜太子少师，封荥阳郡公，兼判国子祭酒事，奏率文官捐俸修国子监。穆宗立，加检校司徒。卒谥贞。有《郑馀庆集》。

② 敕令：命令。

③ 烂煮去毛，勿拗折项：出自《郑余庆召亲朋官数人会食》。项，脖子。

④ 意：以为。

⑤ 岳倦翁（珂）：即岳珂，1183—1243，字肃之，号亦斋，晚号倦翁，江西江州（今江西九江）人，南宋文学家，岳飞之孙。

⑥ 勋阀阅：功勋之门，以其为岳飞之孙。阀阅，指家族功绩、官历等。最早见于《史记·高祖功臣侯者年表》："古者人臣功有五品，以德立宗庙定社稷曰勋，以言曰劳，用力曰功，明其等曰伐，积日曰阅。"这些有功的大臣以及他们的后裔为了彰显自己的业绩，所以在大门两侧竖立两根柱子，左边的叫"阀"，右边的叫"阅"。

译文：

郑馀庆召集亲朋一起吃饭，吩咐家人说："煮烂除去毛，不要把脖子弄断。"客人以为是鹅或鸭，过了好久，才发现是给每个人蒸了个葫芦罢了。如今，岳珂在《书食品付庖者》中写道："动指不须占染鼎，去毛切莫拗蒸壶。"岳家是功勋显赫的世家，竟然知晓这种平朴的味道，真是奇异啊！

延伸阅读：

谈瓠瓜，必然绕不开"素蒸鸭"。做法堪称极简，选大腹细脖的瓠瓜，入锅蒸得软熟，蘸酱醋汁佐味。而它之所以有名，是因为一场别开生面的士大夫家宴。

在没有珍馐美酒都不好意思宴客的社会风气下，唐朝官员郑馀庆常以节俭自律，从未见其大摆豪宴，平日也难得请一回客。某日，郑馀庆一反常态，给朝中同僚下了请帖。由于郑馀庆声望颇高，接到邀请函的人都不敢怠慢，早早出门赴宴。

客人很快到齐，都聚在厅堂等候。本应出来招呼的郑馀庆却迟迟没有现身。这其实是他故意设计的前奏，目的是让客人进入中度饥饿状态，他们越是感到饥饿，这顿精心策划的饭局就会越成功。

一直拖到晌午，郑馀庆感觉时机已到，才满脸堆着歉意出场应酬。他没有立即安排入席，而是先与众人寒暄，尽量再拖延一段时间。可想而知，在场的每位都已疲乏不堪，饥肠辘辘。郑馀庆当着客人面嘱咐家佣："到厨房打个招呼，这道菜务必要去净毛、烂蒸，千万别将脖颈挫折了。"故意引发他们的美好想象——脖子细长浑身带毛的东西，肯定就是一只膘肥肉嫩的鹅鸭吧。果然，客人们互递眼色，面露愉快之色，为即将到来的大餐雀跃不已。

又等了良久，才终于入席。当饭菜摆上餐桌——小米饭一碗、蒸瓠瓜一枚，客人无不大失所望，心情也跌到谷底，有脖子带毛之物，不过是蒸得烂熟的青白色瓠瓜。想到郑馀庆从未表示其为鹅鸭，客人明知自己被戏弄，也不好当场发作，唯有勉强夹了几口瓠瓜充饥，用餐体验简直糟糕透顶，只有郑馀庆一人吃得津津有味。

自从这出"捉弄"事件在士人圈子传播开来，"蒸鸭""蒸鹅"就成为蒸瓠瓜的专用代名词。得益于背后的趣闻逸事，一只普通得不能再普通的瓠瓜也瞬时变得富有内涵。吃蒸瓠瓜，仿佛也是为了咀嚼典故。当陆游菜园里的瓠瓜长好，他便摘下一只，如法炮制素蒸鸭，吃时连盐醋也不蘸。

摘自：徐鲤，郑亚胜，卢冉.宋宴[M].北京：新星出版社，2018.

⃝20　黄精①果饼茹

仲春②深采根，九蒸九曝，捣如饴③，可作果食④。又，细切⑤一石，水二石五升，煮去苦味，漉⑥入绢袋压汁，澄⑦之，再煮如膏。以炒黑豆黄为末，作饼约二寸大。客至，可供二枚。又，采苗，可为菜茹⑧。隋羊公⑨服法："芝草⑩之精也，一名仙人余粮。"其补益可知矣。

注释：

①黄精：百合科、黄精属植物。根状茎圆柱状，由于结节膨大，因此"节间"一头粗、一头细，在粗的一头有短分枝，直径1～2厘米。根状茎为常用中药"黄精"。其可用于脾胃虚弱、体倦乏力、口干食少、肺虚燥咳、精血不足、内热消渴等症及治疗肺结核、癣菌病等。

②仲春：即春季的第二个月，农历二月。

③饴：本指饴糖，用麦芽制成的糖。此处为糖浆样稠状物。

④果食：以油面糖蜜等制成的食品。《岁时广记》卷二六引宋代吕原明《岁时杂记》："京师人以糖面为果食，如僧食。但至七夕，有为人物之形者，以相饷遗。"宋代孟元老《东京梦华录·七

夕》："又以油面糖蜜造为笑厴儿，谓之果食，花样奇巧百端，如捺香方胜之类。"

⑤切：原缺，据小石山房本、《说郛》涵芬楼本、《说郛》宛委山堂早稻田大学本、哈佛大学藏本补。

⑥漉：过滤。

⑦澄（dèng）：使液体中的杂质沉淀分离。

⑧菜茹：蔬菜。

⑨隋羊公：《本草乘雅半偈》："隋羊公云：黄精，芝草之精也。"《本草纲目·草部》"黄精"条："（苏）颂曰：隋时羊公服黄精法云：黄精是芝草之精也，一名葳蕤，一名白芨，一名仙人余粮。""羊公"原本误作"公羊"，今正。

⑩芝草：菌属。古以其为瑞草，服之能成仙；治愈万症，其功能应验，灵通神效，故名灵芝；引申为"不死药"。

译文：

农历二月深挖根，九蒸九晒后，捣成糖状的黏稠状物，可以作为油面糖。又有，细切黄精一石，用水二石五升，蒸煮除去苦味，过滤放入丝绢的袋子里压出汁液，自然沉淀使其澄清，再煮成黏稠的膏状物。把黑豆炒黄研成末，和膏一起做饼约两寸大。客人到了，可以让他吃两个。又有，采黄精苗，可以做成菜蔬。隋代羊公的服食法中写道："黄精是不死药中的精华，又名仙人余粮。"它补益的功效可想而知。

延伸阅读：

在《稽神录》中记载了一个能飞的女婢，服食黄精轻身腾飞的故事。相传五代时江西临川有一女子，被迫进入一士人家中为婢，因不堪虐待，逃进山中。不久所带干粮吃光，只得饮山泉充饥。一天，她昏倒在溪边，醒来见溪旁有一丛野草鲜嫩可爱，遂连根拔起大嚼，倍觉甜美。自此她饥则以此草为食，渴则以清水为饮。久之，便腹不知饥，口不思渴，往来林中竟觉身轻体健。

一天夜里，该女睡于大树下，忽从梦中惊醒，听得草中兽走声急，以为虎狼奔来，十分惧怕。惶恐中，急想上树，刚生此念，已于树上，她觉惊喜，仿佛梦中。次日清晨欲跳下树来，不觉身已飘然而下，立于树旁，她惊喜至极，以为有神灵相助。从此，她意有所往，身则飘然而至，往来山林，攀崖逾涧，轻捷矫健。士人闻之大惊，以为婢女成仙，恐其前来报复，日不食，夜不眠。家奴说："贱婢哪有什么仙骨，不过吃了山中药草黄精，才使身体灵健。"

此传说虽说有些夸大其词，但黄精入药却自古列为上品。李时珍送礼，便把黄精当"黄金"。梁陶弘景《名医别录》说它:"补五劳七伤,助筋骨,耐用寒暑,益脾胃,润心肺。"确属上等补益良药。

黄精又名老虎姜、大玉竹,又因形状与生姜相似,因此又叫小生姜。为百合科植物滇黄精、黄精或多花黄精的干燥根茎。按其形状不同,习称"大黄精""鸡头黄精""姜形黄精"。通城县全县均有黄精分布,为通城县"隽六味"保护品种之一。黄精多生长于北面山坡或林下。春、秋二季采挖,除去须根,洗净,置沸水中略烫或蒸至透心,干燥。

摘自: 胡亚伟,骆兵.药姑话药[M].成都:四川科学技术出版社,2018.

21　傍林鲜

夏初,林笋盛时,扫叶就竹边煨①熟,其味甚鲜,名曰"傍林鲜"。文与可守临川,正与家人煨笋午饭,忽得东坡书,诗云"想见清贫逵太守,渭川千亩在胸中②",不觉喷饭满案。想作此供也。大凡③笋贵甘鲜,不当与肉为友。今俗庖④多杂以肉,不才有小人,便坏君子。"若对此君成大嚼,世间那有扬州鹤⑤",东坡之意微⑥矣。

注释:

① 煨(wēi):把生的食物放在火灰里慢慢烤熟。

② "文与可守临川"数句:文与可,1018—1079,即文同,字与可,号笑笑居士、笑笑先生,人称石室先生。文与可是北宋梓州梓潼郡永泰县(今属四川省绵阳市盐亭县)人,著名画家、诗人。苏轼《文与可画筼筜谷偃竹记》:"予诗云:汉川修竹贱如蓬,斤斧何曾赦箨龙。料得清贫馋太守,渭滨千亩在胸中。与可是日与其妻游谷中,烧笋晚食,发函得诗,失笑喷饭满案。""午饭"当为"晚饭"。"想见"原作"料得"。

③ 大凡:表示总括一般的情况,犹言大抵。

④ 俗庖:鄙陋的厨子。

⑤ 若对此君成大嚼,世间那有扬州鹤:出自苏轼《于潜僧绿筠轩》:"可使食无肉,不可居无竹。无肉令人瘦,无竹令人俗。人瘦尚可肥,士俗不可医。旁人笑此言,似高还似痴。若对此君仍大嚼,世间那有扬州鹤。"

⑥ 微:精妙。《荀子·议兵》:"诸侯有能微妙以节。"

译文：

夏初，林笋长得正好的时候，在竹子旁边扫叶生火，把笋煨熟，味道非常的鲜美，叫作"傍林鲜"。文与可在临川当太守的时候，正在和家里人煨笋做晚饭，忽然收到了苏东坡的信，诗云："想见清贫馋太守，渭川千亩在胃中。"忍不住笑得把饭喷了满桌。想来做的就是这道菜。大抵笋贵在甘嫩鲜美，不应当和肉搅和到一起。如今粗鄙的厨子多把肉混入，正是因为有这种小人，才坏了君子的清雅。"若对此君成大嚼，世间那有扬州鹤"，苏东坡之意蕴实在是精妙啊。

延伸阅读：

宋代文人林洪在《山家清供》里说："夏初林笋盛时，扫叶就竹边煨熟，其味甚鲜，名曰傍林鲜。"初夏的竹林，嫩笋勃发，想尝鲜的人急不可耐，在林边支一小炉，添枯草黄叶，"咕噜咕噜"煮将起来，图的是个山岚清气。

摘下的竹笋，带出山区会老吗？我在山间曾经做过尝试，刚爆出的嫩笋，拱破地衣，蹿出一二尺高，不小心用手轻轻一掰，噗然而断，确实很嫩，但等不及离开竹林，回家烹煮，使的还是性情。

傍林鲜，林子里的桃子，青中羼一点红，触手可及。从树上摘下来，在园子傍清亮的小河里洗洗，就啃上一口，比在城里盖二片树叶，摆在篮子里买的还要新鲜。

无独有偶。汪曾祺在小说《钓鱼的医生》里写道："有个人钓鱼时，搬把小竹椅坐着，随身带着个白泥小灰炉，一口小锅，提盒里葱姜作料，还有一瓶酒，看到线头动了，提起来就是一条。钓上来一条，刮刮鳞洗净了，就手就放到锅里。不大一会，鱼就熟了。他就一边吃鱼，一边喝酒，一边甩钩再钓。这种出水就烹制的鱼味美无比，叫作'起水鲜'。"

起水鲜，也就是傍水鲜。

一碟小鱼咸菜，细嫩鲜美。鱼是小鳑鱼，刚从河里捞上来的，一尾在握，活蹦乱跳。芦苇匝匝，河汊交错的水网地带，小鳑鱼吐着清冽的气泡，翻上翻下，划着弧线，速度极快，要想逮住也不易。咸菜切成丝，放入干辣椒、葱、姜、蒜，在土灶铁锅里翻炒，弄鱼人和他乡的朋友，坐在河边小窝棚里，慢条斯理地喝酒。

傍水鲜，傍的是视觉、触觉、诱觉、味觉，都是为了一个心情。陆文夫当年到江南小镇采访，过了中午，餐馆饭没有了，菜也卖光，只有一条桂鱼养在河里，可以做个鱼汤。两斤黄酒、一条桂鱼，那顿饭，陆文夫对着碧水波光，嘴里哼哼唧唧，低吟浅酌，足足吃了两个钟头。后来他回忆，吃过无数次的桂鱼，总觉得那些制作精良的桂鱼，都不及在小酒楼上吃到的这么鲜美。

秋天的河塘，水面有菱角、鸡头米，二三村姑坐在木盆里，拨开绿水草，划水采菱，菱角有紫红、青绿，剥一颗放在嘴里，琼浆玉液，水嫩鲜美。其实，小餐馆筑在林畔水边，就是"傍林鲜"与"傍水鲜"。生意做到野外，迎合了部分食客的消费心理，这样的餐馆多是农家乐。我到水乡访友，有个朋友带我到镇外一处河上搭起的农庄，竹楼是悬在水上的，下面打一根根木桩撑着，鱼在下面游，可供垂钓，活鱼上钩后直接下锅。

山间的傍林鲜，体会不多。野生的小猕猴桃，怕也是傍林鲜的。我在皖南的山中，从农妇手中买回一袋，初尝一二颗，小，却甜、鲜，其余的带回家，大多都烂了。早知道，就坐在山林边的一块大石头上，将它们全吃了，也算是学一回古人的傍林鲜。

傍林鲜与傍水鲜，也是一种吃相，有夸张恣肆的成分。扬州个园主人黄至筠，住在城里，想吃黄山笋，尤爱刚挖出的"黄泥供笋"傍林鲜。黄山一去，数百里，可是山中笋嫩不等人，作为清代资深吃货的黄老板，自有妙计：他让人设计了一种可以移动的火炉，在山上砍下嫩笋，与肉一道放到锅里焖煮，脚夫挑着担子昼夜兼程赶到扬州，笋如山中一样鲜。

竹中里的七个文人，不知有没有吃过"傍竹鲜"。反正他们在林子里赤膊啸歌，喝酒晤谈。水泊梁山中的阮氏三兄弟，肯定是吃过"傍水鲜"的。

傍林鲜与傍水鲜，两种吃法，一种意境。

摘自： 王太生.傍林鲜与傍水鲜[J].思维与智慧，2016（2）：49.

22　雕胡①饭

雕菰，叶似芦，其米黑，杜甫故有"波翻菰米沉云黑"②之句。今胡穄③是也。曝干，砻洗④，造饭既香而滑。杜诗又云："滑忆雕菰饭。"⑤又，会稽人顾翱⑥，事母孝著⑦，母嗜⑧雕菰饭，翱常自采撷⑨。家住太湖，后湖中皆生雕菰，无复余草，此孝感也。世有厚奉⑩于己，薄于奉亲者，视此宁无愧乎？呜呼！孟笋王鱼⑪，岂有偶然哉！

注释：

① 雕胡：同彫菰，即菰米。战国·楚·宋玉《讽赋》："为臣炊彫胡之饭，烹露葵之羹，来劝臣食。"《西京杂记》卷一："太液池边皆是彫胡、紫籜、绿节之类。菰之有米者，长安人谓为彫胡。"

唐代王维《登楼歌》："琥珀酒分彫胡饭，君不御兮日将晚。"《本草纲目·谷二·菰米》[集解]引苏颂曰："菰生水中，叶如蒲苇，其苗如茎梗者，谓之菰蒋草，至秋结实，乃彫胡米也。"宋代蔡梦弼《草堂诗话》卷二："滑忆彫菰饭，香闻锦带羹。"

②波翻菰米沉云黑：出自杜甫《秋兴八首》："波漂菰米沉云黑，露冷莲房坠粉红。"

③穄（jì）：穄子，不黏的黍类，又名穈（méi）子。

④砻（lóng）洗：用砻脱出稻谷的壳。砻，去掉稻壳的工具，形状像磨，多用木料制成。

⑤滑忆雕菰饭：出自杜甫《江阁卧病走笔寄呈崔、卢两侍御》："滑忆雕菰饭，香闻锦带羹。"

⑥会稽：郡名。秦置，初置时，领有吴、越两国之地，大致相当于今江苏长江以南、安徽东南、上海西部以及浙江北部。成帝元延、绥和之际（约公元前8年），会稽郡领二十六县，其辖境大致相当于今江苏省长江以南的苏州、无锡、常州、镇江四市，上海市西部，浙江省除安吉县、临安市西部、淳安县的其余地区，以及福建省中部沿海一带。顾翱：西汉孝子，会稽人。出自《西京杂记》："会稽人顾翱，少失父，事母至孝。母好食雕胡饭，常帅子女躬自采撷。还家，导水凿川，自种供养，每有赢储。家亦近太湖，湖中后自生雕胡，无复余草，虫鸟不敢至焉，遂得以为养。郡县表其闾舍。"

⑦著：显著，突出。

⑧嗜：酷爱。

⑨采撷（cǎi xié）：摘取。

⑩奉：原无。《说郛》涵芬楼本、《说郛》宛委山堂早稻田大学本、哈佛大学藏本有"奉"字，据补。

⑪孟笋王鱼：指孟宗、王祥孝顺的典故。孟仁，218—271，本名孟宗，字恭武，湖北孝感人。孟宗是三国时期吴国大臣，《二十四孝》之一"哭竹生笋"主人公。原文："本名孟宗，避皓字而改仁。少孤，母老病笃。多月思笋煮羹食。无计可得，乃往竹林中，抱竹而泣。孝感天地，须臾地裂，出笋数茎。归持，作羹奉母，食毕疾愈。"王祥，180—268，字休徵。琅邪临沂（今山东省临沂市西孝友村）人。王祥三国曹魏及西晋时大臣，书圣王羲之的族曾祖父。王祥侍奉后母极孝，为二十四孝之一"卧冰求鲤"的主人翁。原文："王祥字休征，琅邪人。性至孝。早丧亲，继母朱氏不慈，数谮之。由是失爱于父，每使扫除牛下。父母有疾，衣不解带。母常欲生鱼，时天寒冰冻，祥解衣，将剖冰求之。冰忽自解，双鲤跃出，持之而归。母又思黄雀炙，复有黄雀数十入其幕，复以供母。乡里惊叹，以为孝感所致焉。"此最早出自干宝的《搜神记》第十一卷。房玄龄等编撰《晋书》亦收录此事，元代郭居敬则将其列入《二十四孝》中。

译文：

雕菰米，叶子像芦叶一样，它的米是黑色的，所以杜甫有"波翻菰米沉云黑"的诗句，雕菰就是现在的胡穄。将雕菰晒干，脱去谷壳，做成饭既香又滑。杜甫的诗又写道："滑忆雕菰饭。"又有，会稽人顾翱，侍奉母亲非常的孝顺，他母亲酷爱吃雕菰饭，顾翱常常自己摘来给他母亲吃。他家住在太湖，后来湖里生的都是雕菰，无有别的草了，这是孝心感动了上天。世上的那些对自己很好，对亲人很差的人，看到这个难道不羞愧吗？呜呼！孟宗哭竹出笋，王祥卧冰求鲤的故事，难道是偶然的吗？

延伸阅读：

《周礼·天官》载："凡会膳食之宜，牛宜稌，羊宜黍，豕宜稷，犬宜粱，雁宜麦，鱼宜菰。"这是古代"食用六谷"的最早记载。其讲的是，凡会膳食者，牛肉宜与稻类食物配着吃，羊肉宜与黍类食物配着吃，猪肉宜与稷类食物配着吃，狗肉宜与粱类食物配着吃，雁肉宜与麦类食物配着吃，鱼肉宜与菰类食物配着吃。据此，东汉经学家郑玄注"六谷"为"稌、黍、稷、粱、麦、菰"。

其中，菰即菰米，另有雕胡、茭白子等称谓。菰米为禾本科多年生水生宿根草本植物菰的籽实。菰多为野生，生长在浅水沟或低洼沼泽地，喜欢温暖湿润的环境。一般株高1～2.5米，地上茎被叶鞘抱合，部分没入土中，叶片长披针形，冬季枯死。地下匍匐茎纵横，春季从地下根茎上抽生新的分蘖苗，形成新株，并从新株的短缩茎上发生新的须根，腋芽萌发，又产生新分蘖，如此一代一代地繁衍。

如果不被黑穗病菌寄生，菰便会在夏秋季抽穗结籽。花紫红色，顶生圆锥花序，雌雄同株，上部是雌花，下部是雄花。受精后，长出长穗，结成黑色的籽实，呈狭圆柱形，两端尖；剥去外壳，米粒呈白色，经熟制可食用。明代李时珍在《本草纲目》中有过具体的叙述："雕胡九月抽茎，开花如苇芛。结实长寸许，霜后采之，大如茅针，皮黑褐色。其米甚白而滑腻，作饭香脆。"

菰米是周代的粮食，用它煮成的饭，颗粒细长，滑而不黏，爽而不干，清香味美。战国末期的诗歌总集《楚辞》，在其"大招"篇中，记载祭祀时"设菰粱只"。楚辞赋家宋玉在《讽赋》中道："主人之女，为臣炊雕胡之饭，烹露葵之羹。"

到了秦汉南北朝，食用菰米饭仍然较普遍。汉枚乘的《七发》说："楚苗之食，安胡之饭，抟之不解，一啜而散……亦天下之至美也。"北魏贾思勰的《齐民要术》还介绍了菰米饭的做法："菰谷盛韦囊中，捣瓷器为屑，勿令作末，内韦囊中令满，板上揉之取米。一作可用升半。炊如稻米。"

正因为菰米在古代粮食中占有重要的地位，用菰米做成的饭不仅充饥果腹，而且芳香甘滑，故博得许多诗人墨客的钟爱。杜甫诗云"滑忆雕胡饭，香闻锦带羹"；李白诗云"跪进雕胡饭，月光明素盘"；杜牧诗云"莫厌潇湘少人处，水多菰米岸莓苔"……凡此佳句，均是对菰米的赞赏。

唐宋以后各朝，粮用菰米逐渐被菜用茭白所代替，能吃到菰米饭已不是易事，但仍有人记录或追忆。明高濂的《遵生八笺》载："凋菰米：雕菰，即今胡穄也。曝干，砻洗。造饭，香不可言。"

我们现在种植的菰或曰茭草，为什么只长茭白而不开花结籽呢？研究起来，主要是菰在生长过程中感染了一种黑穗病菌的缘故。这种病菌能分泌出吲哚乙酸，刺激菰的花茎，使其不能正常发育；久而久之，随着菌丝体的大量繁殖传播，菰便失去了开花结籽的能力。与此同时，菰顶端的茎节细胞会迅速分裂，大量养分都向这一部位转运和积储，从而形成了一个肥大而充实的肉质茎，也就是供蔬食的茭白。

长茭白的菰结不出菰米，结菰米的菰长不出茭白。人们为了收获较多的茭白，不断地选择那些易于被黑穗病菌感染而长成茭白的菰加以栽培，而不是致力于培植"雄茭"（人们称结菰米的为雄茭）收获菰米。况且，菰米与其他谷物类作物比较起来，不仅花期过长，籽实容易脱落，收获困难，而且占地耗肥，产量极低，远不如种茭白合算，所以农民一发现它就拔除了，只栽培有黑穗病菌的菰。这样，菰米也就逐渐被淘汰了。

摘自：谈宜斌.菰米：中国人曾经的主食[N].科技日报，2021−09−03（008）.

23　锦带①羹

锦带者，又名文官花②也，条生如锦。叶始生柔脆，可羹。

杜甫诗有"香闻锦带羹"③之句。或谓莼之紫纤如带，况莼与菰同生水滨。昔张翰临风，必思莼鲈以下气④。按《本草》："莼鲈同羹，可以下气止呕。"以是知张翰在当时意气抑郁，随事呕逆，故有此思耳，非莼鲈而何？杜甫卧病江阁，恐同此意也。

谓锦带为花，或未必然。仆居山时，因见有羹此花者，其味亦不恶。注谓"吐锦鸡⑤"，则远矣。

注释：

① 锦带：又名莼菜、马蹄菜、湖菜等，是多年生水生宿根草本。性喜温暖，适宜于清水池生长。由地下匍匐茎萌发须根和叶片，并发出4～6个分枝，形成丛生状水中茎，再生分枝。深绿色椭圆形叶子互生，长6～10厘米，每节1～2片，浮生在水面或潜在水中，嫩茎和叶背有胶状透明物质。夏季抽生花茎，开暗红色小花。嫩叶可供食用，莼菜本身没有味道，胜在口感的圆融、鲜美滑嫩，为珍贵蔬菜之一。

② 文官花：一为一种颜色屡变的花，又名弄色芙蓉；二为锦带花的别名。宋时，胡仔纂集的《苕溪渔隐丛话》记载："贡士举院，其地本广勇故营也，有文冠花一株，花初开白，次绿次绯次紫，故名文官花。"

③ 香闻锦带羹：出自杜甫《江阁卧病走笔寄呈崔、卢两侍御》："滑忆雕胡饭，香闻锦带羹。"

④ "张翰临风"句：张翰，生卒年不详，字季鹰，吴郡吴县（今江苏苏州市）人。西晋文学家，留侯张良后裔。翰有清才，善属文，性格放纵不拘，时人比之为阮籍，号为"江东步兵"。齐王司马囧执政，辟为大司马东曹掾。见祸乱方兴，以莼鲈之思为由，辞官而归。年五十七卒。其著有文章数十篇，行于世。临风，《晋书·张翰传》："翰因见秋风起，乃思吴中菰菜、莼羹、鲈鱼脍。"

⑤ 吐锦鸡：即吐绶鸡，中国原产的两种角雉，红腹角雉和黄腹角雉。

译文：

锦带者，又叫作文官花，叶片纹路像锦带一样。叶子刚刚长出来时质地柔脆，可以用来做羹。

杜甫写诗有"香闻锦带羹"一句。有的人说莼缠绕弯曲像带子一样，况且莼与菰一同生在水边。昔日张翰在起秋风的时候，一定想吃莼菜、鲈鱼来顺气。《本草》记载："莼菜、鲈鱼一起做羹，可以下气止呕。"由此可知，张翰在当时心情抑郁，不时就会呕逆，所以才会有这种念头，不是莼菜鲈鱼羹，又会是什么呢？杜甫在写诗时，病卧在江阁，恐怕想法也是一样的。

有的人说锦带是花，不一定对。因为我住在山里的时候，见过有把锦带花做成羹的，味道也不差。把锦带注释成"吐锦鸡"的，就差得太远了。

延伸阅读：

张翰之事有两条出处，一是《世说新语·识鉴》："张季鹰辟齐王东曹掾，在洛见秋风起，因思吴中菰菜羹、鲈鱼脍，曰'人生贵得适意尔，何能羁宦数千里，以要名爵'，遂命驾便归。"另一是《晋书·张翰传》："齐王囧辟为大司马东曹掾……翰因见秋风起，乃思吴中菰菜、莼羹、鲈鱼脍，曰'人生贵得适志，何能羁宦数千里，以要名爵乎'，遂命驾而归。"两处所说为一事，然所举吴中菜品却不同。《世说新语》所说是菰菜羹、鲈鱼脍，而《晋书》却是菰菜、莼羹、鲈鱼脍三种。两者虽仅一字之差，而结果却大不一样。到底哪一个更可靠呢？

《世说新语》诸本均无异文，尤其是南宋绍兴董弅刻本和明覆刻南宋淳熙陆游本均作"菰菜羹、鲈鱼脍"。而《晋书》诸本"菰菜、莼羹、鲈鱼脍"也无异文。今人王利器校勘、余嘉锡笺疏、龚斌校释《世说新语》，都认为《世说》"菰菜羹""当从《晋书》作'菰菜、莼羹'，张翰所思，乃吴中三佳味"，其依据是《艺文类聚》《太平御览》所引《世说》都提到莼羹。对此有必要略加分辨。欧阳询《艺文类聚》一见："因思吴中菰菜羹、鲈鱼脍。"《太平御览》共三见，"时序部"作："因思吴中莼菜羹、鲈鱼脍。""饮食部"作："因思吴中莼羹、鲈鱼脍。""鳞介部"作："因思吴中菰菜羹、鲈鱼脍。"另还有《白氏六帖》作："因思江南菰菜羹、鲈鱼脍。"上述三种类书成于初唐至宋初，值得注意的是，五处所辑文字均只说两种菜。两菜中，鲈鱼脍是共同的，只是用字稍异。不同的是另一种，两处作"菰菜羹脍"，两处作"莼菜羹"，一处作"莼羹"，显然所谓"莼羹"应是"莼菜羹"之略称。这些信息都表明，张翰所思只两物，一是鲈鱼脍，另一则有莼菜羹、菰菜羹两说。值得注意的是，现存著名的欧阳询行书《张翰帖》叙张翰事迹："翰因见秋风起，乃思吴中菰菜、鲈鱼，遂命驾而归。"所说也只两种，与《世说新语》同，可见《艺文类聚》易"菰"为"莼"，当是后世抄刻之误。《太平御览》的异文也应如此，张翰所思实际只是菰菜羹、鲈鱼脍两种。

六朝其他记载也能证明这一点。《太平御览》（《四部丛刊》景宋本）卷八六二"饮食部"所辑《春秋佐助期》曰："八月雨后，菰菜生于冷下地中，作羹臛甚美。吴中以鲈鱼作脍，菰菜为羹，鱼白如玉，菜黄若金，称为'金羹玉鲙'，一时珍食。""菰"同"菰"。《春秋佐助期》，《春秋》纬书之一种，汉人著，三国魏人宋均注，宋以后散佚不传。这段文字，出于汉人原著还是魏人注文，无从考证，但出于张翰之前无疑。南宋罗愿《尔雅翼》："《荆楚岁时记》九月九日事中，称菰菜地菌之流，作羹甚美，鲈鱼作脍白如玉，一时之珍。"是转述《荆楚岁时记》的内容，《荆楚岁时记》为南朝梁人宗怀所著。两条记载分属《世说新语》前、后两个不同时代，都说菰菜羹、鲈鱼脍并为秋日"珍食"，而在吴中更有"金羹玉鲙"的美誉。张翰所思应即这两道吴中珍食，可见《世说新语》所说其来有自，切实可靠。

《世说》无误，则错在《晋书》。《晋书》为初唐贞观末年所修，时间在欧阳询身后，成于20多人之手，最终又未经统一把关、整合修订，因而问题较多，在"二十四史"中居于下乘。其中多采《世说新语》等笔记、志怪小说，尤为后世诋议。具体评价尚可讨论，但《晋书》大量采裁《世说新语》及其刘孝标注却是有目共睹的事实。唐代史学家刘知己《史通》指出："宋临川王义庆著《世说新语》，上叙两汉三国及晋中朝江左事……皇家撰《晋史》，多取此书。"清人《四库全书总目》提要也批评《晋书》列传："所载者大抵宏奖风流，以资谈柄。取刘义庆《世说新语》与刘孝标所注，一一互勘，几于全部收入，是直稗官之体。"《晋书·张翰传》乃缀合《世说新语》及刘注、欧阳询《张翰帖》而成，这段秋风思吴的细节则显然直接抄录《世说新语》，但又未能谨守原文，在"菰菜羹、鲈鱼脍"六字中平添一"莼"字，说作"菰菜、莼羹、鲈鱼脍"，一字之差，两物变成三物。这是一个不难想象的情景。

摘自：程杰.花卉瓜果蔬菜文史考论[M].北京：商务印书馆，2018.

24 煿^①金煮玉

笋取鲜嫩者，以料物^②和薄面，拖油^③煎，煿如黄金色，甘脆可爱。

旧游莫干^④，访霍如菴（正夫），延^⑤早供。以笋切作方片，和白米煮粥，佳甚。因戏^⑥之曰："此法制惜气也。"济颠^⑦《笋疏》云："拖油盘内煿黄金，和米铛中煮白玉。"二者兼得之矣。霍北司，贵分^⑧也，乃甘山林之味，异哉！

注释：

① 煿（bó）：烘烤。

② 料物：调料。

③ 拖油：走油；又叫拖油、过油，是指正式加热前将原料经炸制成半成品的过程。

④ 莫干：莫干山，位于浙江省北部德清县境内，沪、宁、杭金三角的中心，系国家级风景名胜区。春秋末年，吴王阖闾派干将、莫邪在此铸成举世无双的雌雄宝剑而得名。

⑤ 延：邀请。晋·陶渊明《桃花源记》："各复延至其家，皆出酒食。"

⑥ 戏：开玩笑。

⑦ 济颠：济公，1130或1148—1209，俗名李修缘，号湖隐，法号道济，台州天台（今浙江省天台县）永宁村人；南宋高僧，后人尊称为"济公活佛"。他破帽破扇破鞋垢衲衣，貌似疯癫。济公初在国清寺出家，后到杭州灵隐寺居住，随后住净慈寺。其不受戒律拘束，嗜好酒肉，举止似痴若狂，却是一位学问渊博、行善积德的得道高僧，被列为禅宗第五十祖，杨岐派第六祖。其撰有《镌峰语录》十卷，还有很多诗作，主要收录在《净慈寺志》《台山梵响》中。

⑧ 贵分：高贵的身份。

译文：

取鲜嫩的笋，再用调料和面糊和在一起，过油煎炸，烤成黄金色，味道甘美脆嫩可爱。

以前去莫干山玩的时候，拜访霍如菴（正夫），他请我吃早饭。把笋切成方片，和白米一起煮粥，十分好。我调侃他说："这种做法真节省力气啊。"济公《笋疏》中写道："拖油盘内煿黄金，和米铛中煮白玉。"两种味道都有了。霍北司，是高贵的人，竟然喜欢这种山林之味，真是奇异啊！

延伸阅读：

食品菜肴中色彩的合理配置与运用，对于美食是必不可少的内容之一。在两宋时期的众多食品菜肴之中，不少正是以其合理的色彩搭配给人以深刻的印象。如宋人吴自牧《梦粱录》中就有诸如十色头羹、三色肚丝羹、二色水龙粉、生脍十色事件、三色水晶丝、下饭二色炙、十色蜜煎蚫螺等佳肴。

食品菜肴的色彩，有的是利用食物原料的天然色彩调制，即利用蔬、果、肉等食物原料本身所具有的天然色彩进行烹制。如《清异录》中的"缕子脍"："广陵法曹宋龟造缕子脍，其法用卿鱼肉、鲤鱼子，以碧笋菊苗为胎骨。"碧笋，是指碧绿的竹笋；菊苗，为菊之幼苗，用以作垫托菜肴的底子菜，其清绿之色使人有明媚鲜活之感。以不同颜色的原料配合烹制，而引起菜肴的色感变化，说明了宋代的烹饪十分注重讲究食物原料本身的色彩搭配与和谐。

有的是利用食物色素调色，即在烹饪制作过程中外加若干可食的有色物质为菜肴增色。宋代所用食物色素的主要原料及成分目前尚不得而知，但当时食肴制作中较为普遍地应用食物色素应是事实。宋人吴自牧《梦粱录》中的一道菜肴"沙鳝乳斋淘"，在元人的著作中载有其烹制之法："切细面，煮熟过水，用面筋同豆粉洒颜色水搜和，捍饼薄切，焯熟，如鳝鱼色，加乳合烧而供。"由此可知，这是利用食物色素进行调色。

也有的利用食物在加热过程中的颜色变化来调制色彩。这在很大程度上是决定于厨师烹制技术之巧妙。如"笋出鲜嫩者，以料物和薄面拖油煎煿，如黄金色，甘脆可爱"。又"煮芋有数法，独酥黄独世罕得之。熟芋截片研榧子、杏仁和酱拖面煎之，且自侈为甚妙"。这种方法多以煎、炸、炙等烹制形式进行。

尽管食品菜肴的色彩调制方法各异，但目的都是通过合理的配料与加色，使盘中之馔肴色彩调和，美观悦目，以进一步引起食者的食欲，提高其饮食意趣。

摘自： 陈高华，徐吉军.中国风俗通史，宋代卷 [M].上海：上海文艺出版社，2001.

㉕ 土芝丹

芋①，名土芝②。

大者，裹以湿纸，用煮酒和糟涂其外，以糠皮火煨之。候香熟，取出，安坳③地内，去皮温食。冷则破血，用盐则泄精。取其温补，其名"土芝丹"。

昔懒残师④正煨此牛粪火中。有召者，却之曰："尚无情绪收寒涕，那得工夫伴俗人。"又，山人诗云："深夜一炉火，浑家团栾⑤坐。煨得芋头熟，天子不如我。"其嗜好可知矣。

小者，曝干入瓮⑥，候寒月，用稻草盦熟，色香如栗，名"土栗"。雅宜山舍拥炉之夜供。赵两山（汝塗）诗云："煮芋云生钵，烧茅雪上眉。"盖得于所见，非苟⑦作也。

注释：

① 芋：天南星科、芋属植物、湿生草本。块茎通常呈卵形，常生多数小球茎，均富含淀粉。块茎可食，可作羹菜，也可代粮或制淀粉，自古视为重要的粮食补助或救荒作物，我国台湾省雅美族至今以芋为主粮。

② 土芝：芋头的别名。宋代陈叔方《颍川语小》卷下："《本草》中……芋曰土芝。"

③ 塗：《夷门广牍》本、小石山房本作"拗"。《说郛》涵芬楼本、《说郛》宛委山堂早稻田大学本、哈佛大学藏本作"坳"，据改。坳，低凹的地方。

④ 懒残师：唐天宝初衡岳寺执役僧。退食即收所余而食。性懒而食残。故号懒残也。

⑤ 团栾：同"团"。

⑥ 瓮：一种盛东西的陶器，腹部较大。

⑦ 苟：草率、随便。

译文：

芋头，又叫作土芝。

大的，用湿纸裹起来，把煮过的酒和糟涂在外面，再用糠皮生火煨它。等到芋头香熟了，把它取出来，放在地坑里，除去皮趁热吃。凉了吃会破血，加盐容易耗散精气。取它温补的功效，其名为"土芝丹"。

昔日懒残法师在牛粪生起的火里煨芋头的时候，有人来请他，他拒绝说："尚无情绪收寒涕，那得工夫伴俗人。"又有一个山人写诗道："深夜一炉火，浑家团栾坐。煨得芋头熟，天子不如我。"他对芋头的喜爱可想而知。

小的芋头，晒干放到瓮里，等冬天到了，用稻草火焖熟，色泽香味都像栗子，所以叫"土栗"，很适合山里人家晚上围炉烤火时吃。赵两山（汝塗）写道："煮芋云生钵，烧茅雪上眉。"这种情景应当是亲自所见，不是乱写的。

延伸阅读：

芋头本是村野粗蔬，上不了大雅之堂，它能成为贡品，自有过人之处。在饥年，芋头常常被作为主食的替代品，《史记》中记载的名字叫作"蹲鸱"。鸱就是猫头鹰。芋头拙朴可爱，褐色，周身有毛，圆圆的芋头子让人想到猫头鹰圆滚滚的眼珠。古人的想象力真是丰富。平民拿芋头当菜，文人寒夜读书，也拿它充饥。《小窗幽记》就说"拥炉煨芋，欣然一饱。"外面大雪纷飞，室内火盆通红，炉边一圈褐色的芋头，被烤得冒着热气，当香气弥漫出来，把书放一边，先剥几个芋头吃个痛快。

农历八月，正是吃芋艿的时候。当令的芋艿，总是格外软糯鲜嫩。芋艿可烧成各种美食，它是百搭菜，宜荤宜素，可清蒸、生烤、热炒、白切、烧汤等。就是白煮，味道也很好。剥了皮的芋头蘸虾酱、花生酱、辣酱，哪怕只蘸白糖、米醋，都别有风味。台州人爱吃的食饼筒里，总少不了芋头段。各地都有芋头做的特色菜，我在广西吃过芋头扣肉，把芋头切成薄片，过油后夹在五花猪肉片里，上锅蒸到肉酥芋软；在奉化吃过鸡汁芋艿头。蒋介石喜欢吃家乡的芋艿头，到了台湾后，还是念念不忘，晚年一碗鸡汁芋艿头是餐桌上的常备之菜。我在成都吃过芋头烧泥鳅；在杭州，吃过桂花糖芋艿和拔丝芋头；在扬州，吃过大菜烧芋头，这是当年扬州八怪爱吃的一道菜；在台州，吃过老鸭芋头煲和芋艿头扣肉煲。

芋艿性子随和，配什么都适宜，不过我觉得跟扣肉、老鸭才是绝配，好像英雄配美人，红花配绿叶，两两相宜。芋头吸收扣肉和鸭肉的油水，味道更加鲜美，而扣肉、鸭肉，变得肥而不腻。一番蒸煮后，你中有我，我中有你，软糯香浓，鲜美异常。这真是"煨得芋头熟，天子不如我"——有芋头吃，皇帝也不如我快活自在呢。

摘自： 重庆市永川区南大街街道黄瓜山村志编纂委员会编.黄瓜山村志[M].北京：方志出版社，2018.

26　柳叶韭

杜诗"夜雨剪春韭"①，世多误为剪之于畦②，不知剪字极有理。盖于煠③时必先齐其本，如烹薤"圆齐玉箸头"④之意。乃以左手持其末，以其本⑤竖汤内，少煎其末，弃其触也。只煠其本，带性投冷水中。取出之，甚脆。然必竹刀截之。韭菜嫩者，用姜丝、酱油、滴醋拌食，能利小水⑥，治淋闭⑦。

注释：

①夜雨剪春韭：出自唐朝杜甫的《赠卫八处士》："夜雨剪春韭，新炊间黄粱。"

②畦（qí）：田块。

③煠（zhá）：同"炸"。

④薤：藠头，百合科葱属多年生鳞茎植物。藠头味道可口，个大，色白，柔嫩，汁多味足，制成

的罐头酸甜可口，具有很高的药用价值。《新修本草》："薤乃是韭类，叶不似葱……薤有赤白两种：白者补而美，赤者主金疮及风，苦而无味。"圆齐玉箸头：出自唐诗人杜甫的《秋日阮隐居致薤三十束》："束比青刍色，圆齐玉箸头。"

⑤本：根茎。

⑥小水："小便"的委婉说法。

⑦淋：淋证，中医病名。是指以小便频数、淋沥涩痛、小腹拘急引痛为主症的疾病。闭：癃闭，中医病名。又称小便不通，尿闭。以小便量少、点滴而出、甚则闭塞不通为主症的一种疾患。

译文：

杜甫诗里写道"夜雨剪春韭"，世人多误以为剪就是在田里割韭菜，不知道"剪"字其实十分有道理。因为炸韭菜的时候一定要把根剪齐，就像煮薤诗句"圆齐玉箸头"中的意思。其是用左手持韭菜根，用它的根当底部支撑竖在汤内，稍微煎一下韭菜的叶子，除去末梢。只炸根茎，带着天然色泽放到冷水里。取出后，十分鲜脆，但一定得用竹刀切断。嫩韭菜，用姜丝、酱油、滴醋拌在一起吃，能利小便、治淋、闭之症。

延伸阅读：

"春寒还料峭，春韭入菜来"，春季到了，韭菜性温，乍暖还冷的春季吃点春韭以除阴寒正合适。初春的韭菜品质是最好的，趁着春韭上市，配合豆腐、泥鳅滚个汤，正好能温阳驱寒、健脾益肾。

韭菜也叫"起阳草"，除有温肾壮阳、活血祛瘀的作用，还能暖胃醒脾。而泥鳅中含有丰富的亚精胺，有研究发现亚精胺有改善血压，降低心血管发病率。但需要注意的是韭菜不好消化，有胃病及消化不良者不宜多吃。

菜品：春韭豆腐泥鳅汤。

主要功效：温阳补肾、益气和中。

推荐理由：春季应季汤水。

原料：韭菜150克，豆腐2块，泥鳅5条（3～4人份）。

制作方法：韭菜挑除杂物，洗净，切成3厘米左右小段；豆腐冲洗，切成小方块；泥鳅放入清水中加入少许油及盐养1～2天，待泥鳅吐净泥沙后放入沸水中2分钟后捞出，洗净擦干，再放入煎锅小火煎香后放入汤锅中，加水及少量食油烧开，放入豆腐煮八分熟，加入韭菜，滚熟，加食盐调味即可。

摘自：佚名春韭豆腐泥鳅汤温阳补肾[J].家庭医药：快乐养生，2021（4）：19.

27 松黄①饼

　　暇②日，过大理寺③，访秋岩陈评事介④。留饮。出二童，歌渊明⑤《归去来辞》，以松黄饼供酒。陈角巾美髯⑥，有超俗之标。饮边味此，使人洒然⑦起山林之兴，觉驼峰、熊掌⑧皆下风矣。

　　春末，采松花黄和炼熟蜜，匀作如古龙涎⑨饼状，不惟香味清甘，亦能壮颜益志⑩，延永纪筭⑪。

注释：

①松黄：即松花，松树马尾松开的花。马尾松，松科、松属的马尾松开花期间采集的花粉叫松花　　粉，味甘，性温，无毒。松花主润心肺，益气，除风止血，也可以酿酒。

②暇：空闲，闲暇。《说文》："暇，闲也。"

③大理寺：官署名。相当于现代的最高法院，掌刑狱案件审理，长官名为大理寺卿，位九卿之列。

④陈评事介：评事陈介。评事，大理评事是官名。汉宣帝时置廷尉左右平，简称为廷平，秩六百　　石，职责是判案。

⑤渊明：陶渊明，365—427，字元亮，晚年更名潜，字渊明。陶渊明别号五柳先生，私谥靖节，　　世称靖节先生。浔阳柴桑（今江西省九江市）人，一作宜丰人；东晋末到刘宋初杰出的诗人、　　辞赋家、散文家；被誉为"隐逸诗人之宗"、"田园诗派之鼻祖"。其是江西首位文学巨匠。

⑥角巾：方巾，有棱角的头巾。为古代隐士冠饰。美髯：两颊上的长须秀美。

⑦洒然：犹欣然。《新唐书·忠义传下·贾直言》："穆宗召为谏议大夫，群情洒然称允。"

⑧驼峰、熊掌：为中国古代"八珍"。

⑨龙涎：是古人传说中的龙的唾液，亦有龙涎香（抹香鲸消化系统所产生）、龙涎井和龙涎酒等，　　与中国古代神话与传说有关。古代人民认为龙是一种神异动物，有比较美好的象征含义。

⑩益志：增长智慧。

⑪纪筭：寿命。筭，同"算"。

译文：

　　有天闲来无事，到了大理寺，拜访大理寺评事陈秋岩。他留我喝酒，喝酒时，派出两个童仆，歌咏陶渊明的《归去来辞》，再用松黄饼伴酒。陈评事戴着方巾留着美髯，有超俗的风姿。边喝酒边体味这松黄饼的情境，让人欣然起了山林隐士的风雅兴致，觉得驼峰、熊掌这些俗物都是下品了。

春末，采摘松花黄和炼熟蜜，搅匀做成古代龙涎饼的样子，不只香味清甜，还能美颜益智安神，延年益寿。

延伸阅读：

这个时候去山上，每天都能遇到一些采松花的人。看到他们时，我就想起了草木樨大姐做的松花饼，这是诸暨应店街一带的传统小吃，一般夏至时做，所以也叫"夏至麦饼"。这是一道制作比较复杂的美食，所以得提前一个多月开始备料。

松花粉是松科植物马尾松、油松或其同属植物的干燥花粉，是一种鲜黄色或淡黄色的细粉，体轻，易飞扬。此时山上的马尾松正处于开花期，满树金黄，非常漂亮。其实马尾松还是挺常见的，这是一种能使荒山变为森林的先锋树种，它们能生长在瘠薄的红壤、石砾土及沙质土中，或生于岩石缝中，要采到松花粉，首先要会分辨雌、雄松树花。马尾松是雌雄同株的，松树上既有雄花也有雌花，对于裸子植物的标准叫法，雄球花叫"小孢子叶球"，雌球花叫"大孢子叶球"。

松花主要就是小孢子叶球散布出来的花粉，每个小孢子叶球有一个纵轴，纵轴上螺旋排列着小孢子叶，里面的花粉在成熟的时候，只要稍微抖一抖，就会像粉尘那样飘散出来，便于风力传播。而采收松花粉则要赶在小孢子叶球里的花粉飘散出来之前。

采松花粉可不是一件轻松的活。太阴凉处的松树往往花粉较少；太粗太高的树爬上去很吃力，太小的树爬上去会摔下来；花球小了则花粉少；那些开得很漂亮、耀眼的松花却已是明日黄花，花粉已飘散；容易爬的地方，花球早已被其他人捷足先登。每年都做松花饼的草木樨大姐说，三年中有两年都错过了季节，还有一年又碰上坏天气，所以采收的松花粉量就更少了。

松花粉很轻，也很细，可用作保健品。我国第一部药典《神农本草经》中就有关于"松黄"的记载，并将其列为上品；明朝李时珍在《本草纲目》中称："松花，甘、温、无毒。润心肺，益气，除风止血，亦可酿酒。"网络平台上卖松花粉的也挺多的，似乎也不贵，但不知道他们是怎么采的。

花球采集下来后要晾晒使其外皮张开，这样花粉才能抖下来。抖下来的花粉要过筛，筛去杂质，再晒干或者烘干。接下来就是要制青，这一步的主要材料是艾草，与艾饺的做法差不多，也可以不加艾草，用纯面粉做，但是这样做出来的饼没有色，也没有韧劲，口感上有点差别，色泽上也略逊一筹。馅料，可以是芝麻、豆沙、黄豆粉或是用杂粮炒熟了打磨成的粉，当然还是芝麻馅最好吃了。然后就是做饼了，面团中加入青汁，用力操搓，再搓成小团；小团用松花粉滚一遍，再用擀面杖擀成厚薄适宜的圆饼，像包饺子那样包入事先做好的馅料，最后烤饼。

松花粉手捻有滑润感，所以夏至麦饼拿在手中也是很滑润的，有一种凉凉的感觉，在炎热的夏至吃，口感非常好。

摘自：小丸子.松花·松花粉·松花饼[J].食品与生活，2019（5）：73.

28 酥琼叶①

宿②蒸饼，薄切，涂以蜜，或以油，就火上炙。铺纸地上，散火气。甚松脆，且止痰化食。杨诚斋③诗云："削成琼叶片，嚼作雪花声④。"形容尽善矣。

注释：

① 琼叶：花木叶子的美称。此处形容蒸饼切片之薄美。

② 宿：隔夜的，前一夜的。

③ 杨诚斋：即杨万里，1127—1206，字廷秀，号诚斋，自号诚斋野客；吉州吉水（今江西省吉水县黄桥乡湴塘村）人；南宋文学家；与陆游、尤袤、范成大并称为南宋"中兴四大诗人"。

④ 削成琼叶片，嚼作雪花声：出自杨万里《炙蒸饼》："圆莹僧何矮，清松絮尔轻。削成琼叶片，嚼作雪花声。炙手三家市，焦头五鼎烹。老夫饥欲死，女辈且同行。"

译文：

拿隔了一夜的蒸饼，薄薄切片，用蜜涂抹，或者用油涂抹，放在火上烤。烤好后铺一层纸在地上，把饼放在纸上，来散火气。饼十分松脆，并且能止痰化食。杨万里诗写道："削成琼叶片，嚼作雪花声。"形容得再恰当不过了。

延伸阅读：

小孩子大多够不上资格吃卤猪耳，牙巴骨没长好，嚼得费力也体会不到嚼耳根的乐趣。但是称为"耳朵"的妙物，也有小孩们呼天抢地挨上一通板子也矢志不渝的美味——猫耳朵。猫耳朵虽是甜面点但也是甜香脆爽，极富咀嚼乐趣。老贵阳城里天南地北的口味都有，江浙人带来的油炸猫耳朵，让城里的娃儿有口福。所谓"猫耳朵"并非用猫的耳朵做成，而是一种油炸甜食，具体做法是在面粉中加入盐、糖、奶油，逐渐兑入清水，搅成面糊糊；再将面糊糊和成面团，搓成两团不同调料（可加豆沙等调味）的粗柱交替搓揉形成螺旋纹理，冷冻后切片油炸而成。

旧时贵阳糕点铺子门口，总摆放着硕大的簸箕，里面盛满金黄香脆的猫耳朵。路过铺子的小孩，撒泼要吃猫耳朵，父母拗不过也只好掏腰包去称些回来堵嘴。店家戴着手套的大手在簸箕里薅出一捧来，放在公平秤上增几块减几块地凑量，旁边收起哭声的娃儿眼睛死死盯着，为那些减出去的叹气为增进来的喝彩。

拿着店家用田字格或旧挂历折出来的大三角纸袋，娃儿们兴高采烈，那些由深浅黄色组合在一起的炸面片，不仅为世间第一美味，又能饱腹又能混嘴，边吃边长个子。

摘自：邹宁.黯食记[M].贵阳：贵州人民出版社，2017.

29 元修菜

东坡有故人巢元修菜诗[①]云。每读"豆荚圆而小，槐芽细而丰"之句，未尝不置搜畦垄间，必求其是。时询诸老圃[②]，亦罕能道者。

一日，永嘉郑文干归自蜀，过梅边。有叩之，答曰："蚕豆也，即豌豆也。蜀人谓之'巢菜'[③]。苗叶嫩时，可采以为茹。择洗，用真麻油熟炒，乃下酱、盐煮之。春尽，苗叶老，则不可食。坡所谓'点酒下盐豉，缕橙芼姜葱'者，正庖法也。"

君子耻一物不知[④]，必游历久远，而后见闻博。读坡诗二十年，一日得之，喜可知矣。

注释：

① 巢元修菜诗：即苏轼《元修菜》诗。前有序云："菜之美者，有吾乡之巢，故人巢元修嗜之，余亦嗜之。元修云：使孔北海见，当复云吾家菜耶？因谓之元修菜。余去乡十有五年，思而不可得。元修适自蜀来，见余于黄，乃作是诗，使归致其子，而种之东坡之下云。"句有"彼美君家菜，铺田绿茸茸。豆荚圆且小，槐芽细而丰。种之秋雨余，擢秀繁霜中。欲花而未萼，一一如青虫。是时青裙女，采撷何匆匆。"

② 老圃：有经验的菜农。

③ 巢菜：大巢菜和小巢菜。陆游《巢菜》诗序："蜀蔬有两巢：大巢，豌豆之不实者；小巢，生稻畦中，东坡所赋元修菜是也。"

④ 一物不知：对某一事物有所不知，比喻知识尚有欠缺；出自汉·扬雄《法言·君子》。

译文：

苏东坡有给故人巢元修写的《元修菜》一诗。每次读到"豆荚圆而小，槐芽细而丰"之句，未尝没有在田间寻找过，一定想知道到底是什么。也经常问问老农们，也罕有能说出到底是什么的。

有一天，永嘉郑文干从蜀地回来，到梅边。我询问他，他回答说："蚕豆，就是豌豆。四川人叫它'巢菜'。苗叶嫩的时候，可以采来当菜蔬。择洗干净，用真麻油炒熟，再下酱、盐一起煮。春天结束，苗叶就老了，就不能吃了。东坡所说的'点酒下盐豉，缕橙芼姜葱'者，讲的就是烹调方法。"

君子以一物不知而为耻，一定要多游历，然后见闻广博。读二十多年苏东坡的诗，不解这个问题，花费一天时间就知道了，这种欣喜是可想而知的。

延伸阅读：

巢菜这个名字，熟悉的人并不多，但是说起"采薇"，大家都会有印象。这么多年的读书与生活历练中，谁还没有遇到过几个名字中带"薇"的亲朋好友呢。

据历代考证，《诗经·小雅·采薇》中的"薇"一般指的就是大巢菜等豆科野豌豆属植物。

巢菜一名，来自宋代文豪兼美食家苏轼的诗作《元修菜（并叙）》："菜之美者，有吾乡之巢，故人巢元修嗜之，余亦嗜之。"所以巢菜也叫"元修菜"。诗作之外，他还专门写一篇文《记元修菜》以传之。

宋代另外一位大诗人陆游也喜爱巢菜，而且对巢菜的分类及渊源还颇有研究，在他的《巢菜并序》中记述道："蜀蔬有两巢，大巢，豌豆之不实者。小巢，生稻畦中，东坡所赋元修菜是也，吴中绝多。名漂摇菜，一名野蚕豆。"

陆游所说的漂摇菜，也是巢菜一个来源悠久的别名。历史上巢菜的别名很多，薇菜之外，《诗经》中也称它为"苕草"，汉代的《尔雅》称它"柱夫""摇车"。晋代陆玑在《诗鸟兽草木虫鱼疏》中又称"苕饶""翘饶"，史籍上"翘摇"也较为常见，这几个名字，发音与陆游所说的"漂摇"都很相似，应该是以音谬传的缘故。

漂摇豆在南宋《履巉岩本草》第二卷也有收录并附有彩绘图鉴，与大巢菜极为相似。

陆游关于大巢菜及小巢菜的区分，历代一直沿用，李时珍也认为"此说得之"，清代《植物名实图考》中还曾清晰地绘出了大巢菜与小巢菜的植物图鉴予以区分。

目前大巢菜及小巢菜均属于豆科野豌豆属植物，大巢菜有野豌豆等多个俗名，小巢菜除了俗名硬毛果野豌豆外，也有多个俗名与大巢菜相同，此外同为豆科野豌豆属的救荒野豌豆、广布野豌豆及野豌豆也常常被当做是巢菜。《诗经》中的"薇"，很可能是上述几种野豌豆属植物及其他近似种的混用名，按照现代的分类系统并不一定能够准确区分。

在都市的绿地中，这些巢菜并不起眼，一般都被视为杂草，但在野外，满地大片的巢菜则是让人无法忽视的存在，也难怪古人把它当作救饥的野菜广泛应用，野采之外，很早便有了种植的历史，晋人郭义恭《广志》中曾记述道："苕草，色青黄，紫华（花），十二月稻下种之，蔓延殷盛，可以美田，叶可食。"

东坡、放翁所记述的也是将茎叶当作野生蔬菜食用的："薇名野豌豆，藿（豆叶）可作羹，东坡所谓元修菜也"。（清《乾隆淮安府志》）明代朱橚主持编写的《救荒本草》中称为"野豌豆"，则是采用豆子来救饥，"救饥采角煮食，或收取豆煮食，或磨面制造，食用与家豆同"。

但巢菜终于还是没有能够成为人类的日常蔬菜，究其原因，苏东坡在《记元修菜》一文中的说法值得参考："性甚热，食之使人呀呷，若以少酒晒而蒸之，则甚益人，而不为害。"所以，巢菜到底还是穷苦人的救饥野菜而非王公贵族们的桌上佳肴。

司马迁在《史记·伯夷列传》中曾记述伯夷、叔齐在殷商灭国后，义不食周粟、隐于首阳山采薇而食的故事。自此之后，首阳采薇及西山薇蕨便成了中国文化中坚守气节的代名词，屡见于历代诗词等典籍中，其中陶渊明的"饥食首阳薇，渴饮易水流"，也是历代称颂的名句。

摘自：张叔勇.早春的那些巢菜[N].中国科学报，2021-03-18（008）.

㉚ 紫英菊

菊，名"治蘠"①《本草》名"节花"。陶注②云"菊有二种，茎紫，气香而味甘，其叶乃可羹；茎青而大，气似蒿而苦，若薏苡，非也。"

今法：春采苗、叶，略炒，煮熟，下姜、盐，羹之，可清心明目。加枸杞叶，尤妙。天随子③《杞菊赋》云："尔杞未棘④，尔菊未莎⑤，其如予何。"《本草》："其杞叶似榴而软者，能轻身益气。其子圆而有刺者，名枸棘，不可用。"杞菊，微物也，有少差⑥，尤不可用。然则，君子小人，岂容不辨哉！

注释：

① 治蘠：菊花别称。《尔雅·释草》："蘜，治蘠。"郭璞注："今之秋华菊。"《神农本草经》："菊华，一名节华。味苦平，生川泽。治风头、头眩肿痛、目欲脱、泪出、皮肤死肌、恶风湿痹。久服利血气，轻身耐老延年。"

② 陶注：陶弘景所注《本草经集注》。

③ 天随子：陆龟蒙（？—约881），字鲁望，自号天随子、江湖散人、甫里先生，长洲（今江苏

省苏州）人。陆龟蒙唐代诗人、农学家，与皮日休齐名，人称"皮陆"。其诗求博奥险怪，七绝较爽利，写景咏物为多，亦有愤慨世事、忧念生民之作，如《杂讽九首》《村夜二篇》等。文胜于诗，《四舍赋》《登高文》等均忧时愤世之作。小品文写闲情别致，自成一家。著有《耒耜经》《吴兴实录》《小名录》等，收入《唐甫里先生文集》。

④棘：长棘刺。

⑤尔：原作"乍"。小石山房本、《说郛》涵芬楼本、《说郛》宛委山堂早稻田大学本、哈佛大学藏本作"尔"。陆龟蒙《杞菊赋》诗作"尔"，据改。莎：花叶脱落，凋谢。

⑥差：差别。

译文：

菊花，又叫作"治蘠"，《本草》书中名为"节花"。陶弘景注释到"菊有两种，茎紫色，气味芳香而味甜的，它的叶子才可以作羹；茎青色而大的，气味像蒿而味苦的，像薏苡一样，不可以吃。"

现在的方法：春天采苗、叶，稍微炒一下，煮熟，下姜、盐，作羹，可以清心明目。羹中再加枸杞叶，特别妙。陆龟蒙《杞菊赋》写道："尔杞未棘，尔菊未莎，其如予何。"《本草》写道："像石榴叶一样软的枸杞叶，能轻身益气。果实圆而有刺的，叫枸棘，不可以用。"杞菊，是微不足道的东西，但稍有差别，就不能用了。既然如此，君子和小人，怎么能够不加以分辨呢！

延伸阅读：

中国人爱菊花，总结起来无非三大原因。

第一，可充当德行的范本：菊孤高倔强，凌霜独妍，具高尚人格之美，无愧为花中君子。据此，白居易作诗颂其为"一夜新霜着瓦轻，芭蕉叶折败荷倾。耐寒唯有东篱菊，金粟初开晓更清"。高燮也用它来比拟自己的朋友："人澹如菊，品逸于梅。"

第二，有很高的药用价值。《神农本草经》指出，菊花"久服利血气，轻身，耐老，延年"，有人更赞它"含乾坤之纯和，体芬芳之淑气"。后来由药用发展到药膳，吃菊花渐渐成了国人的食俗文化。只是两晋南北朝人喜欢生吃，所谓"无物咽清甘，和露嚼野菊"便是；唐人则爱采甘菊的苗叶当菜蔬煮羹吃；宋、明、清一代比一代吃出花样：凉拌、清炒、热油煎、煮饭、熬粥、印饼、蒸糕……想怎么吃就怎么吃，而且越来越爱和荤腥配伍，创制出诸如菊花肉、菊花鲈鱼羹、菊花鱼头豆腐煲等美味佳肴。如果说苏东坡是古人中吃菊花吃得最馋的，那么今人也许是吃菊花吃得最嗜的，泡茶，煮粥，烧菜，只要食菊，几乎来者不拒。

第三，也是菊花最最重要的功用，数它的观赏价值。全世界菊属有三十几种，原产中国的就占了十七种之多，主要有野菊、毛华菊、甘菊等。在中国古代，菊花还有许多极富诗意的别名，诸如寿客、日精、更生、帝女花等，要多好听就多好听。菊花花期较长，盛开期一般在重阳节前后。在古代，农历九九重阳是中国最要紧的传统佳节之一，届时须登高避灾。这天不但应该赏菊，还必须启封喝陈年菊花酒。设想一下又是登高，又是赏菊，又是饮酒，又是赋诗，人生如此美事乐事也不会太多。难怪杜牧要发感叹说"尘世难逢开口笑，菊花须插满头归。"

摘自：张良鸿.行读居随笔[M].宁波：宁波出版社，2018.

31　银丝供

张约斋（镃）①，性喜延山林湖海之士②。一日午酌数杯后，命左右作银丝供，且戒③之曰："调和教好，又要有真味。"众客谓："必脍④也。"良久，出琴一张，请琴师弹《离骚》一曲。众始知银丝，乃琴弦也：调和教好，调和琴也；又要有真味，盖取陶潜"琴书中有真味"⑤之意也。张，中兴勋家也⑥，而能知此真味，贤矣哉！

注释：

① 张约斋：即张镃，字功甫（亦作功父），原字时可。其因慕郭功甫，故易字功甫。号约斋；居临安（今浙江杭州），卜居南湖。其今传《南湖集》十卷、《仕学规范》四十卷；著有《玉照堂词》一卷。《全宋词》存词八十四首。其与辛弃疾有唱和，词风亦稍近之。好作咏物词。

② 山林湖海之士：山林之士，旧时指山林中的隐士。《庄子·天道》："以此退居而闲游江海，山林之士服。"《汉书·王吉传赞》："山林之士，往而不能反，朝廷之士入而不能出，二者各有所短。"湖海之士，旧时形容气概豪放之人。《三国志·魏志·张邈传》："陈元龙湖海之士，豪气不除。"

③ 戒：通"诫"，告诫。《仪礼·士冠礼》："主人戒宾。"

④ 脍：切得很细的鱼或肉。

⑤ 琴书中有真味：陶潜《归去来兮辞》中有"悦亲戚之情话，乐琴书以消忧"之句。后苏轼作有《哨遍》，用词的形式加以改写："噫！归去来兮，我今忘我兼忘世。亲戚无浪语，琴书中有真味。"

⑥ 张，中兴勋家：张镃系宋朝名臣张俊曾孙，故云中兴勋家。

译文：

张镃，一向喜欢宴请山林隐士和湖海豪放之士。有一天中午在和客人喝酒，喝了数杯后，命人去做银丝供，并且叮嘱说："调和教好，又要保留本味。"客人说："这一定是肉丝啊。"过了许久，张镃拿出一张琴，请琴师弹了一曲《离骚》。众人才知道银丝，原来是琴弦；调和教好，是调和琴弦也；又要有真味，原来是取的陶渊明诗句中"琴书中有真味"的意思。张镃出自中兴功勋之家，却能知这种朴素真味，真是贤德啊！

延伸阅读：

古琴虽只是一种乐器，但自它诞生后的整个发展过程中，始终凝聚着先贤圣哲的人文精神。据朱长文《琴史》记载，尧舜禹汤、西周诸王均精通琴道，以其为"法之一""当大章之作"，且均有琴曲传世，其中一些流传至今。孔子等先哲更是终日不离琴瑟，喜怒哀乐、成败荣辱皆可寄情于琴歌琴曲。琴既是先贤圣哲宣道治世的方式，更是他们抒怀传情的器具。缘何如此？原来在琴道中，无论上古时代的天人合一，还是后世所崇尚的"和"之精神都有最好的体现。古琴琴器本身，就是琴道最直接的表现。

琴制之美

古琴琴制，是将"道"与"器"完美结合的典范。古琴看似简单，只有七弦十三徽，却蕴含变化无穷的声调与音韵（合散、按、泛三音，共计有245个不同的发音位置，左、右手指法不下百种），概因其本身乃先贤"观物取象"而造，内含许多哲理性认知，与中国古典美学关于艺术"观物取象""立象尽意"主张一致，一直被历代琴家奉为圭臬。

琴制寓意

"立象尽意"与"观物取象"是中国古代哲学与美学中最重要的命题。它又与另一命题"言不尽意"紧密相关。《庄子·天道》中说："世之所贵道者书也，书不过语，语有贵也。语之所贵者意也，意有所随。意之所随者，不可以言传也，而世因贵言传书。"《秋水》中也说："可以言论者，物之粗也。可以意致者，物之精也。言之所不能论，意之所不能察致者，不期粗精焉。"庄子所谓的"意之所随"，就是"道"，在他看来，博大精深的"道"是难以用言语表达的。然而"言不尽意"，岂不是说即使圣书相传，后人也难以理解"圣人之意"？如此，圣人思想怎么能理解，中国文化传统又如何传承呢？《易传》作者在解释"卦"时提出理解"意"与"道"的方法，同时明确说明了"制器者尚其象"的道理："子曰：'书不尽言，言不尽意。'然则圣人之意，岂不可见乎？子曰：'圣人立象以尽意，设卦以尽情伪'"。"观物"是指对自然、社会事物的悉心观察把握，"取象"则是在观物之后对"物"之"象"的精心选取，或摹其形态，或取其意味。

琴器也是圣人"观物取象"而制，故能通"神"。琴作为最早的承载圣贤之意的"器"，是与"道"相联系的，琴制便充分体现了这一点。《琴史》"拟象"篇言明古人制琴出于尚象："圣人之制器也，必有象，观其象则意存乎中矣。琴之为器，隆其上以象天也，方其下以象地也。广其首、俯其肩，象元首股肱之相得也，三才之义也。高其前以为岳，命曰'临岳'，象名山峻极，可以兴云雨也。虚其腹以为池，一曰'池'，一曰'滨'，象江海幽远可以蟠灵物也。所以张弦者曰'轸'，象车轸以载致远不败也。所以枘弦者曰'凤足'，象凤凰来仪、鸣声应律也。翼其旁者曰'凤翅'，传其末者曰'龙尾'，取其端也。其所以饰之材以枣、以黄杨、以玉、以金或以竹。枣赤心，黄杨正色，玉温，金坚，竹寒而青，皆君子所以比德也"。故制琴尚象不只是表面化的模拟，其深意是"君子所以比德"。各类琴书的"上古琴论"对此多有论说。例如：汉代桓谭《新论·琴道》曰："昔神农氏继宓羲而王天下，上观法于天，下取法于地，近取诸身，远取诸物，于是始削桐为琴，练丝为弦，以通神明之德，合天地之和焉。"又曰："琴七弦，足以通万物而考理乱也。"蔡邕《琴操》解释更详细："昔伏羲氏作琴，所以御邪僻，防心淫，以修身理性，反其天真也。琴长三尺六寸六分，象三百六十日也；广六寸，象六合也。文上曰池，下曰岩。池，水也，言其平。下曰滨，滨，宾也，言其服也。前广后狭，象尊卑也。上圆下方，法天地也。五弦宫也，象五行也。大弦者，君也，宽和而温。小弦者，臣也，清廉而不乱。文王武王加二弦，合君臣恩也。宫为君，商为臣，角为民，徵为事，羽为物。"无论琴是伏羲创造，还是神农发明，它在最初诞生时是先贤仰观俯察，观物取象而来的。可见，琴不仅包含着周详严谨的"制"，更体现着深刻玄妙的"义"。也即作为"器"的琴，既包含着宇宙万物的生成变化之"道"，也象征着社会人伦的尊卑贵贱之"礼"，无疑"琴"之所以受到古代先贤的重视与钟爱，正因为它具有"立象尽意"，"器"以载"道"的重要功能。

历代琴论中除强调"琴制尚象"外，还对"琴制所象"给予具体的解说。明汪芝《西麓堂琴统》中，对于琴面、琴腹、琴背的制度均有非常详细的解说和立意分析。如对"岳山"的解释说："阳岳者众居之尊，如山高大也居中处，不可动摇，巍巍若山之孤也。"解释"凤翅"则言："凤翅者两肩腾基有飞翅之势，故因象取名也。"清徐祺《五知斋琴谱》中的"琴之象形"也总结的非常精到："泛音轻清而上浮，天也；实音重浊而下凝，地也；散弦居中，人也，而三才之道备矣。琴音有宫、商、角、徵、羽，即物之金、木、水、火、土，德之仁、义、礼、智、信，身之脾、胃、肝、胆、肾，人之君、臣、民、事、物。而三弦独下至十徽八分和弦者，以其民弦为之卑，于君臣之下也。至于以桐为面者，桐乃阳木，所以居上；以梓木为底者，梓木属阴，所以居下，无非法乾坤之正理也。昔伏羲斫桐为琴，练丝为弦，故琴称为丝桐者，盖为此也。正以通神明之德，以合天地之和，修身理性，反其天真，岂他乐之比耶？"所以，一床看似简单的琴，却包含着五音、五行、五端、五事及至人体五脏之间的相互映衬、相辅相成的关系。

琴制含义深奥，说明在中国古人那里，"琴"绝不只是普通的乐器，而是具有承载人生理想与信念、寄托心绪与情思、磨炼心性与意志、陶冶情操与品味等重要作用的"道器""法器""神器"，总之是非常重要的"圣器"。也正因为如此，在流传下来的一些记载中，往往夸大了琴与音乐的作用，将其对人的精神影响扩大到了对自然、社会无所不能的地步，这也说明了古人对"琴"的敬仰：一方面，把琴的功能看作在自然能呼风唤雨、与天地同一的力量，如《吕氏春秋·古乐》中说："昔古朱襄氏之治天下也，多风而阳气畜积，万物散解，果实不成。故士达作为五弦瑟，以来阴风，以定群生。"把琴看作是与天地沟通的圣器；另一方面，在社会中其能够扬正压邪、喻示成败兴衰，这方面的例子也很多，最有名的就是《左传》中"季札观乐"的故事。

摘自：罗筠筠.通万物而考理乱——古琴琴器之美[J].文化遗产，2021（2）：59-65.

32　凫茨粉①

凫茨粉，可作粉食，其滑甘异于他粉。偶天台陈梅庐见惠②，因得其法。

凫茨，《尔雅》③一名芍。郭④云："生下田，苗似龙须而细，根如指头而黑⑤"。即荸荠⑥也。采以曝干，磨而澄滤之，如绿豆粉法。

后读刘一止⑦《非有类稿》，有诗云："南山有蹲鸱，春田多凫茨。何必泌之水，可以疗我饥⑧。"信乎可以食矣。

注释：

① 凫茨：亦作"凫茈"。即荸荠。《后汉书·刘玄传》："王莽末，南方饥馑，人庶群入野泽，掘凫茈而食之。"李贤注："郭璞曰：'生下田中，苗似龙须而细，根如指头，黑色，可食。'"宋代苏舜钦《城南感怀呈永叔》诗："老稚满田野，斸掘寻凫茈。"

② 天台：地名。三国吴大帝黄武元年至黄龙三年，222—231，析章安置始平县（又称南始

平），此为天台建县之始。初属会稽郡，太平二年（257），改属临海郡。宋太祖建隆元年（960），改台兴为天台，此名一直沿用至今。宋太宗太平兴国三年（978），吴越归宋，天台亦归宋，属台州。见惠：谢人贶赠的谦词。《宋书·庾悦传》："身今年未得子鹅，岂能以残炙见惠。"

③《尔雅》：中国最早词典。最早见录于《汉书·艺文志》，但未载作者姓名。作品中收集了比较丰富的古汉语词汇。它不仅是辞书之祖，还是典籍——经，被列入《十三经》中。"尔"是"近"的意思（后来写作"迩"），"雅"是"正"的意思，在这里专指"雅言"，即在语音、词汇和语法等方面都合乎规范的标准语。

④郭：郭璞，276—324，字景纯；河东郡闻喜县（今山西闻喜县）人；两晋时期著名文学家、训诂学家、风水学者。郭璞是两晋时代最著名的方术士，传说他擅长预卜先知和诸多奇异的方术。他好古文、奇字，精天文、历算、卜筮，长于赋文，尤以"游仙诗"名重当世。研究和注释《尔雅》。

⑤生下田，苗似龙须而细：原作"生下湿，似曲龙而细"。《说郛》宛委山堂早稻田大学本、哈佛大学藏本作"生下曲，似龙须而细"。《尔雅注疏》："释曰：芍，一名凫茈。郭云：'生下田中，苗似龙须而细，根如指头，黑色可食。'今俗渝而鬻之者是也。"今据改。

⑥荸荠：多年生草本植物，多栽培在低洼地，地下茎也叫荸荠，扁圆形，皮赤褐色或黑褐色，肉白色，可作蔬菜或水果，可制淀粉。

⑦刘一止：1078—1161，字行简，号太简居士，湖州归安（今浙江湖州）人。宣和三年（1121）进士，累官中书舍人、给事中，以敷文阁直学士致仕。为文敏捷，博学多才，其诗为吕本中、陈与义所叹赏。有《苕溪集》。

⑧"南山有蹲鸱，春田多凫茈"四句：出自刘一止《南山有蹲鸱一首示里中诸豪》。

译文：

凫茈粉，可用来作粉食，它的细滑甘甜不同于其他粉。偶然有一次在天台陈梅家里受他好意，因而得到了制作方法。

凫茈，《尔雅》又叫作芍。郭璞写道："生长在下田，苗像龙须一样细，根像指头一样，并且色黑。"这就是荸荠啊。采来晒干，磨细成粉而沉淀过滤，像做绿豆粉一样。

后来读刘一止的《非有类稿》，里面有诗写道："南山有蹲鸱，春田多凫茈。何必泌之水，可以疗我饥。"确信是可以吃的。

延伸阅读：

荸荠介于果蔬之间，啖之味清而秀，如读韦苏州之诗。沪人称为地栗，粤人称为马蹄，古又有乌芋、凫茈之别名。凫茈见《尔雅》，其由来甚古矣。然古人绝少吟咏及之者，故类书中亦不载列，盖无甚故实也。

荸荠产于水田，初春留种，待芽生，埋泥缸内，二三月后，复移水田中。茎高三尺许，中空似管，嫩碧可爱，花穗聚于茎端。所谓荸荠者，乃其地下之块茎也。吾苏葑门外湾村，出荸荠，色黑，华林出荸荠，色红，味皆甘嫩，名产也。

赣之南昌，产荸荠尤多甘汁。据云，不能坠地，堕地即糜烂不可收拾，其嫩可知。

面部患癣，可削荸荠而擦之，若干次便愈。又误吞旧时制钱，啖荸荠可使钱下，盖有润肠之功也。

夏日冷食，有所谓荸荠膏者，实则膏中并无荸荠之质汁，乃凉粉之类耳。

荸荠啖时，有削皮之烦，于是市中小贩有削就而串以待买者，曰托光荸荠，白嫩如脂，爽隽无比。唯小贩往往浸之于冷水中，于卫生非所宜也。

荸荠不易烂，可筐悬于风檐间，以待其干，干后皮皱易剥，味更甘美，鲁迅喜啖之。亦有煮熟而啖之，亦饶佳味。

胡石予师尝谓荷花缸中，四周植以荸荠数枚，则碧玉苗条，与莲叶莲花相掩映，别具雅观。《瓜蔬疏》云："荸荠，方言曰地栗，种浅水，吴中最盛，运货京师，为珍品，红嫩而甘者为上。"亡友顽鸥曾云，荸荠亦名佛脐，以形似而称也。不知见于何书，曰荸脐者，言自佛脐中蓬蓬勃勃而生，即其碧玉苗之长管，比之青葱则细而长，盖叶之变形也。

荸色红而透，髹漆木器有色泽红透者，因称之为荸荠漆。吴俗吃年夜饭，饭颗中必置入荸荠一二枚，谓之掘藏，迷财而至于此，是真可笑也矣。

吴中有糖食铺，曰野荸荠，颇负盛名。相传其筑屋时，地下掘得野荸荠一，殊硕大可异，因即以"野荸荠"三字为铺号。所掘得之荸荠，供诸柜间，一时遐迩纷传，生涯大盛，亦吴中之掌故云。

摘自：郑逸梅.民国老味道：郑逸梅谈吃[M].哈尔滨：北方文艺出版社，2018.

33 薝蔔①煎（端木煎）

旧访刘漫塘（宰）②，留午酌，出此供，清芳，极可爱。询之，乃栀子花也。采大瓣者，以汤焯过，少干，用甘草水和稀面，拖油煎之，名"薝蔔煎"。杜诗云："于身色有用，与道气相和③。"今既制之，清和之风备矣。

注释：

① 薝蔔：即檐卜，植物名。产西域，花甚香。南朝·陈·徐陵《东阳双林寺傅大士碑》："色艳沉檀，香逾薝卜。"吴兆宜注："《经》云：'如入薝卜林，闻薝卜花香，不闻他香。'"唐代段成式《酉阳杂俎·木篇》："陶真白言：栀子翦花六出，刻房七道，其花香甚，相传即西域薝卜花也。"

② 刘漫塘（宰）：刘宰，1167—1240；字平国，号漫塘病叟，镇江金坛（今江苏常州金坛区）人。绍熙元年（1190）举进士。历任州县，有能声。寻告归。理宗立，以为籍田令。迁太常丞，知宁国府，皆辞不就。端平间，时相收召誉望略尽，不能举者仅宰与崔与之二人。隐居三十年，于书无所不读。既卒，朝廷嘉其节，谥文清。宰为文淳古质直，著有《京口耆旧传》九卷、《漫塘文集》三十六卷。

③ 于身色有用，与道气相和：出自杜甫《江头四咏·栀子》："栀子比众木，人间诚未多。于身色有用，与道气相和。红取风霜实，青看雨露柯。无情移得汝，贵在映江波。"

译文：

以前我拜访过刘漫塘（宰），他留我中午喝酒，拿出这道菜，清新芳香，极为可爱。询问他这是什么，原来是栀子花。做法是：采大瓣的栀子花，用热水焯一下，稍微晾干后，用甘草水一起和入稀面，在油里拖煎，名叫"薝蔔煎"。杜甫的诗里写道："于身色有用，与道气相和。"现在做好的菜，确实具备了清和之风啊。

延伸阅读：

栀子，在古代是花中上品。无论绿化环境还是作为中药造福于人类健康，都有过出色的表现。栀子的名声在后世锐减，除了药用，其绿化、美化功能逐渐被其他花种替代了。

在历史上，栀子栽种得比较普遍。据史载，魏晋时期洛阳地区大量种植栀子、红花，花盛时节，有人家"一日摘花需百人之众"，据此足以推知其种植规模之大了。普通农家院里都有栀子栽种，"妇姑相伴浴蚕去，闲看中庭栀子花"。唐代王建的诗中对这一情形作了描述，大概是这家的女主人农活太忙，没有工夫去赏它。栀子的别名很多，什么"木丹""鲜桃""越桃""林兰"等都是说它的，并且都是出自《神农本草经》《广雅》《名医别录》《谢康乐集》这些正本著作中，这从一定意义上说明了它广受关注。栀子花色白无瑕，是纯洁的象征。"玉质自然无暑意"（宋代朱淑贞），"清洁法身如雪莹"（宋代蒋梅边），再没有比它更洁净的了。据说古代也有红色的栀子花，曾得到蜀主孟昶的赞赏，把它赏给女眷们作装饰品使用。不过，后来再没有听说了，可能已经绝种。栀子花花香无邪，是高贵的体现。栀子的果壳还被作为染料使用，把不显眼的白布染成高贵显眼的黄布，在一定历史时期，甚至成为皇帝家里的专利。

摘自：文苕. 雪魄冰清栀子花[J]. 养生月刊，2019，40（5）：385.

34　蒿蒌菜（蒿鱼羹）①

旧客江西林山房书院②，春时，多食此菜。嫩茎去叶，汤焯，用油、盐、苦酒沃③之为茹。或加以肉臊，香脆，良可爱。

后归京师，春辄思之。偶遇李竹野制机伯恭邻④，以其江西人，因问之。李云："《广雅》⑤名蒌，生下田，江西用以羹鱼。陆《疏》⑥云：叶似艾，白色，可蒸为茹。即《汉广》'言刈其蒌'之'蒌'⑦。"山谷⑧诗云："蒌蒿数箸玉簪横⑨。"及证以诗注，果然。李乃怡轩之子，尝从西山问宏词法⑩，多识草木，宜矣。

注释：

① 蒿（dí）蒌菜蒿鱼羹：小石山房本后有双行夹注："山房子少鲁，号谷梅"。蒿（dí）蒌，即蒌蒿。《尔雅·释草》："购，蒿蒌。"郭璞注："蒿蒌，蒌蒿也。"

② 旧客江西林山房书院：《说郛》涵芬楼本作"旧客江西林谷梅山房书院"，"谷梅"下有双行夹注"山房子少鲁，号谷梅"。《说郛》宛委山堂早稻田大学本、哈佛大学藏本也作"旧客江西林谷梅山房书院"，"谷梅"下无注。

③ 沃：用水浇。《论衡·偶然》："使火燃，以水沃之，可谓水贼火。"

④ 邻：作邻居。

⑤ 《广雅》：中国古代的一部百科词典。其共收词汇18150个，是仿照《尔雅》体裁编纂的一部训诂学汇编，相当于《尔雅》的续篇，篇目也分为19类。各篇的名称、顺序、说解的方式，以至全书的体例，都和《尔雅》相同，甚至有些条目的顺序也与《尔雅》相同。

⑥ 陆《疏》：指陆玑所著的《毛诗草木鸟兽虫鱼疏》。对《诗经》所记载的动植物研究最有成就和影响。这是一部专门针对《诗经》中提到的动植物进行注解的著作，因此有人称它为"中国第一部有关动植物的专著"。全书共记载草本植物80种、木本植物34种、鸟类23种、兽类9种、鱼类10种、虫类20种，共计动植物176种。其对每种动物或植物不仅记其名称（包括各地方的异名），而且描述其形状、生态和使用价值。

⑦ 《汉广》"言刈其蒌"：《诗经·周南·汉广》"翘翘错薪，言刈其蒌。之子于归，言秣其驹。汉之广矣，不可泳思。江之永矣，不可方思。"

⑧ 山谷：即黄庭坚，山谷为其号。

⑨ 蒌蒿数箸玉簪横：出自黄庭坚《过土山寨》："南风日日纵篙撑，时喜北风将我行。汤饼一杯银线乱，蒌蒿如箸玉簪横。"

⑩ 西山：即虞璠，字国器。父亲虞逢病逝，葬于宁国城南西山。虞璠不欲远离，在西山父墓之侧建草堂，以为读书之所，遂以"西山处士"为号。思亲不忘，请画工绘父亲遗像悬于草堂，四时祭祀，以尽孝行。为人倜傥尚气节，具有高士风，不求仕进，隐逸西山。最喜读书，学识渊博，精通《易》《书》《诗》《春秋》《礼记》等五经。宏词：指博学宏词，科举名目的一种，始于唐开元中，迄于宋末。

译文：

以前我在江西林山房书院做客，春天的时候，多吃这种菜。嫩茎除去叶子，用热水焯一下，再用油、盐、苦酒浇下为菜。或者加点肉臊，十分香脆，实在可爱。

后来回到京师，春天就思念这道菜。偶遇李竹野制机伯当我的邻居，因为他是江西人，所以问他。李竹野说："《广雅》里这叫作蒌，生在下田，江西人用来做鱼羹。陆玑《毛诗草木鸟兽虫鱼疏》写道：'叶像艾叶，白色，可以蒸成菜。'也就是《诗经·周南·汉广》里'言刈其蒌'中的'蒌'。"黄庭坚的诗写道："蒌蒿数箸玉簪横。"以诗注来佐证，果然如此。李竹野是李怡轩之子，曾经跟着虞璠学习"宏词"科，识得很多草木，确实如此。

延伸阅读：

蒌蒿为菊科植物，别称芦蒿、水艾、香艾，最早普遍食用蒌蒿的是南京人，据载，明朝开始南京市民就把野生蒌蒿当作餐桌上的家常菜了。二十世纪八十年代之前，你走到任何一个城市都吃不到这道菜，只有在爱吃野菜的南京人的餐桌上常能见到此物。如今全国各地的菜场里都可以看到蒌蒿的身影，只可惜的是它失去了其最原始的风味。

也正是因为美食家苏东坡在《惠崇春江晚景二首》中赞赏蒌蒿与河豚的诗句吊起了文人食客的胃口："竹外桃花三两枝，春江水暖鸭先知。蒌蒿满地芦芽短，正是河豚欲上时"，让几百年来的吃货们去追寻这两种美味的踪迹。我看到有些赏析这首诗的文人因为不懂美食，所以就望文生义、穿凿附会地歪曲了诗的原意，说蒌蒿烧河豚这道鲜美的佳肴正是此时人们追求的美味。殊不知，苏东坡在这里只是说蒌蒿在水边满地蓬勃生长，以及芦芽刚刚冒尖时，正是河豚要上市的时候，这里只是借植物的生长来点明季节，而非是要把蒌蒿去烧河豚，况且宋朝时人们或恐还没有将蒌蒿和芦芽当作餐桌上的野味呢。可能这位赏析者不谙河豚的吃法，以为蒌蒿烧河豚是绝配呢，哪知道河豚无论是红烧还是白煮是不与重味的菜蔬匹配的。我只见过重油红烧河豚，用绍酒炒就的秧草（苜蓿）垫底，那烧河豚的油汁浸透了秧草，其味果然甚妙。而白煮的河豚汤汁浓白，撒上少许秧草配色，那漂浮在奶白色上的几许翠绿，确是让人不舍得动筷箸。但是用重味的蒌蒿去烧河豚，绝对会破坏河豚原汁原味的鲜美口感——在中国烹饪中，顶尖鲜美的食材需要保持它的原生态的美味口感，串味（亦作"窜味"）乃厨师之大忌也。当然，现在大棚里出来的蒌蒿已经十分寡味了，早已失去了它那种自然天成的野味，所以如今看到有些无名菜馆里偶有大棚蒌蒿与家养的大鲌鱼一勺烩的所谓创新菜也就不奇怪了，稍微聪明一点的厨师，用炒好的蒌蒿衬底，也就不至于串味了。

摘自：丁帆.天下美食[M].南京：译林出版社，2017.

35 玉灌肺

真粉、油饼、芝麻、松子、核桃去皮，加莳萝①少许，白糖、红曲少许，为末，拌和，入甑②蒸熟。切作肺样块子，用辣汁供。今后苑③名曰"御爱玉灌肺"。要之④，不过一素供耳。然以此见九重⑤崇俭不嗜杀之意，居山者岂宜侈乎？

注释：

① 莳萝：古称"洋茴香"。莳萝原为生长于印度的植物，外表看起来像茴香，开着黄色小花，结出小型果实，自地中海沿岸传至欧洲各国。莳萝属欧芹科，叶片鲜绿色，呈羽毛状，种子呈细小圆扁平状，味道辛香甘甜，多用作食油调味，有促进消化之效用。

② 甑（zèng）：古代炊具，底部有许多透蒸汽的小孔，放在鬲上蒸煮（食物）。

③ 后苑：此指宫中御厨。

④ 要之：总之。

⑤ 九重：指帝王。唐代李邕《贺章仇兼琼克捷表》："遵奉九重，决胜千里。"明代无名氏《金雀记·作赋》："明朝入禁中，奏闻九重。"

译文：

真粉、油饼、芝麻、松子、核桃去皮，加土茴香少许，白糖、红曲少许，研为末，拌和，入甑里蒸熟。切作肺形状的块，用辣汁浇上以后食用。现在御厨叫它"御爱玉灌肺"。其实不过是一道素菜罢了。但是，由此可见皇上崇俭、不好杀的意思，山野之人难道应该奢侈吗？

延伸阅读：

灌肺，原是要用一具羊肺，肺内灌满以豆粉、面粉和香料调制的面糊，扎紧口子，煮熟切片，蘸酱吃。如今，在吃羊盛行的山西、新疆，仍能寻到这类古老食物，俗称面肺子。而在宋朝的开封与杭州，都有小贩叫卖灌肺，通常作为早餐和夜市小吃，便宜又顶饱。可选择香料味浓郁的"香药灌肺"，也可来一份辛辣开胃的"香辣灌肺"。

灌肺属于荤食，其纯素仿制品是"玉灌肺"。油饼、芝麻、松子、胡桃（核桃）、莳萝，分别弄碎，拌入绿豆淀粉，加水搅匀成剂子，锅里蒸熟，切作小块，蘸辣味酱汁。糕体的味道和核桃糕比较像。在文士食谱《山家清供》与家常食谱《中馈录》里，都能找到玉灌肺，传闻皇帝也是其忠实食客，御膳菜名为"御爱玉灌肺"。多吃素食，大概很能彰显皇帝崇尚俭朴、不嗜杀生的美德，也具有政治意义。

摘自：徐鲤，郑亚胜，卢冉.宋宴[M].北京：新星出版社，2018.

36 进贤菜（苍耳饭）

苍耳，枲耳[1]也。江东[2]名上枲，幽州[3]名爵耳，形如鼠耳。陆玑《疏》云："叶青白色，似胡荽，白花细茎，蔓生。采嫩叶洗焯，以姜、盐、苦酒拌为茹，可疗风。"杜诗云："苍耳况疗风，童儿且时摘。"[4]《诗》之《卷耳》[5]首章云："嗟我怀人，置彼周行[6]。"酒醴[7]，妇人之职，臣下勤劳，君必劳之，因采此而有所感念。又酒醴之用，以此见古者后妃，欲以进贤之道讽其上，因名"进贤菜"。张氏诗[8]曰："闺阃[9]诚难与国防，默嗟徒御困高冈。觥罍欲解痛痞恨[10]，采耳元因避酒浆。"其子，可杂米粉为糗[11]，故古诗有"碧涧水淘苍耳饭"之句云。

注释：

①枲（xǐ）耳：草名，即卷耳，也称苍耳。

②江东：指长江以东地区，又称江左。长江在自九江往南京一段（皖江）为西南往东北走向，于是将大江以东的地区称为"江东"。

③幽州：古代行政区划，治所在今北京市城区西南广安门附近。

④苍耳况疗风，童儿且时摘：出自杜甫《驱竖子摘苍耳》。

⑤《卷耳》：出自《诗经·国风·周南》。

⑥周行（háng）：大路。

⑦醴（lǐ）：甜酒。

⑧张氏诗：即张载的《卷耳解》。张载，1020—1077，字子厚，原籍大梁（今河南开封），生于
　　长安（今陕西西安），后侨寓于凤翔眉县横渠镇（今陕西眉县横渠镇）并在横渠镇讲学，世称
　　"横渠先生"。张载是北宋思想家、教育家、理学创始人之一。其"为天地立心，为生民立命，
　　为往圣继绝学，为万世开太平"的名言，被称作"横渠四句"，因其言简意赅，历代传颂不衰。

⑨闺阃（kǔn）：内室。

⑩罍（léi）：同"櫑"。酒樽，也可用来盛水。痡瘏（pū tú）：疲病。语本《诗·周南·卷耳》："我
　　马瘏矣，我仆痡矣。"

⑪糗（qiǔ）：炒熟的米麦等谷物。此处指饭糊，面糊。

译文：

　　苍耳，就是枲耳。江东地区叫作上枲，幽州叫爵耳，形状和老鼠耳朵一样。陆玑的《毛诗草木鸟兽虫鱼疏》写道："叶青白色，像胡荽，白花细茎，攀援生长。采嫩叶洗净，用热水焯一下，用姜、盐、苦酒拌成菜，可以治疗风疾。"杜甫诗写道："苍耳况疗风，童儿且时摘。"《诗经》的《卷耳》篇首章写道："嗟我怀人，置彼周行。"准备酒醴是妇人的职务，臣下勤劳，君主一定会犒劳他们，因此采摘卷耳而有所感念。至于把酒醴犒劳臣下，以此可见古代后妃想要讽谏君上进纳贤才的深意，所以名为"进贤菜"。张载诗写道："闺阃诚难与国防，默嗟徒御困高冈。舣罍欲解痡瘏恨，采耳元因避酒浆。"苍耳子，可以和米粉混一起做成糗，故古诗有"碧涧水淘苍耳饭"之句云。

延伸阅读：

　　《诗经·周南·卷耳》曰："采采卷耳，不盈顷筐。嗟我怀人，寘彼周行。……"此诗有人释为怀人的爱情诗，有人则认为是君子思贤求贤之作。而诗中用于比兴的"卷耳"，后人多认为就是现在的苍耳。

　　从美丽的《诗经》中走来的苍耳，是一种常见的杂草，它容易成活，不择环境，荒地、路旁、草丛、河边等地均可见到。苍耳的别称有菤耳、羊负来、苍耳子、喝起草、老苍子、道人头、苍浪子、青棘子、胡苍子、野茄等。曹妃甸称其为"疥了海子"，至于到底是哪几个字，什么意思，就无从考证了。

　　苍耳是中国原本就有的物种还是后来传入的，说法不一。南朝陶弘景不识此物，只根据别人所言称："云此是常思菜，伧人皆食之，一名羊负来，昔中国无此，言从

外国遂羊毛而来。"宋朝苏颂在释异名"羊负来"时指出："或曰此物本生蜀中，其实多刺，因羊过之毛中粘缀，遂至中国，故名羊负来。"这里的"中国"，是指中原。

摘自：唐山市曹妃甸区政协文史委编著.曹妃甸野生植物大观 [M].北京：新华出版社，2019.

㊲ 山海兜

春采笋、蕨①之嫩者，以汤瀹②过。取鱼虾之鲜者，同切作块子③。用汤泡，裹蒸熟，入酱油、麻油、盐，研胡椒，同绿豆粉皮拌匀，加滴醋。今后苑多进此，名"虾鱼笋蕨兜"。今以所出不同，而得同于俎豆④间，亦一良遇也，名"山海兜"。或即羹以笋、蕨，亦佳。许梅屋（棐）⑤诗云："趁得山家笋蕨春，借厨烹煮自吹薪。倩谁分我杯羹去，寄与中朝食肉人。"⑥

注释：

① 蕨：是蕨科蕨属欧洲蕨的一个变种。植株高可达1米。根状茎长而横走，密被锈黄色柔毛，以后逐渐脱落。该种根状茎提取的淀粉称蕨粉，供食用，根状茎的纤维可制绳缆，能耐水湿，嫩叶可食，称蕨菜；全株均入药，驱风湿，利尿，解热，又可作驱虫剂。

② 瀹：煮。

③ 块子：成块物。

④ 俎豆：俎和豆，古代祭祀、宴会时盛肉类等食品的两种器皿。

⑤ 许梅屋：即许棐：字忱夫，一字枕父，号梅屋。海盐（今浙江海盐县）人。许棐著作颇多，有《梅屋诗稿》一卷、《融春小缀》一卷、《梅屋三稿》一卷、《梅屋四稿》一卷、《杂著》一卷、《樵谈》一卷、《献丑集》一卷。

⑥ "趁得山家笋蕨春，借厨烹煮自吹薪"四句：出自许棐《山间》。食肉人，高官。《左传·庄公十年》："肉食者鄙，未能远谋。"

译文：

春天采嫩的笋、蕨，用热水煮过。取新鲜的鱼虾，一同切作块状。用热水泡，裹着蒸熟，放入酱油、麻油、盐，研胡椒成末，和绿豆粉皮一起搅拌均匀，再加醋。现在御厨经常进奉这个，名叫"虾鱼笋蕨兜"。现在因为所出的地方不同，却能够在礼器中相会，也是一种良会啊，所以名叫"山海兜"。或者用笋、蕨作羹，也很好。

许棐诗写道："趁得山家笋蕨春，借厨烹煮自吹薪。倩谁分我杯羹去，寄与中朝食肉人。"

延伸阅读：

随着物质生活的丰富，在大鱼大肉之外，人们开始寻找一些健康绿色的食物，野菜就成为很多人的首选。在他们看来，野菜不仅是纯天然食品，营养价值还很丰富。

野菜的种类不少，人们经常吃的野菜有蕨菜、扫帚苗、苦菜、马齿苋、灰灰菜、野苋菜、鱼腥草、荠菜等。春天来了，万物复苏，大自然馈赠给我们的除了美景之外，还有各种各样的美食，其中就有大家很喜欢吃的一种野菜——蕨菜。

一、历史悠久营养丰富

蕨菜别名又叫蕨其、龙头菜、如意菜、拳头菜、猫爪子等，是我国暖温带及亚热带常见的一种野菜，素有"山珍""山菜之王"的美誉，其食用部分是未展开的幼嫩叶芽。

人类采食蕨菜的历史非常悠久，它的名字最早见于《尔雅》。早春时节，伴着春雨的滋润，蕨菜也在地里、山上冒出了芽。蕨菜在萌发后10天左右，高约20厘米，看起来像是小孩握紧的拳头，叶柄粗壮脆嫩，叶芽还没有伸展开，这个时候是采摘的最佳时间。如果不及时采摘，等蕨菜叶芽伸展开来，茎秆就老了，一旦纤维化，吃起来就像嚼干柴棍。

新鲜蕨菜的嫩叶芽营养成分齐全，富含多种微量元素和维生素，蛋白质、脂肪、粗纤维的含量也较高。

此外，蕨菜中还富含多种生物活性物质，如蕨菜多糖、黄酮类化合物等。蕨菜多糖具有一定的抑菌能力。还有研究发现，蕨菜中黄酮类化合物含量高达7.28%，其具有抗氧化、调节血脂、抗病毒等功效。

二、美味吃法要记牢

陆游在诗中说道："箭苗脆甘欺雪菌，蕨芽珍嫩压春蔬。"由此可见，蕨菜的美味非同一般。那么蕨菜的日常吃法有哪些呢？大体上可以分为三种：

鲜食：采摘下蕨菜后，用开水焯10分钟左右，然后捞出沥干水分，加上一些准备好的酱料，就可以做成凉拌菜；还可以捞出沥干水后，直接炒着吃，或者加一些肉类清炒。

腌制：蕨菜洗净后沥干水分，放进坛子里，每摆放一层蕨菜后就撒入适量的盐和姜丝，腌渍好后坛子封口，10天左右就可以取出腌好的蕨菜烹制食用。

干制：将采摘下的蕨菜清洗干净，用开水煮10分钟左右，再捞出摊开晾晒，完全晒干后用塑料袋或带有防潮纸的纸箱贮藏保存，待到要食用时用水泡发，再加以烹制即可。

虽然蕨菜味道鲜美、营养丰富，一般人群均可食用。但是，食用过程中也要注意以下三点：

蕨类植物种类繁多，并不是所有的蕨类植物都可食用。因此，采摘时要注意甄别，以免误食，损害健康。

蕨菜不能生吃，因为蕨菜中含有一种叫作"原蕨苷"的有毒物质，经过焯水和浸泡后才能去掉。

尝鲜即可，不可贪多，尤其是不能长期大量食用蕨菜。

摘自：马冠生. 春食蕨菜谨记三点 [N].中国医药报，2021-04-06（004）.

（38） 拨霞供①

向游武夷六曲②，访止止师。遇雪天，得一兔，无庖人③可制。师云："山间只用薄批④，酒、酱、椒料沃之，以风炉安座上，用水少半铫⑤，候汤响，一杯后，各分以箸，令自筴⑥入汤摆熟，啖之。乃随宜，各以汁供。"因用其法，不独易行，且有团栾⑦热暖之乐。

越⑧五六年，来京师，乃复于杨泳斋（伯岩）⑨席上见此。恍然去武夷如隔一世。杨，勋家，嗜古学而清苦者，宜此山家之趣。因诗之："浪涌晴江雪，风翻晚照霞。"末云："醉忆山中味，都忘贵客来。"猪、羊皆可。《本草》云：兔肉补中，益气。不可同鸡食。

注释：

①拨霞供：小石山房本、《说郛》涵芬楼本题后有双行夹注："《本草》云：兔肉补中，益气。不可同鸡食。"《说郛》宛委山堂早稻田大学本、哈佛大学藏本、《夷门广牍》无此注。拨霞供，即"兔肉涮锅"，是当时风味菜肴之一。据史籍记载，宋代士大夫阶级崇尚野味，食野兔之风尤盛。

②向：从前。武夷：武夷山，位于江西与福建西北部两省交界处。六曲：六曲有被称为武夷第一胜地的天游峰。

③庖人：厨师。

④薄批：细切。

⑤銚（yáo）：煎药或烧水用的器具，形状像比较高的壶，口大有盖，旁边有柄，用沙土或金属制成。

⑥箸：即夹。

⑦团栾：团坐。

⑧越：经过，越过。

⑨杨泳斋：即杨伯岩（？—1254），代郡（今河北蔚县西南）人；居临安；字彦瞻，号泳斋，杨沂中诸孙。理宗淳祐，1241—1252，中以工部郎守衢州。有《六帖补》二十卷、《九经补韵》一卷行世。岩，原作"嵓"，据小石山房丛书本改。

译文：

以前去武夷山六曲峰游玩，拜访止止师。遇上雪天，抓到一只兔子，但没有厨子来烹饪。止止师说："山里的吃法是：把兔肉切成薄片，用酒、酱、椒料腌制，把风炉安在座台上，放入水小半锅，等热水滚后，每人拿双筷子，让他自己夹兔肉入汤里涮熟吃。随口味，各自调料来吃。"这种方法不仅容易做，而且有热闹温馨的快乐。

过了五六年，回到京师，又在杨泳斋（伯岩）的宴会上看到这种吃法。恍然间距离武夷之行仿佛隔了一世了。杨，是功勋之家，嗜好古学且清苦，正适宜这种山野人家的乐趣。于是作诗道："浪涌晴江雪，风翻晚照霞。"最后写道："醉忆山中味，都忘贵客来。"猪肉、羊肉也都可以这么吃。《本草》说：兔肉补中，益气。不可以和鸡肉一起吃。

延伸阅读：

火锅分为南北两派。南派以麻辣火锅为代表，而北派火锅以东北的涮羊肉和涮锅为代表。

说起火锅的起源，辽宁大学历史学院教授张国庆介绍说，由于所处之地气候寒冷，契丹人嗜肉。他们食肉经历了由生食到熟食、由简单宰杀饱腹到制作各种肉食佳肴的过程。具体一点儿说，契丹人早期宰杀牲畜或猎获野兽后烤食。后来，随着社会的进步、文明程度的提高及对汉族人饮食文化的吸收，他们逐步改变了传统的饮食方式，由生食、烤食改为烹调熟食，并开始制作各种肉食制品。

契丹人无论贵族还是平民，最常见的食肉方式是煮鲜肉——将肉放入大铁锅内，加水烹煮。煮熟后，放入大盘内，用刀切割成小薄片，再蘸以各种作料，如蒜泥、葱丝、韭末及酱、盐、醋等食用。当年契丹使者出使北宋，宋人尊重契丹人的饮食习惯，特意为其准备了具有契丹风味的肉食——羊、鸡连骨肉，置盘内，"皆以小绳束之，又生葱韭蒜醋各一碟"。

1995年秋天，内蒙古赤峰市敖汉旗羊山3号辽墓中发现了"契丹烹饪图"。该墓纵150厘米，横110厘米，壁画位于墓室的醒目位置，逼真形象地反映了契丹人煮肉、食肉的场面。画面中高大的穹庐内有4个烈火熊熊的火盆，上面放着煮肉的大铁锅，其中一口锅正冒着热气，锅里煮着几只肥美的羊腿。

除了煮食大块鲜肉，契丹人还发明了用火锅涮食肉片。敖汉旗一处辽墓出土的壁画上，就有契丹人食火锅涮肉的场面：三个契丹人于穹庐之中，围着火锅席地而坐，正用筷子在锅中涮食肉片。火锅的前边放着一张方桌，桌上放着盛作料的两个篮，还有两只酒杯，桌的右侧备有火酒瓶，左面有一特制的铁筒，里面盛满了肉块。张国庆说，契丹人发明的火锅涮肉，后来相继为北方地区其他少数民族所沿用，直到今天依然影响着北方人的饮食习惯。

摘自： 张昕.契丹人发明了火锅[N].辽宁日报，2018-08-16.

39 骊塘羹①

曩客危骊塘书院②，每食后，必出菜汤，清白极可爱。饭后得之，醍醐甘露③未易及此。询庖者，止用菜与芦菔，细切，以井水煮之，烂为度。初无他法。后读东坡诗，亦只用蔓菁、莱菔而已。诗云："谁知南岳老，解作东坡羹。中有萝菔根，尚含晓露清。勿语贵公子，从渠嗜膻腥。"④从此可想二公之嗜好矣。今江西多用此法者。

注释：

①骊塘羹：小石山房本后有"又名东坡羹"，《说郛》涵芬楼本、《说郛》宛委山堂早稻田大学本、哈佛大学藏本、《夷门广牍》本无。

②曩（nǎng）：以往，过去。危骊塘：即危稹，1158—1234，南宋文学家、诗人。其原名科，字逢吉，自号巽斋，又号骊塘；抚州临川（今江西抚州临川区）人；淳熙十四年（1187）进士，调南康军教授，擢著作郎兼屯田郎官，出知潮州，又知漳州。其文为洪迈所赏，诗与杨万里唱和，著有《巽斋集》；创办骊塘书院。

③醍醐（tí hú）：从酥酪中提制出的油。甘露：甘美的露水。两者都有佛教含义。

④"谁知南岳老，解作东坡羹"六句：出自苏轼《狄韶州煮蔓菁芦菔羹》。

译文：

我曾经在危稹创办的骊塘书院做客，每次吃饭后，一定会摆出一碗菜汤，颜色又清又白，十分可爱。吃饭后喝，醍醐甘露也比不上这个啊。问厨子怎么做，原来只是用菜与萝卜，切成细块，用井水煮烂熟为做好。刚开始不知道另外的方法，后来读到东坡的诗，也只用了蔓菁、萝卜而已。诗写道："谁知南岳老，解作东坡羹。中有萝菔根，尚含晓露清。勿语贵公子，从渠嗜膻腥。"从此可想见危稹和东坡的嗜好了。现在江西多用这个办法。

延伸阅读：

东坡羹是一道穷人家的菜，这也很符合苏东坡"某某年生人比穷擂台赛亚军"的身份。但苏东坡以自己资深美食家的经验，进行了一番粗粮细做的尝试，最终总结出一套简易可行的操作方法。试验成功，苏东坡当然大为得意，马上写了一篇《东坡羹颂并引》，将此项专利产品向天下人广而告之。

按苏东坡的说法，这道菜有两个关键点：一是覆在菜羹上的油碗不可以直接接触羹汤，否则做出的羹会有一股生油味儿；二是要等生菜的气味出尽之后，再盖上锅盖。苏东坡还耐心地解释了为什么要放这样一只碗，而碗上又为什么要抹油的原因：羹沸腾时常常会上溢，但碰到油就不会溢了。又因为有碗压着，所以就溢不出来。如果不这样，蒸汽就无法上来，蒸屉里的米饭就会因此而蒸不熟。

只有行家才明白，这些看似微小的细节，最见发明者机心之所在。

菜羹中有米，其实有点儿类似今天的皮蛋瘦肉粥之类，但是以菜为主，米的加入则增加了其黏稠度，因此它不是菜汤，而是菜羹。这是一道素菜，所以苏东坡将其做法大力推荐给他的僧人和道士朋友，颇受欢迎。

摘自：沙爽.味道东坡：美食人生的快乐密码[M].太原：山西教育出版社，2016.

㊵ 真汤饼

翁瓜圃[①]访凝远居士，话间，命仆："作真汤饼来。"翁曰："天下安有'假汤饼'？"及见，乃沸汤泡油饼，一人一杯耳。翁曰："如此，则汤泡饭，亦得名'真泡饭'乎？"居士曰："稼穑[②]作，苟无胜食气[③]者，则真矣。"

注释：

① 翁瓜圃：即翁卷，字续古，号瓜圃，一字灵舒，乐清（今浙江乐清市）人，南宋诗人，生卒年不详；工诗，为"永嘉四灵"之一；生平未仕；以诗游士大夫间。其有《四岩集》《苇碧轩集》。清光绪《乐清县志》卷八有传；代表作《乡村四月》。

② 稼穑：种植叫"稼"，收割叫"穑"。泛指农业劳动。出自《诗经·魏风·伐檀》："不稼不穑，胡取禾三百廛兮？"《毛传》解释说："种之曰稼，敛之曰穑。"

③ 胜食气（xì）：吃饭时肉食不应超过主食。《论语·乡党》："肉虽多，不使胜食气。"气，同"饩"，指食物。

译文：

翁卷访拜凝远居士，谈话的间隔，命仆人说："去做真汤饼拿来。"翁卷问："天下哪里有'假汤饼'啊？"等到端上来看见，原来就是滚水泡油饼，一人一杯罢了。翁卷说："既然如此，那么汤泡饭，也应该叫'真泡饭'嘛？"居士说："只要用粮食做的，只要没有肉，就称得上真味。"

延伸阅读：

"汤饼"是用湿面擀成的饼状水煮食品，即现今面条的前身。"汤饼"至唐时又名"不托"。程大昌《演繁露》："古之汤饼皆手持而擘置汤中，后世改用刀儿，乃名'不托'，言不以掌托也"。"不托"用刀儿，估计已削成条状。"不托"字或写作"飥饦"、"馎饦"，加"食"字旁以示其可吃。

古时小儿"三朝会"必以汤饼待客，故亦叫"汤饼会"。唐人刘禹锡《送进士张盟》诗："尔生始悬弧，我作座上宾。引箸举汤饼，祝词天麒麟。""悬弧"意为"生男"，"祝词天麒麟"指汤饼会上对小主人的贺词，而所以"引著举汤饼"，犹今之生辰日喜以食面条祈其长寿也。

摘自：石鹏飞.杞庐诗话[M].昆明：云南人民出版社，2017.

㊶ 沆瀣①浆

雪夜，张一斋饮客。酒酣，簿书②何君（时峰）出沆瀣浆一瓢，与客分饮。不觉，酒客为之洒然。客问其法，谓得于禁苑③，止用甘蔗、白萝菔，各切方块，以水烂煮而已。盖蔗能化酒，萝菔能化食也。酒后得此，其益可知也。《楚辞》有"蔗浆"④，恐只此也。

注释：

① 沆瀣：夜间的水汽，露水。旧谓仙人所饮。

② 簿书：原指官署中的文书簿册。此处引申为管理文书簿册的官员。

③ 禁苑：指帝王宫殿。

④ 蔗浆：即柘浆，甘蔗汁。《楚辞·招魂》："胹鳖炮羔，有柘浆些。"王逸注："柘，薯蔗也。"

译文：

下雪的晚上，张一斋请客人喝酒。喝酒正酣，簿书何时峰拿出一瓢夜露和客人分着喝。不知不觉中，酒客都酒醒了。客人问他做法，说得自于宫内，只是用甘蔗、白萝卜，各自切成方块，用水煮烂就行。大概是因为甘蔗能化酒，萝卜能化食。酒后喝这个，好处可想而知了。《楚辞》有"蔗浆"，恐怕就是这个。

延伸阅读：

红釉僧帽壶一般不赏与藏地，而是留于宫中供帝王及其亲眷自享。清代的康熙帝对宣德宝石红釉僧帽壶十分喜爱，对之进行了多次仿制，但所仿颈腹比例不太协调，发色亦不够润泽。从木台上的"雍邸清玩"四字不难看出清雍正帝曾对宣德壶进行珍藏。乾隆帝从父雍正处得到该壶，在器底与木台上题诗曰"宣德年中制，大和斋里藏。抚摩钦手泽，吟咏识心伤。润透朱砂釉，盛宜沆瀣浆。如云僧帽式，真幻定谁常"，落款为"乾隆乙未仲春御题"，并有"古香""太璞"两印，可见乾隆皇帝认为该壶十分适合盛装"沆瀣浆"。而"沆瀣浆"为何？早在三国曹植的《五游》诗中便有"带我琼瑶佩，漱我沆瀣浆"，但此处沆瀣浆或指夜里的水雾气；南宋周密《武林旧事》中有载宋孝宗在游玩德寿宫时被太上皇邀请饮用宫中特制的解暑沆瀣浆，被形容为"雪浸白酒"，据说这种冷饮是宫女们采朝花之露，配糖蜜冷冻而成，芬芳甜爽，十分珍贵。而南宋林洪的《山家清供》中记载了拿沆瀣浆解酒的故事，南宋雪夜，名士张一斋与客人饮酒大醉，不省人事，而友人何时峰拿出从宫中取得的秘方"沆瀣浆"给众人喝，大家都清醒过来。这里的沆瀣浆是将鲜甘蔗、白萝卜切块煮水取汁而成。可见南宋时期沆瀣浆已成为一种宫廷饮品的代称，乾隆所言或与之同。

摘自：杨小语.莹红沁心[N].中国文化报，2018-04-29（007）.

42 神仙富贵饼①

白术②用切片子，同石菖蒲③煮一沸，曝干为末，各四两，干山药④为末三斤，白面三斤，白蜜炼过三斤，和作饼，曝干收。候客至，蒸食，条切。亦可羹。章简公诗云："术荐神仙饼，菖蒲富贵花。"

注释：

① 神仙富贵饼：小石山房本、《说郛》涵芬楼本后有双行夹注："煮用淡石灰水，必切做片子。"

② 白术：菊科草本植物白术的根茎。性温味苦，有止痛、化浊、燥湿利水、健脾益气的功效。

③ 石菖蒲：天南星科、菖蒲属禾草状多年生草本植物，其根茎有香气；有化湿开胃、开窍豁痰、醒神益智的作用。

④ 山药：一般指薯蓣。薯蓣科薯蓣属植物的干燥根茎；功能主治为健脾，补肺，固肾，益精。

译文：

白术切成片，和石菖蒲一起煮一滚，晒干捣为末，各取四两，干山药研末取三斤，白面取三斤，炼过的白蜜取三斤，和面作成饼，晒干收取。等到客人来了，蒸了吃，切成条。也可以作羹。章简公诗写道："术荐神仙饼，菖蒲富贵花。"

延伸阅读：

早在汉代，茅山观音庵有个会看病的老尼姑，她懂得不少中草药，在方圆左右很有名气。山里山外的人害了病，常到观音庵求医。老尼姑自己并不采药，她把这活派给一个小尼姑。小尼姑每天照着老尼姑说的样子满山遍野地去采药，至于什么草药能治什么病，她就一窍不通了。老尼姑很贪财，谁给的钱多她就给谁下好药；钱少的，她就用些不济事的野草去蒙骗人家。小尼姑看着觉得不公平，可是因为她自己并不认识草药，只能干着急。

有一天，一个穷人来求药，这人一分钱也没有，老尼姑问也不问，硬把那个人赶走了。

小尼姑十分气愤，她偷偷从屋里抓了一把草药，追到庵外，唤住那个人说："大哥，你先拿去吃吃看。"可是，等那个人一走，小尼姑的心又不安了："那人到底有什么病？给的草药能治他的病吗？千万别吃坏肚子呀！"谁知过了些日子，那个穷人来到观音庵，竟找到老尼姑千恩万谢说："多亏你们那位小菩萨，把家父害了多年的足膝软瘫治好了。"老尼姑十分奇怪，庵里没有治那种病的药呀！就审问小尼姑："你偷了我什么药？快说！"小尼姑也弄不清楚这是怎么一回事，后来留心一查才明白：原来她给那位穷人的草药叫白术，不是老尼姑叫她采的，大概是自己采药时不小心裹进药篮子里，又被老尼姑当作没用的野草扔到一边了。从此，小尼姑知道白术可以治病。

过了些日子，小尼姑受不了老尼姑的气，逃出观音庵回家还俗。从此她靠挖白术为生，不光治好了许多足膝软病的病人，慢慢地又知道，白术对腹胀、呕吐、腹泻等几种脾虚病有更好的疗效。

摘自：陈寿宏.中华食材[M].合肥：合肥工业大学出版社，2016.

㊸ 43 香圆杯①

谢益斋（奕礼）不嗜酒，常有"不饮但能著醉"之句②。一日书余琴罢，命左右剖香圆作二杯，刻以花，温上所赐酒③以劝客。清芬霭然④，使人觉金樽玉斝皆埃壒⑤之矣。香圆，似瓜而黄，闽南一果耳。而得备京华鼎贵⑥之清供，可谓得所矣。

注释：

①香圆：一般指香橼。香橼，中药名，为芸香科植物枸橼或香圆的干燥成熟果实；可疏肝理气，宽中，化痰。

②常有"不饮但能著醉"之句：小石山房本作"尝有不饮但能看醉客之句"，《说郛》哈佛大学本作"尝自不饮，但能看客之醉"。

③上所赐酒：皇上所赐酒。

④霭然：浓郁的样子。

⑤玉斝（jiǎ）：即玉斝，玉制的酒器。埃壒（āi ài）：犹尘埃。

⑥鼎贵：显赫尊贵。

译文：

谢奕礼不喜欢喝酒，经常有"不饮但能著醉"的诗句。一天看完书弹完琴，其命仆从剖开香橼做成了两个杯子，并在上面刻上花纹，温好皇上所赐的酒来招待客人。香橼郁郁清香，芬然扑鼻，让人觉得金樽玉斗都和尘土一样了。香橼，形状像瓜但是颜色发黄，是闽南的一种水果，却被京华显贵之家作为清雅之用，可以说是得其所了。

延伸阅读：

说回软金杯。元代白朴的《风入松·咏红梅将橙子皮作酒杯》，揭露了软金杯的另一个秘密："软金杯衬硬金杯，香挽洞庭回。西溪不减东山兴，欢摇动，北海樽罍。老我天涯倦客，一杯醉玉先颓。"橙皮质地柔软，容易变形，盛酒时难免力不从心，所以元人在软金杯之下，再用真正的金杯托衬，以保持软金杯的形状。别说这是多此一举，不如直接用真金杯，即使不是为了往酒中添加橙的馥郁，当软金杯与真金杯重叠，两种质地截然不同的金色相遇，迸发出的诗意亦是惊人的。

宋人谢奕礼款待客人时，曾命婢仆把香圆果剖开，挖除内瓤，做成酒杯，称为"香圆杯"。香圆杯比软金杯更精致，因为在香圆杯上还要刻满花纹。用精雕细刻的香圆杯饮酒，只觉金樽玉斝之类的高档酒具也成了俗器，不值一提。

用碧筒杯也好，使香圆杯也罢，都是纤巧的饮酒方式，而我们的古人，永远不乏霸气的创意。唐代汝阳王用云梦石铺砌了一条长渠，在渠中注满芳香的酒液，然后率众宾在酒河上泛舟。酒河的澄澈不输给天然河流，唯独输在没有鱼虾在舟侧穿行，少了乐趣。但这难不倒汝阳王，他命匠人用金银打造许多小龟小鱼，放在酒河中浮沉。宾客想要饮酒时，无须另寻酒器，你只用从翻涌的酒浪里，捕捉一只金子做的龟或鱼，那就是你的酒器了。

摘自： 毛晓雯.人间有味：饮食卷[M].西安：陕西师范大学出版总社有限公司，
2018.

⃝44 蟹酿橙

橙用黄熟大者，截顶[1]，剜去穰，留少液。以蟹膏肉实[2]其内，仍以带枝顶覆之，入小甑，用酒、醋、水蒸熟。用醋、盐供食，香而鲜，使人有新酒菊花、香橙螃蟹[3]之兴。因记危巽斋（稹）赞蟹云："黄中通理，美在其中。畅于四肢，美之至也。"此本诸《易》[4]，而于蟹得之矣，今于橙蟹又得之矣。

注释：

①截顶：把橙子的顶部切开，截下。

②实：填塞。

③新酒菊花、香橙螃蟹：出自古代民谚"香橙螃蟹月，新酒菊花天"，见《瀛奎律髓》卷十二。意思是香橙上市正是吃螃蟹的时节，新酒酿成正是赏菊花的秋季。形容秋天佳味伴美景，别有乐趣。

④本诸《易》：出自《周易》："《易经·坤》六五爻，《文言》说："君子黄中通理，正位居体，美在其中，而畅于四支，发于事业，美之至也。"

译文：

用黄而熟大的橙子，把顶部切开，截下，挖去内里的穰，留少许汁液。再把蟹膏和蟹肉填充进去，仍然用带枝的顶盖上，放入小甑，用酒、醋、水蒸熟。再用醋、盐作调料一起吃，芳香鲜美，让人有新酒菊花、香橙螃蟹的兴致。还记得危稹称赞蟹诗："黄中通理，美在其中。畅于四肢，美之至也。"这原本是来自于《周易》，在螃蟹这里得到了体现，现在在橙蟹这里更为突出了。

延伸阅读：

蟹酿橙，充满了想象力的橙蟹搭配，"酿"的手法令二者浑然一体。黄熟大橙子，切去顶盖挖出果肉，制成中空的橙瓮；螃蟹剔出肉膏，装入橙瓮里，一般每只橙瓮能容纳两到三只蟹；浇入一勺橙汁、黄酒、醋及少许水，盖上顶盖，入锅蒸过，上桌以醋、盐调味。口味本质与其他蟹橙配并无差异，细节依然是橙香、微酸、蟹肉鲜，但是能用勺挖着吃的方便，卖相的优雅，经加热的橙皮渗出更多芳香油使橙香倍增，以及"使人有新酒菊花、香橙螃蟹之兴"的进餐乐趣，简直为它大大加分。

这道菜常见于南宋杭州地区，在典籍中的出现率也比较高，如今恐怕很难想象，被橙味包裹的螃蟹（奇怪的口味）竟曾广受欢迎。清河郡王张俊在招待宋高宗的豪华宴会上，端出蟹酿橙作为第八盏下酒菜；林洪在文士食谱《山家清供》中，为蟹酿橙专门撰写了一个篇章；从杭州城内多家酒楼饭店的餐牌里，同样可以点到一份蟹酿橙。但接下来，在明清的口味兴衰演变间，蟹酿橙的影响力逐渐减弱，甚至消失。几百年来，人们螃蟹照吃，橙齑已乏人问津，姜醋全面取而代之。

摘自：徐鲤，郑亚胜，卢冉.宋宴[M].北京：新星出版社，2018.

45 莲房[①]鱼包

将莲花中嫩房去穰截底，剜穰留其孔，以酒、酱、香料加活鳜鱼块实其内，仍以底坐甑内蒸熟。或中外涂以蜜，出碟，用渔父三鲜供之。三鲜，莲、菊、菱汤齑也。

向在李春坊席上，曾受此供。得诗云："锦瓣金蓑织几重，问鱼何事得相容。涌身既入莲房去，好度华池独化龙。"[②]李大喜，送端研一枚、龙墨五笏[③]。

注释：

①莲房：即莲蓬。莲的花托表面有多数散生蜂窝状孔洞，受精后逐渐膨大而称之为莲蓬。莲花中心的果实就是莲蓬，像一个碗。

②涌身既入莲房去，好度华池独化龙：指阿修罗逃入藕孔中的典故。阿修罗为印度传说中的恶神，与帝释天争斗不休。《佛说观佛三昧海经》记载：时阿修罗耳鼻手足一时尽落，令大海水赤如绛汁。时阿修罗即便惊怖，遁走无处，入藕丝孔。黄庭坚有《补陀岩颂》一诗提及此事："修罗身量等须弥，入藕丝孔逃追北。"

③端砚：中国"文房四宝"中的极品。它的历史悠久，石质优良，雕刻精美。产于广东肇庆（古称端州）东郊羚羊峡栏柯山的端溪一带。笏（hù）：指成锭的东西。清代温睿临《南疆逸史》："禧乃检箧中，得笔二管、墨一笏赠之。"

译文：

将莲花中嫩房除去内穰截下底部，挖出穰的时候留下孔，用酒、酱、香料加活鳜鱼块填塞其中，仍用莲房底座于甑内蒸熟。或者里外涂上蜜，盛在碟里，用渔父三鲜调味。渔父三鲜就是莲、菊、菱做的汤汁。

曾在李春坊的宴席上，吃过这道菜。还作了首诗："锦瓣金蓑织几重，问鱼何事得相容。涌身既入莲房去，好度华池独化龙。"李春坊非常高兴，送了我端研一枚、龙墨五枚。

延伸阅读：

夏季市场上有新鲜莲蓬出售，很多人不知道除了其中的莲子，莲蓬也是可以食用的。宋代林洪所著的《山家清供》是南宋流传迄今最为完整的食谱，其中记载了一道"莲房鱼包"菜，这道菜不仅形状美观，味道清香，还有很好的保健功能，尤其适合夏天由于血热引起的痔疮出血。

中医认为莲蓬性温，味苦、涩，具有消炎、止血、调经去湿的功效，常做有散瘀止带之用。新鲜莲蓬可以治疗血崩、月经过多、瘀血腹痛、痔疮脱肛、皮肤湿疮等。同时，莲蓬去子后煮茶饮用还可预防糖尿病，降低血脂。

"莲房鱼包"的做法，是把莲蓬平截去底，小心剜出瓤肉，取出莲子。将新鲜鳜鱼去鳞、鳃，剖腹除去内脏后洗净，剔去刺，剁成鱼泥，加精盐、蛋清、姜汁，清水搅拌成鱼蓉。剜出的新鲜莲子盛入碗中，加温水浸泡片刻，搓去外皮，用刀排剁成泥蓉状，掺在鱼蓉中，搅拌均匀。将鱼、莲混合蓉填入莲蓬中直至鼓满，上笼用旺火蒸10分钟左右即可。食用时用镇江甜醋、白糖、精盐、香油调匀做蘸料。

摘自：尹琳."莲房鱼包"治痔疮出血[N].健康时报，2008-07-28（004）.

46　玉带羹

　　春访赵莼湖（璧），茅行泽（雍）亦在焉①。论诗把酒②，及夜无可供者。湖曰："吾有镜湖之莼。"泽曰："雍有稽山之笋。"仆笑："可有一杯羹矣！"乃命仆作"玉带羹"，以笋似玉，莼似带也。是夜甚适。今犹喜其清高而爱客也。每诵忠简公"跃马食肉付公等，浮家泛宅真吾徒"③之句，有此耳。

注释：

① 茅行泽（雍）：小石山房本、《说郛》涵芬楼本、《说郛》宛委山堂早稻田大学本、哈佛大学藏本均作："弟竹谭（雍）"。亦在焉：也在这里。

② 论诗把酒：喝酒谈诗。

③ 跃马食肉付公等，浮家泛宅真吾徒：出自赵鼎《舟中呈耿元直》。赵鼎，1085—1147，字元镇，号得全居士；解州闻喜县（今山西省闻喜县礼元镇阜底村）人；南宋初年政治家、文学家、宰相。谥号忠简。

译文：

　　春天去拜访赵莼湖（璧）的时候，茅行泽（雍）也在这里。我们一起喝酒谈诗，一直喝到晚上没菜了。赵莼湖说："我有镜湖的莼菜。"泽说："我有稽山的笋。"我笑道："可以做成一杯羹了！"于是命仆人做"玉带羹"，因为笋像玉，莼菜像带也。这一夜十分适然。至今仍喜欢这种清致高雅且气氛和睦的氛围。每次读到忠简公的"跃马食肉付公等，浮家泛宅真吾徒"，就会生出这样的感觉。

延伸阅读：

　　莼菜富含蛋白质、脂肪以及各种维生素和矿物质，营养价值很高。其叶背分泌一种类似琼脂的黏液，这种琼液组成中含阿拉伯糖、岩藻糖、半乳糖、葡萄糖、甘露糖、鼠李糖、木糖等多种糖分。久食，胃弱不下食者致效。宜老人，厚肠胃。合鱼作羹，补大小肠虚。莼菜与鱼相配，古已有之。《食经》上就有"脍鱼莼羹"的做法。《尔雅翼》说莼"宜杂鲋鲤为羹"。当然，鲋菜与鲈鱼相佐更享盛名。唐代皮日休赞其"莼羹紫丝滑，鲈鲙雪花肥"；明代陆树声颂之"鲈鱼正美莼丝熟，不到秋风已倦游"。莼菜作素食，配以三菇、六耳、面筋、豆腐、竹笋也非常适宜。《山家清供》载有笋、莼烹调的"玉带羹"，笋似玉，莼如带，是一道色、形、味俱佳的江南素馔。

摘自：唐安国.果蔬营养与文化 [M].哈尔滨：黑龙江科学技术出版社，1994.

47 酒煮菜

鄱江①士友命饮，供以"酒煮菜"。非菜也，纯以酒煮鲫鱼也。且云："鲫，稷②所化，以酒煮之，甚有益。"以鱼名菜，私窃疑之。及观赵与时③《宾退录》所载：靖州④风俗，居丧不食肉，唯以鱼为蔬，湖北谓之鱼菜。杜陵《白小》⑤诗亦云："细微沾水族，风俗当园蔬。"始信鱼即菜也。赵，好古博雅君子也，宜乎先得其详矣。

注释：

①鄱江：饶河，长江流域鄱阳湖支流；位于江西省东北部，因鄱阳县乃古饶州府治所在地，故得名饶河，亦称鄱江。

②稷：植物名，我国古老的食用作物，即粟。一说为不黏的黍，又说为高粱。《证类本草》："图经曰：鲫鱼，《本经》不载所出州土，今所在池泽皆有之。似鲤鱼，色黑而体促，肚大而脊隆。亦有大者至重二、三斤。性温，无毒。诸鱼中最可食。或云稷米所化，故其腹尚有米色。"

③赵与时：1172—1228，字行之（一作德行），里居不详；宝庆二年（1126）进士。官丽水丞。与时所著《宾退录》十卷，《四库总目》以为，本书考证经史，辨析典故，颇多精核，可为《梦溪笔谈》《容斋随笔》之续。

④靖州：位于湖南省西南，怀化市南部，湘、黔、桂交界地区；历史悠久，夏商时期即为荆州西南要腹之地，宋崇宁二年（1103）置靖州，历代均为州、府、路所在地。明朝时其成为湘、黔、桂三省边界商业重镇。

⑤杜陵：即杜甫，字子美，自号少陵野老。《白小》，见于杜甫《白小》诗："白小群分命，天然二寸鱼。细微沾水族，风俗当园蔬。入肆银花乱，倾箱雪片虚。生成犹拾卵，尽取义何如。""白小"原作"小白"，据杜甫诗改。

译文：

鄱江的士人朋友叫我过去喝酒，配以"酒煮菜"。这不是蔬菜，是单单用酒煮鲫鱼也。并且说："鲫鱼，稷米所化成，用酒煮，非常有好处。"把鱼叫作蔬菜，其实心里私下觉得很疑惑。等到看了赵与时《宾退录》中的记载：靖州风俗，守丧时不吃肉，但单单把鱼当作蔬菜，湖北叫鱼菜。杜甫的《白小》诗也写道："细微沾水族，风俗当园蔬。"这才相信鱼可以被称为菜。赵与时是好古的博雅君子，知道这么详细是应该的。

延伸阅读：

　　如果说鱼类中也有"既上得了厅堂、也下得了厨房"者，那应该非鲫鱼莫属。先说这上得了厅堂，金鱼作为观赏鱼在厅堂的地位之高尽人皆知。在中国漫长的历史长河之中，富贵之家的厅堂之上，金鱼始终处于最抢眼的位置。金鱼又称金鲫鱼，是世界著名三大观赏鱼之一，发源于中国，至今已有1700多年历史。金鱼由野生红黄色鲫鱼演化而来，远在晋朝就有"赤鳞鱼"的文字记载，堪称中国的国粹。金鱼也素有"宫廷金鱼"之称，据说明神宗朱翊钧酷爱养金鱼，这位不务正业的皇帝处理国事不专心，但对养金鱼却情有独钟，堪称"金鱼鉴赏家"。不仅是鱼，养鱼的器具也极讲究，并为此投入了巨大的人力和财力。当时的官窑烧制了大量精致的缸、盆等，成为传世珍品。清朝晚期的《竹叶亭杂记》中谈到明代的鱼盆："鱼缸总须明官窑，虽破百片亦可锯补，瓦亦用明官窑瓦。"古代皇家的喜好如风向标一样影响着当时整个社会，因此，富贵之家的厅堂之上，无论游动的金鱼还是养育的容器，不仅是主人的雅趣，也是其身份的象征。晚清曾国藩写过一副对联："不除庭草留生意，爱养盆鱼识化机。"近代教育家和思想家陶行知先生对这副对联极其欣赏，并给自己取号"不除庭草斋夫"，可见这养鱼又启迪着怎样的哲学思想也未可知。直到如今，很多家庭都会在厅中摆放水缸，里面养上几条小鱼，看着鱼儿悠闲自在的状态，人们的心中也感到非常舒适。这厅堂之上灵动的鱼儿将其观赏价值体现得淋漓尽致。

　　上得了厅堂的鲫鱼还可以入诗入画，体现出充分的文学价值和艺术价值。古代著名诗人涉及鲫鱼的诗句很多，宋朝诗人梅尧臣的"昔尝得圆鲫，留待故人食""天池鲫鱼长一尺，鳞光鬣动杨枝磔"。不仅将鲫鱼当作招待亲朋故友的佳品，也很欣赏其游泳的姿态。蒲寿宬的"白水塘边白鹭飞，龙湫山下鲫鱼肥"至今脍炙人口。著名诗人陆游更有《偶得双鲫》："今朝溪女留鲜鲫，洒扫茅檐旋置樽。养老不须烦祝鲠，从来楚俗惯鱼餐""酒兴森然不可回，重阳未到菊先开。一双鳞刺明吾眼，催唤厨人斫鲙来"，看得出陆放翁对鲫鱼的喜爱还是更胜一筹。唐宋八大家的重量级人物苏轼的《去杭十五年复游西湖用欧阳察判韵》："我识南屏金鲫鱼，重来拊槛散斋余。"这金鲫鱼更是诗人心中的精神财富。明初（朱元璋朝）的吏部尚书刘菘来到广州，也写下了"鲫鱼潮退余溪卤，牡蛎墙高结海沙。红豆桂花供酿酒，槟榔荖叶当呼茶"的诗句。鲫鱼不仅入诗，而且如画，北宋刘寀的《落花游鱼图》，现藏于圣路易斯美术馆。画中盛开的杏花伸向水面，向后展开，落花引来群鱼争食，或聚或散，或潜游，或上浮，或回泳，翻藻戏蒲，以示水中的畅泳自然之态。其画法全用渲染，间或用没骨法，不见勾勒，活泼生动。这种表现方法和诗情画意，独创一格，艺术价值极高。与苏州桃花坞年画并称"南桃北柳"的杨柳青年画，在我国华北、东北等地区极具影响力，其中经典年画《娃娃抱鱼图》几乎家喻户晓，几百年来一直深受老百姓的喜爱，图中那条红色的大鱼，其鱼身也是采用了鲫鱼的形象。

鲫鱼的文化价值还体现在许多民俗活动之中。很多地方过春节时家里要买一些活鲫鱼放到大盆里养着，一是有朋自远方来可以随时用来待客，二是过年时有几条活蹦乱跳的鲫鱼显得格外生机勃勃，吉祥喜庆。不仅是过春节，老百姓生活中的许多重要庆典，也少不了鲫鱼的参与。在北方，有些地方姑娘出嫁时的嫁妆中，要用白面蒸成的两条又红又大的鲫鱼做陪嫁；亲朋好友喜迁新居，照例是要送上几条鲫鱼当作贺礼，这大概也是看中了鲫鱼名字的"鲫"与"吉"谐音、"鱼"与"余"谐音吧。看来鲫鱼在民俗中的运用也因其名称而增值。

关于"鲫鱼下得了厨房"就更不用说了，我国古医籍《本草经疏》中就这样评价鲫鱼："诸鱼中惟此可常食"。在我国北方京津冀一带，有种吃鱼的方法叫"一锅出"，其实就是小鲫鱼贴饼子，在熬鱼的铁锅周圈贴上玉米饼子，鱼熬好了饼子也熟了，黄澄澄的玉米饼子与鲫鱼的清香融为一体，堪称绝配，难怪这种吃法历经多年而不衰，并成为很多地方的招牌吃法。过去北方水乡地区，新媳妇嫁到婆家的第一次"考试"不是"三日入厨下，洗手作羹汤。未谙姑食性，先遣小姑尝"，而是看她能否做出一锅香喷喷的贴饼子熬鱼。厨房之中的鲫鱼不仅入菜，入汤的名气更大。"扬州八怪"之一的李鱓，曾任山东滕县知县多年，卸职之后到扬州卖画度余年。有一天，他应邀到好友郑板桥家餐叙，郑板桥请他喝鲫鱼汤。品尝到美味的鲫鱼汤后，他忍不住即兴赋诗一首："作宦山东十一年，不知湖上鲫鱼鲜。今朝尝得君家味，一勺清汤胜万钱。"

摘自：徐春霞.话说鲫鱼的文化价值[J].科学养鱼，2021（6）：77-78.

山家清供下卷

① 蜜渍梅花

杨诚斋①诗云："瓮澄雪水酿春寒，蜜点梅花带露餐。句里略无烟火气，更教谁上少陵坛？"②剥白梅肉③少许，浸雪水，以梅花酿酝④之。露⑤一宿，取出，蜜渍⑥之。可荐⑦酒。较之扫雪烹茶⑧，风味不殊⑨也。

注释：

① 杨诚斋：即杨万里，1127—1206，字廷秀，号诚斋，自号诚斋野客，吉州吉水（今江西省吉水县黄桥乡湴塘村）人；南宋文学家，与陆游、尤袤、范成大并称为南宋"中兴四大诗人"。

② "瓮澄雪水酿春寒"四句：意谓将雪水装入瓮中沉淀澄净，将带着露水的梅花沾上蜂蜜食用，诗句毫无尘俗之气，谁还去学习杜甫忧国忧民的诗风呢。少陵，指杜甫。长安附近地名，杜甫曾居住于此，自号"少陵野老"。"谁"《说郛》本作"独"。

③ 白梅肉：为梅的未成熟果实，经盐渍而成，味酸涩咸，性平。《齐民要术》："作白梅法，梅子核初成时摘取，夜以盐汁渍之，昼则日曝，凡作十宿十浸十曝便成。"

④ 酿酝：即酝酿，泛指类似发酵制造的过程。《说文解字》："酝，酿也。酿，酝也。作酒曰酿。"小石山房丛书本、《说郛》本作"温酿"。

⑤ 露：在室外，无遮盖。《战国策注》："在野曰露。"

⑥ 渍：短时间浸泡。《说文解字》："渍，沤也。"

⑦ 荐：进也，意为佐酒。

⑧ 扫雪烹茶：《续资治通鉴长编》载："宋陶谷得党太尉家姬，遇雪，谷取雪水烹茶，谓姬曰：'党家有此风味否？'对曰：'彼粗人，安有此？但能于销金帐下，浅斟低唱，饮羊羔儿酒耳。'"后以"扫雪烹茶"用为高人雅兴的典故，以"党家风味"喻指庸俗浮华的生活情趣。小石山房丛书本、《说郛》本作"敲雪煎茶"。

⑨ 殊：区别，不同。

译文：

杨万里有《蜜渍梅花》一诗说道："瓮澄雪水酿春寒，蜜点梅花带露餐。句里略无烟火气，更教谁上少陵坛。"剥少量白梅肉，用雪水浸泡，加入梅花发酵，露天放置一夜，将梅花梅肉取出，用蜂蜜腌渍，可以佐酒食用，其风味雅趣与扫雪烹茶相比也没有分别。

延伸阅读：

食花在我国至少已有两千多年的历史。《左传》中就提到"以兰有国香，人服媚之如是"，屈原《离骚》中有"朝饮木兰之坠露兮，夕餐秋菊之落英"的诗句。可知在先秦时期，人们就已经以花为食了。

梅花入馔在中国也有着悠久的历史，自殷商至清代、从宫廷到民间均有相关的饮食记录。以梅花制作的菜肴不仅具备丰富的营养价值和保健功效，而且成品造型多清新高洁、富有审美情趣，同时含有风雅的人文内涵，是众多花馔中不可或缺的一类。梅花的主要食用方法包括生食、做主食、制作饮品、汤类、腌制小菜和做辅料点缀等，主要菜品有梅花粥、梅花汤饼、蜜渍梅花、生拌菜和暗香汤等。

宋人酷爱梅花，诗人杨万里就是一位梅花食用爱好者，他曾在朋友的宴席上明确表示白糖要全部留给他搭配吃梅花："南烹北果聚君家，象箸冰盘物物佳。只有蔗霜分不得，老夫自要嚼梅花。"现代社会以梅花直接入食者较为少见，且古籍中的传统梅馔做法大多已难以复制，而今多是以梅花形、色、香等元素为主制作菜肴。

摘自：陈安冉，丁明君，王保根．梅花饮食文化探究[J].中国园林，2020.

② 2 持螯供①

蟹生于江者，黄而腥；生于河者，绀而馨②；生于溪者，苍而青③。越淮多趋京④，故或枵而不盈⑤。幸有钱君谦斋震祖⑥，惟砚存⑦，复归于吴门⑧。秋，偶过之，把酒论文，犹不减昨之勤也。留旬余，每旦市蟹，必取其元⑨烹，以清醋杂以葱、芹，仰之以脐，少俟其凝⑩，人各举其一，痛饮大嚼，何异乎拍手浮⑪于湖海之滨？庸庖族丁，非曰不文⑫，味恐失真。此物风韵，但橙醋自足以发挥其所蕴也。

且曰："尖脐蟹，秋风高，团者膏⑬。请举手，不必刀。羹以蒿，尤可饕⑭。"因举山谷诗云："一腹金相玉质，两螯明月秋江。"⑮真可谓诗中之验。"举以手，不以刀"，尤见钱君之豪也。或曰："蟹所恶，恶朝雾。实竹筐，噀⑯以醋。虽千里，无所误。"因笔之，为蟹助。有风虫⑰，不可同柿食。

注释：

①持螯供：小石山房丛书本作"拥螯供"，《说郛》本作"蟹螯供"。

②绀（gàn）：红青，微带红的黑色。馨：芳香，散布很远的香气。

③苍：深青色，深绿色。青：小石山房丛书本、《说郛》本作"清"，清香，清馨。

④越淮多趋京：句意难解，似有错字。大意谓自己在江淮至京都杭州之间奔波。淮，指淮河一带地区。京，国都，南宋都城为临安府（今浙江省杭州市）。

⑤桲（xiāo）：空，此指腹空，饥饿。盈：指腹满，饱食。

⑥钱君谦斋震祖：即钱震祖，南宋平江府吴县人，淳祐中登进士第。乾隆《江南通志》卷一二一《选举志·进士·宋》："淳祐钱震祖，吴县人。"

⑦惟砚存：只靠文墨为生。艾可叔《东上拜罗首墓》："老觉貂裘敝，贫惟铁砚存。"

⑧吴门：指苏州或苏州一带，为春秋吴国故地，故称。

⑨元：大者。

⑩凝：指蒸至蟹内膏黄凝固。

⑪拍手浮：指浮游、泅水。《晋书·列传第十九》："卓尝谓人曰：'得酒满数百斛船，四时甘味置两头，右手持酒杯，左手持蟹螯，拍浮酒船中，便足了一生矣。'"后因以"拍浮"为诗酒娱情之典。"拍"原作"柏"，小石山房丛书本、《说郛》本作"拍"，据改。

⑫庸庖族丁：普通厨师。"族丁"小石山房丛书本作"簇钉"，《说郛》本作"俗钉"。文：美，华丽。小石山房丛书本作"美"。

⑬"尖脐蟹"三句：小石山房丛书本、《说郛》本作"团脐膏，尖脐螯，秋风高，团者豪。"

⑭饕：贪嗜饮食。

⑮"一腹金相玉质"两句：出自杨万里《糟蟹六言二首其一》："霜前不落第二，糟余也复无双。一腹金相玉质，两螯明月秋江。"形容蟹之膏肥味美。此处误为黄庭坚所作。

⑯噀（xùn）：含在口中而喷出。

⑰风虫：蟹腹中的寄生虫。宋代傅肱《蟹谱·风虫》："蟹之腹有风虫，状如木鳖子而小，色白，大发风毒。"

译文：

江中的螃蟹，颜色黄而味腥；河中的螃蟹，颜色黑中带红而味香；溪中的螃蟹，颜色深绿而味清香。我常常奔波于京城和江淮一带，因此有时腹中饥饿，幸而有钱震祖，靠文墨为生，与我有同学之谊，中进士后又回到苏州居住。秋天，偶然经过他处，喝着酒讨论文学，劲头并不比过去减少。在他家逗留了十几天，每日早上去买蟹，必定挑大个的来蒸，放入米醋和葱、芹菜，将蟹肚脐朝天，蒸至蟹内膏黄稍微凝固，就每人拿一只，大口喝酒吃蟹，此番诗酒娱情与在湖海边畅游有何相异呢！普通的厨工，并非不能将蟹做得华丽、美味，但恐怕失去了其本真的味道，蟹的风味，只用米醋就足以凸显它的独特之处了。

钱君说"秋风高时蟹最好，雄蟹螯肥，雌蟹膏满，要用手抓着吃，不要用餐具，与蒿菜一同做羹，更是美味。"又举黄庭坚的诗："一腹金相玉质，两螯明月秋江。"真可以说是诗文中的实例啊！"举以手，不以刀"的吃法尤其可见钱君的豪迈。有人说"新鲜的蟹，最怕朝雾，要放在竹筐中，时常用醋喷洒，这样就算运送千里，也不会影响蟹的味道。"因此记录下来，作为吃蟹的一点帮助。要注意蟹的腹中有寄生虫，并且不能与柿子同时食用。

延伸阅读：

蟹，得名于"解"。《说文》："蟹，有二螯八足，非蛇蟺之穴无所庇。"古人对它的训释有，宋罗愿《尔雅翼·释鱼四》："蟹字从解者，以随潮解甲也。"《本草纲目·介部》："夏末秋初，如蝉蜕解。名蟹之义，必取此义。"北宋傅肱编撰的《蟹谱》云："蟹，水虫也，故字从虫，亦鱼属也，故古人从鱼。以其横行，则曰螃蟹；以其行声，则曰郭索；以其外骨则曰介士；以其内空，则曰无肠。"

中国食蟹的历史悠久，《逸周书·五会解》《周礼·天官·庖人》中均有记载，距今少说也有几千年了。而"持螯把酒"成为一种雅趣，出于晋代毕卓，叙述的是六朝人物、魏晋风度。至唐宋时期，人们把毕卓"持螯把酒"和陶渊明"采菊东篱"的故事捏合成了"持螯赏菊"，为当时地位尊贵者所推崇，当代著名学者施蛰存先生说："关于持螯赏菊、开宴吟诗，那是唐宋以后少数人的事。"（《闲话重阳》）

原来唐代人喜食海蟹，如晚唐皮日休（字袭美）《咏蟹诗》："未游沧海早知名，有骨还从肉上生。莫道无心畏雷电，海龙王处也横行。"梭子蟹古代叫蝤蛑（也是学名），《唐韵》说"蝤蛑……似蟹而大，生海边。"湖蟹、河蟹属于淡水蟹，在晚唐诗人唐彦谦的笔下已见吟咏："湖田十月清霜堕，晚稻初香蟹如虎。扳罾拖网取赛多，篾篓挑将水边货。"（《蟹》）

两宋后特别是南方开发，广辟水田，围湖造田，淡水蟹（河蟹、湖蟹）大增，而蟹肥季节适逢菊花盛日，好事者为之媒介。南宋刘克庄《后村千家诗》有一首《冬景》："晴窗早觉爱朝曦，竹外秋声渐作威。命仆安排新暖阁，呼奴熨帖旧寒衣。叶浮嫩绿酒初熟，橙切黄香蟹正肥。蓉菊满园皆可羡，赏心从此莫相违。"直接将"持螯赏菊"作为文人的赏心乐事。

摘自：裴伟.持螯看菊花 一首诗成酒一斗——关于食蟹赏菊的趣话[J].江苏地方志，2005，000（5）：58-59.

3　汤绽梅

十月后，用竹刀取欲开梅蕊，上下蘸以蜡[①]，投蜜缶[②]中。夏月，以热汤[③]就盏泡之，花即绽香，可爱也。

注释：

①上下：从头到脚，通身。蜡：此指蜂蜡。

②缶：古代的一种瓦器，圆腹小口，有盖，用以盛酒浆。

③热汤：热水，沸水。

译文：

十月以后，用竹制的刀采下将要开放的梅花花苞，通身蘸上蜂蜡，放入蜜罐中保存。到了夏天，放在小杯中用热水冲泡，梅花即刻绽放，散发清香，惹人喜爱。

延伸阅读：

《红楼梦》中第四十一回，写妙玉烹茶所用水是将梅花上的积雪用青花瓮收藏埋在地下五年。用其烹茶所得的茶水清醇无比，令宝玉惊叹不已。其实梅花上的雪水，功效和梅花泡水相似，可用于暑热或因热伤胃阴引起的心烦、口渴等，还可以美容。

梅花本就具有一定的药用价值，能开胃散郁，生津化痰，活血解毒。梅花可分为观赏梅和食用梅，观赏梅指花梅，食用梅主要指白梅。白梅将开之花蕾，被称为绿萼梅花，花瓣为白色，香味极浓，尤以"金钱绿萼"最为上品。

梅花茶的加工方法很多，如果嫌泡在蜂蜜中保存的花朵过于甜腻，有些还可在里面配上一些绿茶或者其他的配料。明代高濂《遵生八笺》里记有一种"暗香汤"，实际上也是梅花茶：梅花将开时，清旦摘取半开花头连蒂，置瓷瓶内，每一两重，用炒盐一两洒之，不可以手漉坏。用厚纸数重，密封置阴处。次年春夏取开，先置蜜少许于盏内，然后用花二三朵置于中，滚汤一泡，花头自开，如生可爱，冲茶香甚。可见，虽然具体步骤有些区别，但大体上与"汤绽梅"的方法差不多。

摘自： 钟芳.梅花馔[J].思维与智慧，2017(19)：62-63.

董广民.《黄帝内经》饮食养生智慧大全[M].北京：中医古籍出版社，2015.

4 通神饼 ❶

姜薄切，葱细切，以盐汤焯①。和白糖、白面，庶不太辣②。入香油少许，煠③之，能去寒气。朱晦翁《论语注》云④："姜通神明⑤。"故名之。

注释：

① 盐汤：盐开水。焯：把蔬菜放在开水里略微一煮就拿出来。

② "和白糖"两句：小石山房丛书本作"和稀面，宜以少国老甘草也，细末和入面，庶不大辣。"说郭本作"和稀面，宜以少国老，细末和入面，庶不恶。"庶：也许可以。表示推测。

③ 煠（zhá）：同"炸"。

④ 朱晦翁：朱熹，1130—1200，字元晦，一字仲晦，号晦庵，晚称晦翁。朱熹祖籍徽州府婺源县（今江西省婺源），中国南宋时期理学家、思想家、哲学家、教育家、诗人。《论语注》：指朱熹《四书章句集注·论语集注》。

⑤ 姜通神明：《四书章句集注·论语集注卷五·乡党第十》："不撤姜食。姜，通神明，去秽恶，故不撤。"

译文：

姜切成薄片，葱切成细丝，用加了盐的沸水煮一下。和入白糖、白面，这样可以使它不太辣。加入少量香油煎炸，食用它可以去除寒气。朱熹在《论语注》中说："姜能够通神明。"因此命名它为"通神饼"。

延伸阅读：

生姜是人们日常生活中常用的一种调味品，除作调料外，还可作为药用。鲜姜辛温，发汗温胃，逐寒邪；干姜辛热，温中散寒，除脾胃虚寒；炮姜温经止血；姜皮可利尿消肿。姜还有一种解毒作用，做菜时放点姜，可解鱼、蟹、菌蕈所含之毒。

吃姜是有利身体的。早在春秋时代，孔子就知道食姜的好处，每食"不撤姜"。北宋文学家王安石，称赞"姜能强御百邪"。苏东坡在《东坡杂记》一书中记载：杭州净慈寺一位老和尚，八十多岁了，面色如童子，"自言服姜四十年，故不老云"。说明生姜确实有利人体健康。民间还有"冬吃萝卜夏吃姜"的食俗，将姜与萝卜在不同季节的养生功能相提并论。此外，还有"早吃三片姜，赛过喝参汤"之说。

不过，虽然姜的确于人有益，适量服食具有开胃止呕、化痰止咳、发汗解表等作用。但是，如果吃得过多，久服积热同样也会引发一些问题，特别是本来身体就有阴虚、有实热症状的人更要忌用。至于"姜通神明"，似乎乍看起来以为是在宣传迷信和神秘主义，其实不然，这里的"神明"并非指神神鬼鬼之类，而是指人的精神而言。意为吃了姜以后，精神会为之振奋，思维会更加活跃等。

摘自： 余勇.品味南宋饮食文化[M].杭州：西泠印社出版社，2012.

　　　　林洪.山家清供[M].北京：中华书局，2013.

⑤ 金饭

　　危巽斋①诗云："梅以白为正，菊以黄为正②。"过此③，恐渊明、和靖二公不取也④。今世有七十二种菊，正如《本草》所谓："今无真牡丹，不可煎者。"

　　法：采紫茎黄色正菊英⑤，以甘草汤⑥和盐少许焯过。候饭少熟，投之同煮。久食可以明目延年。苟得南阳甘谷水⑦煎之，尤佳也。

　　昔之爱菊者，莫如楚屈平⑧、晋陶潜。然孰知爱之者，有石涧元茂⑨焉，虽一行一坐⑩，未尝不在于菊。《翻帙得菊叶》诗云："何年霜后黄花叶，色蠹犹存旧卷诗。曾是往来篱下读，一枝闲弄被风吹。"⑪观此诗，不惟知其爱菊，其为人清介⑫可知矣。

注释：

① 危巽斋：危稹，1158—1234，原名科，字逢吉，自号巽斋，又号骊塘。其为抚州临川（今江西抚州临川）人，南宋文学家、诗人。

② "梅以白为正"两句：出自危稹《句》诗。正，纯正不杂。

③ 过此：除此以外。

④ 渊明：陶渊明，约365—427，字元亮，晚年更名潜，字渊明，别号五柳先生。其为浔阳柴桑（今江西省九江市）人，东晋末到刘宋初杰出的诗人、辞赋家、散文家。被誉为"隐逸诗人之宗"，酷爱菊。和靖：林逋，967—1028，字君复，后人称为和靖先生、林和靖，浙江奉化大里黄贤村人，北宋著名隐逸诗人。其终生不仕不娶，惟喜植梅养鹤，人称"梅妻鹤子"。

⑤ 英：花。

⑥ 甘草汤：最早见于《伤寒论》，以水煮取甘草，去滓温服可清热解毒。

⑦ 苟：如果，假使。甘谷水：《抱朴子·内篇·仙药卷十一》："南阳郦县山中有甘谷水，谷水所以甘者，谷上左右皆生甘菊，菊花堕其中，历世弥久，故水味为变。"

⑧ 屈平：屈原，约公元前340—公元前278，芈姓，屈氏，名平，字原，又自云名正则，字灵均，出生于楚国丹阳秭归（今湖北宜昌），战国时期楚国诗人、政治家。

⑨ 石涧元茂：即刘元茂，号石涧，宋代文学家、诗人，代表作有《次花翁览镜韵》。

⑩ 一行一坐：行走或坐定，谓一举一动。

⑪ "何年霜后黄花叶"四句：这是哪年霜后的一片菊叶，它的色迹还留存在旧诗卷中。想来曾经在篱下读诗，应是一枝菊叶受风作弄被吹落卷中。帙，书、画的封套，用布帛制成。蠹（dù），侵损。"闲"，原作"开"，刘元茂《幡帙得菊叶》诗、小石山房丛书本、《说郛》本作"闲"，据改。

⑫ 清介：清高正直。

译文：

危稹的诗中说："梅以白为正，菊以黄为正。"除此以外，恐怕爱菊的陶渊明和喜梅的林逋都不会要。现在世上有七十二种菊花，正如《本草》所说："现在没有品种纯正的牡丹了，不能用来煎食。"

制作金饭的方法：摘取紫茎黄色品种纯正的菊花，用加入少量盐的甘草汤煮一下，等到饭快熟时，将菊花放入一同煮。长期食用可以明目长寿。如果能够取用南阳的甘谷水来煮就更好了。

从前喜爱菊花的人，没有比得过楚国屈原、东晋陶渊明的了。可谁知道现在爱菊之人，还有刘元茂，日常起居无时不在意菊花。他的《翻帙得菊叶》诗中说："何年霜后黄花叶，色蠹犹存旧卷诗。曾是往来篱下读，一枝闲弄被风吹。"从这首诗来看，不但可知刘元茂爱菊，更可知他清高正直的为人。

延伸阅读：

宋代士人普遍爱菊，两宋时期撰写的菊花类著作如《菊谱》就有八种之多，而且据说历史上每年一度的赏菊活动也正是自宋代开始兴起的，足可见菊花在当时受欢迎的程度了。这当然与菊花所蕴含的文化品格——"君子之志"是不可分的。《神农本草经》中，把菊花列为药之上品，认为久服利血气，轻身，耐老延年，所以历代服食菊花的人非常多，方法也多样，不过，需要说明的是，菊花种类颇多，但不是所有的菊花都可以食用。陶弘景《本草经集注》中说："菊有两种：一种茎紫，气香而味甘，叶可作羹食者为真；一种青茎而大，作蒿艾气，味苦不堪食者，名苦薏，非真。"林洪在这里选的就是"紫茎"的菊花。

摘自：林洪.山家清供[M].北京：中华书局，2013.

6 白石羹

溪流清处取白小石子，或带藓衣^①者一二十枚，汲^②泉煮之，味甘于螺，隐然有泉石之气^③。此法得之吴季高^④，且曰："固非通宵煮石^⑤之石。然其意则清矣。"

注释：

①藓衣：石头表面所生的青苔。

②汲：取水，打水。

③隐然：仿佛，好像。泉石：泉水和山石，泛指山水、自然。

④吴季高：生平事迹不详。

⑤煮石：旧传神仙、方士烧煮白石为粮，后因借为道家修炼的典实。葛洪《神仙传·卷一》："白石生者，中黄丈人弟子也……，常煮白石为粮，因就白石山居，时人号曰白石生。"

译文：

在溪流清澈的地方捡取白色的或者生有青苔的小石子一二十个，打泉水来煮，味道比田螺还甘美，仿佛隐约有山水之气。这种做法是从吴季高处得来的，他还说："这本来不是道家修炼煮石为粮的石头。但煮石的意趣是非常清雅的。"

延伸阅读：

文人远庖厨，总有些奇思妙想，林洪介绍的这道"石子羹"，若以现在的眼光来看，着实是令人胃口全无的，多数人可能还会考虑到卫生问题。可是，这在古代士人的眼里，却是一件清雅的事情，比如唐代韦应物《寄全椒山中道士》诗："今朝郡斋冷，忽念山中客。涧底束荆薪，归来煮白石。"所谓的煮白石，其实来源有三：一是典故，神仙方士煮白石为粮，后人借此喻指道家修炼；二是以石养水，古代交通不便，泉水远道运来，会失了原味，取白石入瓮中，能养其味，亦可澄水不淆；三是一种果实，名叫枳椇子，实形拳曲，花在实外，味甘如饧蜜，故又名木蜜、树蜜。

许是石子羹过于重意趣而轻口感的缘故，明代屠本畯《山林经济籍》引倪云林的清泉白石茶，用桃核、松子同和真粉，成小块如石状，置茶中，样式很像石子羹，但就让人喜欢得多了。

如今，煮石之说已几不听闻，反而是青苔的食用在部分地方倒很普遍。据说，云南少数民族傣族中便有一道汤名为"青苔卵石汤"，又叫"滑苔汤"：将池塘中捞出的青苔漂洗干净，与葱、姜、蒜、芫荽、辣椒等佐料一起盛在盆内，加滤过的石灰水拌匀，再撒上食盐待煮。将卵石投入火塘烧至发红时，一只只取出投入青苔盆内，使盆内青苔沸腾至熟，用糯米饭团蘸裹食用。这道菜不仅色泽青翠，而且滑腻清香，风味独特。

摘自：冯辉丽.册页晚[M].南京：江苏凤凰文艺出版社，2019.

篠田统.中国食物史研究[M].北京：中国商业出版社，1987.

林洪.山家清供[M].北京：中华书局，2013.

⑦ 梅粥

扫落梅英，拣净洗之，用雪水同上白米①煮粥。候熟，入英同煮。杨诚斋诗曰："才看腊后得春饶，愁见风前作雪飘。脱蕊收将熬粥吃，落英仍好当香烧。"②

注释：

① 上白米：精白米。

② "才看腊后得春饶"四句：出自杨万里《寒食梅花》。意谓：才看到冬月过后春色得以丰美，就愁见梅花在风中凋谢像雪般飘落。于是将掉落的花蕊收集起来熬粥吃，落花还可以当作香料来烹饪呢。腊，泛指冬月，与"伏"相对。饶，丰足，丰美。

译文：

扫起掉落的梅花，挑选好的洗净，用雪水和上好的白米煮粥。等到粥熟，把梅花放入同煮。就像杨万里诗中所说："才看腊后得春饶，愁见风前作雪飘。脱蕊收将熬粥吃，落英仍好当香烧。"

延伸阅读：

用花熬制粥的这种食用方法在唐代就已经有了，洛阳人在寒食节食用杨花粥，《云仙杂记》记载："洛阳人家寒食节装万花舆，煮杨花粥。"节日里吃花粥成为人们的习惯。

梅粥也被称为暗香粥，"暗香"两字应取自林逋的"疏影横斜水清浅，暗香浮动月黄昏。"在宋代，人们用梅花熬制粥，林洪在这里介绍的梅粥后来被明代高濂《遵生八笺》收录,《遵生八笺》实为养生专著,却将《梅粥》全然收入,其养生的价值自然不言而喻。

花馔在宋代得到极大的发展,很大程度上得益于宋代花卉种植业的扩大。宋代的花卉种植业规模很大,专业化程度较高,种植技术也得到很大的提升,流入到市场上交易的花卉变得琳琅满目,花卉的价格变得稳定,人们喜爱进行花卉买卖,在欣赏花卉的同时,也逐渐琢磨出各种各样的花馔食品。当然,可供做馔的花卉有很多,诸如酴醿、芙蓉、牡丹、菊花、桃花等,但在这其中以梅花做馔的却是比较多的。主要有三点原因。

其一,梅花栽培的普遍性。梅花在我国已经有几千年的栽培历史了,在宋代,梅花的栽培和分布比较广泛,无论是平民百姓还是王公贵族都喜爱种植,因此,也就有了皇后喜爱"梅花酒",乡野村夫喜爱食用的梅花粥。其二,梅花花格的高尚性。所谓"花格",用金圣叹的一句话解释:"人看花,花看人;人看花,人销陨到花里边去;花看人,花销陨到人里边来。"在中国文化当中,花被赋予了与人一样的品格,梅花在漫天霜雪之际凌寒而开,不与他花争奇斗艳,使得人们赋予梅花的花格就是傲骨贞姿,就是不与世俗同流合污的高洁傲岸,因此人们都乐于食用这样一种花格高尚的花卉。其三,花馔制作技术的提高。宋代花卉饮食得到了空前的繁荣和兴盛,其新发展首先表现在花卉饮食的制作上,开始出现了一些关于饮食的谱录。宋人编撰的食经较之唐代进一步增多,郑樵的《通志·艺文略》单独将"食经"作为一个门类列出,《山家清供》中则有多种以梅花为原料的食物,既有汤饼,也有蜜饯和粥品,都别具风味。

摘自:蒲三霞.浅析宋代梅花馔[J].阿坝师范高等专科学校报,2015,32(4):78-81.

⑧ 山家三脆

嫩笋、小蕈、枸杞头①,入盐汤焯熟,同香熟油、胡椒、盐各少许,酱油、滴醋拌食②。赵竹溪密夫③酷嗜此。或作汤饼④以奉亲,名"三脆面"。尝有诗云:"笋蕈初萌杞采纤,燃松自煮供亲严。人间玉食何曾鄙,自是山林滋味甜⑤。"蕈亦名菇。

注释:

①蕈(xùn):菌类,生长在树林里或草地上,由帽状的菌盖和杆状的菌栖构成。种类很多,有的

可食用，如香菇，有的有毒。枸杞头：枸杞芽，又名枸杞头、枸芽子，即枸杞的嫩梢、嫩叶。略带苦味，后味微甜，《食疗本草·卷上》："枸杞（寒）无毒。叶及子并坚筋能老，除风，补益筋骨，能益人，去虚劳。"

②"入盐汤焯熟"三句：小石山房丛书本、《说郛》本作"油炒作羹，加胡椒尤佳。"

③赵竹溪密夫：赵密夫，号竹溪，晋江（今福建泉州）人。宋理宗绍定二年（1229）进士。

④汤饼：水煮的面食，似今之汤面。

⑤"笋蕈初萌杞采纤"四句：出赵密夫《三脆面》。意为笋和菇要刚长出来的枸杞芽要采细嫩的，燃起松柴亲自煮好给父母。人间珍贵美味的食物何曾轻贱过，这山林间的滋味别有一番甜美。亲严，指父母。

译文：

　　将嫩笋、小蘑菇、枸杞芽放入盐开水煮熟，同香熟油、胡椒、盐各少量，拌上酱油，滴一些醋食用。赵密夫特别喜欢这种吃法。有时他会做成汤面给父母吃，叫"三脆面"。他曾写了一首诗说："笋蕈初萌杞采纤，燃松自煮供亲严。人间玉食何曾鄙，自是山林滋味甜。"蕈又叫作菇。

延伸阅读：

　　文中的蕈，指的是菌类，今通称为菇。基本上，蕈的气味甘寒，古人认为"其味隽永，有蕈延之意"，因而得名。早在宋代之时，食菌十分普遍，当时家住仙居（浙江县内）的陈仁玉，便撰写了《菌谱》，介绍当地的菌，已多达十余种。但有的菌有毒，误食可能致命。欲辨别有毒否，明人汪颖在《食物本草》一书里，提供一个方法，此即"凡煮菌投以姜屑、饭粒，若色黑者杀人，否则无毒"。

　　枸杞挺有意思，宋人寇宗奭《本草衍义》载："今人多用其子，为补肾药。"明人李时珍在《本草纲目》中，讲得更为明确，指出："枸、杞二树名。此物棘如枸之刺，茎如杞之条，故兼名之。"其味甘平，美如葡萄，"久服，坚筋骨，轻身不老"。因此，道、释之徒，每用它作为长寿补品。其实，枸杞头（藤上的嫩叶）是很棒的菜蔬，有平肝、清肺的妙用，只是味苦性寒，故炒食茎、叶时，必须加点白糖，以解其微带的苦味。

　　至于汤饼，就是汤面，据宋朝《青箱杂记》载："汤饼，温面也，凡以面为食煮之，皆谓之汤饼。"因此，这个用嫩笋、小菌及枸杞头制作的汤面，配料都以甘甜香脆著称，故雅名为"三脆面"。山村乡野之人，认为可和人间至美的玉食媲美，供奉父母长辈，借以表示孝心。

　　又，嗜食"山家三脆"的赵密夫，号竹溪，是宋皇室后裔，其先祖赵廷美，乃宋太祖赵匡胤的四弟，被封为魏王。密夫曾中进士，生活尚称优裕，亦爱舞刀弄铲，制作"山家三脆"，或凉拌为冷盘，或下面成浇头，不愧清真雅士，透过林洪笔端，成为无上美味。

摘自：王东梅. 山家三脆素三鲜[J]. 烹调知识，2019：46.

⑨ 玉井饭

　　章雪斋鉴宰德泽①时，虽槐古马高②，犹喜延③客。然后食多不取诸市，恐旁缘④扰人。而一日往访之，适有蝗不入境⑤之处，留以晚酌数杯。命左右造玉井饭，其香美。

　　其法：削嫩白藕作块，采新莲子去皮心，候饭少沸，投之，如盦⑥饭法。盖取"太华峰头玉井莲，开花十丈藕如船"⑦之句。昔有藕诗云："一弯西子臂，七窍比干心。"⑧今杭都范堰经进斗星藕⑨，大孔七、小孔二，果有九窍。因笔及之。

注释：

①章雪斋：即章鉴，字君宝，一字君玉，号艺斋，宋临安府昌化人；宁宗嘉定十六年（1223）进士，累迁华文阁待制，封钱塘县开国伯；有《友山文集》《众芳集》等。"雪"，小石山房丛书本、《说郛》本作"艺"。宰：主管，治理。德泽：县名，在浙江省湖州市南部、东苕溪流域。唐天授二年（691）置武源县，景云二年改临溪县，天宝元年（742）改德清县。"泽"小石山房丛书本、《说郛》本作"清"。

②槐古马高：形容位高权重。周代朝廷种三槐九棘，公卿大夫分坐其下，后因以"槐棘"指三公或三公之位。

③延：请，邀请。

④旁缘：依仗，凭借。这里指吏卒、下属。

⑤蝗不入境：史书多次记载，有善政的地方官所辖之境连蝗虫都不入境侵害，后以此典称誉地方官吏的善政。如《东观汉记·卓茂》："卓茂，字子康，南阳人。迁密令，视民如子，口无恶言。……时天下大蝗，河南二十余县皆被其灾，独不入密县界。督邮言之，太守不信，自出按行，见乃服焉。"

⑥盦（ān）：覆盖。

⑦"太华峰头玉井莲"两句：出自唐代韩愈《古意》："太华峰头玉井莲，开花十丈藕如船。冷比雪霜甘比蜜，一片入口沉疴痊。我欲求之不惮远，青壁无路难夤缘。安得长梯上摘实，下种七

泽根株连。"其描述了华山玉井莲藕的甘美名贵。

⑧ "一弯西子臂"两句：相传诗为南宋卫泾所作，未知是否。西子，西施，约公元前503—公元前473，本名施夷光，生于越国句无苎萝村（今浙江省绍兴市诸暨苎萝村），春秋时期越国美女，后人尊称其"西子"。比干，生卒年不详，沐邑（今河南省淇县）人，封于比邑（今山西省汾阳市），故称比干。商王文丁的儿子，殷商王室的重臣。相传因直言进谏纣王，纣怒曰："吾闻圣人心有七窍，信有诸乎？"遂杀比干剖视其心。

⑨ 范堰：地名。《梦粱录·卷十八·物产》："藕：西湖下湖、仁和护安村，旧名范堰，产扁眼者味佳。"经进：当为"曾经进御"之意。意为曾经进奉皇宫。斗星藕：相传周灭商后，封比干为北斗七星天权宫的文曲星君，故称七孔藕为斗星藕。斗星，即北斗星，在北天排列成斗形的七颗亮星。

译文：

　　章鉴管辖德清县时，虽然位高权重，仍然喜欢邀请客人。但是食物大多不从市场上购买，因为他担心官吏仗势扰民。一日我去拜访他，正好无人打扰，有清净、安宁的地方，于是留我吃晚餐小酌几杯。让侍从做了玉井饭，味道非常香甜可口。

　　玉井饭的做法：将嫩白藕削成块，采新鲜的莲子去掉皮和心，等到饭快要煮沸的时候放进去，就像焖饭的做法一样。饭的名字大概是取自韩愈"太华峰头玉井莲，开花十丈藕如船"的诗句。曾有描写藕的诗说："一弯西子臂，七窍比干心。"现在杭州范堰的斗星藕曾经进奉皇宫，有大孔七个、小孔两个，果真有九窍。因此把它记录下来。

延伸阅读：

　　我国把藕作为食品已经有很长的历史了，汉代司马相如的《上林赋》中就有"与波摇荡，奄薄水渚，唼喋青藻，嘬嚼菱藕"的记载。北方人多用来做菜，故称藕菜或莲菜，南方一般叫藕，果蔬兼用。

　　鲜藕生吃能清热除烦、解渴止呕，如将鲜藕压榨取汁，其清热生津的功效更甚。清代吴鞠通《温病条辨》中治疗急性热病和发热口渴的著名方剂"五汁饮"，其中就有鲜藕汁。藕具有凉血止血、养肾益阴的功能。烹煮的藕则性味甘温，能健脾开胃、益血补心，故主补五脏，有消食、止泄、生肌功效。平时多吃藕还能促进外伤的愈合，增加抗病能力，儿童多吃藕有助于牙齿生长和换牙。

　　莲子味甘性平，入心、肾、脾三经，具有益肾固精、养心明目、收敛镇静、健胃止泻之功能。生用则养胃清心，熟食则固肾厚肠，适用于心悸、失眠、体虚、遗精、白带过多、慢性腹泻等症。它的特点是既能补又能固，因此能补中止泻、安中固精，久食可强身旺神、延年益寿。药用时去皮、心，故中医处方称"莲肉"。

杭城民间自古就有种植莲藕的习惯，唐时诗人白居易在杭州任郡守时，写有诗曰："绕郭荷花三十里，拂城松树一千株。"到南宋时，西湖游览志记载，"滨湖多植莲藕""藕出西湖者，甘脆爽口"，故夏日挖藕采莲子食用，成为南宋民间的一种食俗。南宋著名诗人杨万里有泛舟西湖采荷剥莲之诗，诗云："城中担上卖莲房，未抵西湖泛野航。旋折荷花剥莲子，露为风味月为香。"

摘自： 欧阳军.可赏可吃可补 初秋时节话荷花[J].中国食品，2020（17）：134-139.

宋宪章.南宋玉井饭[J].杭州：周刊，2018（32）：58-59.

⑩ 洞庭饐①

旧游东嘉②时，在水心先生③席上，适净居④僧送饐至，如小钱大，各合以橘叶，清香蔼然⑤，如在洞庭左右。先生诗曰："不待归来霜后熟，蒸来便作洞庭香⑥。"因谒⑦寺僧，曰："采蓬与橘叶捣汁如蜜，和米粉作饐，各合以饐蒸之⑧。"市亦有卖，特差多耳⑨。

注释：

①饐：本义为食物经久发臭。这里指一种地方食物的名称。

②东嘉：浙江省温州的别称。宋代陈昉《颍川语小·卷上》："盖郡有同名，以方别之。温为永嘉郡，俚俗因西有嘉州，或称永嘉为东嘉。"

③水心先生：即叶适，1150—1223，字正则，号水心居士，温州永嘉（今浙江省温州市）人。其为南宋思想家、文学家、政论家、官员。叶适主张功利之学，反对空谈性命，他所代表的永嘉事功学派，与当时朱熹的理学、陆九渊的心学并列为"南宋三大学派"。

④净居：净居寺，同名寺庙众多，此处所指位于浙江省台州市仙居县白塔镇，建于唐贞观三年，后废，宋乾道年间（1165—1173）重建，历代延续，香火不断。

⑤蔼然：云烟弥漫貌。

⑥不待归来霜后熟，蒸来便作洞庭香：出自宋诗人叶适的《句》诗。"归来"小石山房丛书本、《说郛》本作"满林"。

⑦谒：拜见。

⑧"采蓬与橘叶捣汁如蜜"三句："如蜜"小石山房丛书本、《说郛》本作"加蜜"，"合以饐"小石山房丛书本、《说郛》本作"以叶"。

⑨特差多耳：只是风味差很多罢了。

译文：

旧日在温州游玩时，在叶适先生家的宴席上，恰逢净居寺的僧人送饐食来，有铜钱大小，每个都用橘叶包裹，清香弥漫，好像身处洞庭湖边一样。叶适作诗道："不待归来霜后熟，蒸来便作洞庭香。"因此请寺僧说明制作方法，寺僧道："采莲蓬和橘叶一起捣烂成汁，加入蜂蜜，和上米粉做成饐，分别用橘叶包裹蒸熟。"市场上也有售卖的，只是味道差很多罢了。

延伸阅读：

"饐"字作为饼食之称，一般的字书都没有这种解法，即连《康熙字典》，食部的"饐"字解法，也不例外。但在岭南地区，每逢年节人们总会互赠一些自家所做的饼食，其中有北方人不经见的、当地人名之为"哎"的一种。其是用一种青绿的植物叶子，剪得整整齐齐的摺夹起来，里面雪白、鲜明的饼食是用米粉和油做皮，包了竹笋粒、蘑菇粒、肉粒做馅，也有甜的是用黑芝麻、花生碎、砂糖拌和做馅。其很像粉果，但具有通常粉果所没有的一种植物叶子的浓郁的清香芬芳之气，恰似林洪所载的"饐"。

岭南人民多为客家人，讲"哎话"，称以植物叶包合的米粉蒸果为"哎"，当是由浙江温州一带地方迁来岭南的移民，在口头上仍保留了他们本来的口语称谓，不过是有音无字，不知写法。《山家清供》的这一条，或许正是岭南人民所称的"哎"的书面正确写法。

此外，此处的"洞庭"并非指位于湖南的洞庭湖，而是指吴地的太湖，当地以产橘闻名，民谚有"橘非洞庭不香"的赞誉。温州当地亦产橘，味道也很好，如叶适《西山》一诗中写道："对面吴桥港，西山第一家。有林皆橘树，无水不荷花。"可见，叶氏居所附近的橘树是非常多的。这里所引诗"不待满林霜后熟，蒸来便作洞庭香"，即是赞美这种食物扑鼻的橘香，也隐含着温州的橘子味道其实并不比洞庭橘差的涵义。

摘自： 丙公.岑外集[M].1979.

林洪.山家清供[M].北京：中华书局，2013.

11 荼蘼①粥 (附木香菜)

旧辱赵东岩子岩云瓛夫寄客诗②，中款有一诗云："好春虚度三之一，满架荼蘼取次开。有客相看无可设，数枝带雨剪将来。"③始谓非可食者。一日过灵鹫④，访僧苹洲德修，午留粥，甚香美。询之，乃荼蘼花也。

其法：采花片，用甘草汤焯，候粥熟同煮。又，采木香⑤嫩叶，就元汤⑥焯，以盐、油拌为菜茹⑦。僧苦嗜吟⑧，宜乎知此味之清切⑨。知岩云之诗不诬⑩也。

注释：

①荼蘼：也作酴醾，落叶灌木，小叶椭圆形，春末夏初开花，花白色，有香气，供观赏。

②辱：谦辞，表示承蒙。赵东岩：赵彦侯，字简叔，号东岩。宝庆元年（1225）进士。岩云瓛夫：赵瓛夫，号岩云，宋宗室。理宗宝庆二年进士，知南剑州。

③"好春虚度三之一"四句：出自赵瓛夫《寄林可山》：美好的春日一晃就度过了大半，满架的荼蘼花都次第开放了。有客人来相对而坐没有什么可以招待的，只好把数枝带着雨露的荼蘼花剪下端上。设，布置，安排。

④灵鹫：灵鹫寺，同名寺庙众多，此处所指位于江西省上饶市广丰区东阳乡灵鹫山北麓，建于唐元和间，宋重建。寺依灵鹫山而建，远视若鹫鸟凌空飞舞，故得名。

⑤木香：蔓性多年生草本，叶纸质披细毛，通常为肾脏形或戟形。花暗紫色，蒴果球形，根可入药。

⑥元汤：元，同"原"，新鲜的，未加工的。"汤"字原无，据小石山房丛书本、《说郛》本补。

⑦以盐、油拌为菜茹：小石山房丛书本作"以姜、油、盐、醯为菜茹"。《说郛》本作"以麻油、盐、醯为菜茹"。茹，蔬菜的总称。

⑧吟：作诗，写诗，推敲字句。

⑨清切：真切，清楚明确。

⑩诬：虚假，骗人。

译文：

从前收到赵东岩之子赵瓛夫寄给我的诗，其中有一首是："好春虚度三之一，满架荼蘼取次开。有客相看无可设，数枝带雨剪将来。"起初我以为荼蘼是不可以吃的。一日路过灵鹫寺，拜访僧人苹洲德修，午间留我在寺中吃粥，味道非常香美。询问才知是荼蘼花做的粥。

荼蘼粥的做法：采荼蘼花瓣，用甘草汤煮一下，等到粥熟了放入一起煮。另外，采木香的嫩叶，直接放入水中煮，加入盐、油拌作菜蔬。僧人饮食清苦又爱好诗句，应当对它的味道了解得真切。由此可知赵岩云的诗不是无中生有啊。

延伸阅读：

茶蘼花，又有作酴醾花、百宜枝花、沉香蜜友花等名。陶谷《清异录》说，茶蘼本香，事事称宜，故卖插枝花者叫作百宜枝花。唐宋文人常以此花酿酒，其酒浓香味烈，受到文人学士的喜爱。

宋代还有一种文人雅兴也和茶蘼花有关系。据南宋朱弁的《曲洧旧闻》记载，当时文人中有一种风雅的游戏，就是在茶蘼开花正盛时，一群文人坐在花架之下饮酒，规则是落下来的茶蘼花瓣掉到谁面前的酒杯里，此人就必须干杯。有时候微风拂过，花落满地，大家的酒杯里都会落下飞花，于是乎举座皆痛饮。这样的聚会还有一个好听的名字叫"飞英会"。遥想茶蘼白色的花瓣飞舞于空，座上的人笑语喧哗中，美酒入口，确实称得上是快意无比。

摘自： 魏华仙.宋代四类物品的生产和消费研究[M].成都：四川科学技术出版社，2006.

林洪.山家清供[M].北京：中华书局，2013.

（12） 蓬糕

采白蓬①嫩者，熟煮，细捣。和米粉，加以白糖，蒸熟，以香为度。世之贵介②，但知鹿茸、钟乳③为重，而不知食此实大有补益。讵④可以山食而鄙之哉！闽中有草稗⑤。又饭法：候饭沸，以蓬拌面煮，名蓬饭。

注释：

①白蓬：多年生草本植物，花白色，中心黄色，叶似柳叶，子实有毛，也称"飞蓬"。

②贵介：显贵的人。

③鹿茸：未长成硬骨、有茸毛、含血液、色如玛瑙红玉的雄鹿角。是一种珍贵的中药材，中医用作滋补强壮剂。钟乳：钟乳石，喀斯特溶洞洞顶形状像钟乳的碳酸钙沉积物；采收后除去杂石，洗净、晒干后可用作中药材，性温味甘，可温肺气，壮元阳，下乳汁。

④讵：岂，怎。

⑤草稗（bài）：一年生禾草，叶似稻，节间无毛，杂生于稻田中，有害于稻子的生长。果实可酿酒、做饲料。

译文：

采鲜嫩的蓬草，煮熟，细细的捣碎，和上米粉，加入白糖蒸熟，以蒸出香味为准。世间的显贵之人，只知道鹿茸、钟乳石的珍贵，却不知道食用蓬草其实也大有补益。岂能因为是山野之食就轻视它呢！福建中部有用草秭来做这道糕的。也有用其做饭的方法：等到饭煮沸，用蓬草拌上面粉放入同煮，叫作蓬饭。

延伸阅读：

这里的"蓬"应是古人对常见蒿属植物的统称，《说文解字》言："蓬，蒿也。"也就是艾草一类，而非今日所说的蓬草，因为蓬草属于外来物种，原产北美洲，1860年才在山东烟台被发现。此外，并无名为"白蓬"的植物，只有白蓬草，是唐松草的一种别称，是与蓬完全不同科属的植物，文中言"白蓬"是因艾草又称白蒿的缘故。

艾草是一种菊科野草，散生于篱下田间，枝叶有浓馥的菊花味，蕴含淡淡药气，闻来清脾沁心，嚼之略带苦意，北方人把它当成药，南方人则用来做糕。制药要用老艾，蒸糕宜采少艾——"青春少艾"这成语，就是从艾草嫩叶而来。《孟子》里就提到过，"知好色，则慕少艾"，足证其美，也可见采艾历史久远。

艾草是多年生，秋冬萧条，春来抽发新叶，清嫩秀美，令人见绿心喜，因而采以入馔，吃下草香，领受春味。清明祭墓，广东客家人做艾粢和艾角，台湾客家人蒸青板与艾板，闽南人则做草仔粿，和江浙的青团艾饺异曲同工。日本的草饼也是艾草做的，日文的艾草就叫"蓬"，在日本人们食用蓬的历史十分悠久，除了做成草饼，还可以做天妇罗、佃煮，或者用新鲜叶片煮蓬饭。此外，艾草还有广泛的药用价值，可以用来艾灸，有止血、止痛、治疗高血压等疗效。

摘自：蔡珠儿.种地书[M].上海：上海人民出版社，2016.

（日）刘宗民，（日）三品隆司绘.杂草记上[M].曹逸冰，译.成都：四川文艺出版社，2017.

⑬ 樱桃煎

樱桃经雨，则虫自内生，人莫之见。用水一碗浸之，良久，其虫皆蛰蛰^①而出，乃可食也。杨诚斋诗云："何人弄好手？万颗捣尘脆。印成花钿薄，染作冰澌紫。北果非不多，此味良独美。"②要之，其法不过煮以梅水，去核，捣印为饼，而加以白糖③耳。

注释：

①蛰蛰：形容众多。《诗经·周南·螽斯》："螽斯羽，揖揖兮，宜尔子孙，蛰蛰兮。"

②"何人弄好手"六句：出自杨万里《樱桃煎》："含桃丹更圞，轻质触必碎。外看千粒珠，中藏半泓水。何人弄好手？万颗捣尘脆。印成花钿薄，染作冰澌紫。北果非不多，此味良独美。"圞，同"圆"。花钿，用金翠珠宝制成的花形首饰。冰澌，解冻时流动的冰，这里指结晶。

③白糖：小石山房丛书本、《说郛》本作"蜜"。

译文：

樱桃被雨淋后，内里就会生虫，只不过肉眼看不到。用一碗水浸泡它们，长时间后，里面的虫子就都出来了，才可以食用。杨诚斋《樱桃煎》诗中说："何人弄好手？万颗捣尘脆。印成花钿薄，染作冰澌紫。北果非不多，此味良独美。"总之，它的做法不过是用梅子水煮樱桃，去核，捣碎，放入饼模制成饼状，再放入白糖罢了。

延伸阅读：

樱桃，为蔷薇科植物樱桃的果实，性味甘、温。含有糖类、柠檬酸、酒石酸、维生素等成分。樱桃具有益气、祛风湿之功效，适用于瘫痪、四肢不仁、风湿腰腿疼痛、冻疮等症。樱桃做成樱桃煎，功能补脾益气，润肤；适用于脾气不足、食少便溏、形瘦乏力、皮肤粗糙等症，并能美人颜色。

我国种植樱桃有数千年的历史，《礼记·月令》载："天子乃以雏尝黍，羞以含桃，先荐寝庙。"宋代洛阳的樱桃最是有名，《图经本草》有："樱桃，洛中、南都者最胜，其实熟时深红色、谓之朱樱；紫色皮里有细黄点者，谓之紫樱，味最珍贵。又有正黄色者，谓之蜡樱；小红者，谓之樱珠，味皆不及。"但樱桃不好保存，所以机智的宋代劳动人民就想出了一个好办法——把樱桃"煎"一下。樱桃煎是两宋时期一款名食，苏东坡的《老饕赋》中有："烂樱珠之蜜煎，溜香酪之蒸羊……"类似于今日之蜜饯，是一道甜菜，宋代孟元老《东京梦华录》卷二也载："又有托小盘卖干果子，乃旋炒银杏、栗子……樱桃煎，西京雪梨。"

此外，清代李文炳辑《仙拈集》卷三载有一药方也名"樱桃煎"，方用樱桃核四十九粒、葱头一个，水煎服，主治闷痧。闷痧是指痧证病发晕闷倒地者，《痧胀玉衡·闷痧》载："痧毒中心，发晕闷倒地，一似中暑、中风，人不知觉，即时而毙。

此痧之急者。"治法，如略有苏醒，扶起放痧；不愈，则审脉服药施治。如发晕不醒，扶之不能起，审脉辨证，先用药数剂灌醒，然后扶起放痧，渐为调治。

摘自：彭铭泉.中国药膳大全[M].成都：四川科学技术出版社，1987.

彭怀仁.中医方剂大辞典·第十册[M].北京：人民卫生出版社，1997.

（14） 如荠菜

刘彝①学士宴集间，必欲主人设苦荬②。狄武襄公青帅边③时，边郡难以时置。一日集，彝与韩魏公④对坐，偶此菜不设，谩骂狄公至黥卒⑤。狄声色不动，仍以"先生"呼之，魏公知狄真将相器也。《诗》云："谁为荼苦⑥。"刘可谓甘之如荠者。

其法：用醯酱⑦独拌生菜。然作羹则加之姜、盐而已。《礼记》"孟夏，苦菜秀"⑧是也。《本草》："一名荼，安心益气。"隐居⑨："作屑饮，不可寐。"⑩今交、广⑪多种之。

注释：

① 刘彝：1017—1086，字执中，福州人；北宋著名水利专家。幼从胡瑗学，登庆历（1041—1048）进士第，调高邮簿，移胊山令；著有《七经中议》一百七十卷、《明善集》三十卷、《居阳集》三十卷。

② 必：原作"心"，据小石山房丛书本、《说郛》本改。苦荬：植物名。菊科苦菜属，二年生或多年生草本。多生于路旁荒地等处，春夏间开花，嫩苗可为蔬菜。或称为"苦荬"、"游冬"。

③ 狄武襄公青：狄青，1008—1057，字汉臣，汾州西河县（今山西省吕梁市文水县）人；北宋时期名将。因面有刺字，善于骑射，人称"面涅将军"；后受到文官集团排挤，嘉祐元年（1056—1063）被免去枢密使之职，加同中书门下平章事之衔，出知陈州。嘉祐二年抑郁而终，获赠中书令，谥号武襄。帅边：统帅边关。

④ 韩魏公：韩琦，1008—1075，字稚圭，自号赣叟，相州安阳（今河南省安阳市）人；北宋政治家、词人；宋夏战争爆发后，与范仲淹率军防御西夏，人称"韩范"。仁宗末年拜相，宋神宗即位后辞相，封爵魏国公。去世后追赠尚书令，谥号"忠献"，宋徽宗时追封魏郡王。

⑤ 公：原作"分"，据小石山房丛书本、《说郛》本改。黥卒：指士兵，宋时在士兵脸上刺字，以防逃跑，故称。

⑥ 谁为荼苦：原本作"荼"，小石山房丛书本、《说郛》本作"谁谓荼苦"，据改。出自《诗经·邶

风·谷风》："谁谓茶苦? 其甘如荠。"荼，苦菜。荠，荠菜，味甘。

⑦醯酱：含有酸味的酱。醯，醋。

⑧ "孟夏"二句：出自《礼记·月令第六》："孟夏之月……苦菜秀。"孟夏，夏季的第一个月，即农历四月。

⑨隐居：陶弘景，456—536，字通明，自号华阳隐居，谥贞白先生，丹阳秣陵（今江苏南京）人；南朝齐、梁时道教学者、炼丹家、医药学家。

⑩ "作屑饮"二句：出自陶弘景《本草经集注·卷第七》："又南方有瓜芦木，亦似茗，至苦涩。取其叶作屑，煮饮汁，即通夜不眠。"

⑪交、广：指交州与两广地区。交即交趾，泛指五岭以南。汉武帝时所置，辖境相当今广东、广西的大部、越南承天以北诸省。东汉末改为交州。三国时期分为交、广二州。隋废，唐武德五年复置，后废。

译文：

刘彝学士宴饮聚会时，一定要主人准备苦菜。武襄公狄青统帅边关时，边郡很难每次都置办到。一次聚会时，刘彝与韩琦相对而坐，恰巧没有准备苦菜，刘彝痛骂狄青为"黥卒"。狄青却不动声色，仍尊敬地称其为"先生"，于是韩琦知道狄青确实是将相之才。《诗经》里说："谁谓茶苦。"但刘彝可以说是如喜食甘甜的荠菜一样喜爱苦菜的人了。

它的做法：用酱醋调和的调料拌生的苦菜即可。如果做汤羹就再加入姜、盐。《礼记》有载："孟夏，苦菜秀。"正是此菜。《本草》中载："一名荼，安心益气。"陶弘景《本草经集注》载："作屑饮，不可寐。"现在交、广二州地区多有种植苦菜。

延伸阅读：

苦菜又名荼、荼草、野苦马菜、紫苦菜、苦马菜等，干品即中药败酱草。苦菜是一种野生蔬菜，在我国作为蔬菜食用已有2000余年历史，我国大部分地区均有分布，一般生长在路边及田野间，春季采摘嫩苗鲜用或晒干备用。《桐君药录》中记载"苦菜三月生，扶疏，六月花从叶出，茎直花黄，八月实黑，实落根复生，冬不枯。"《本草纲目》中记载："春初生苗，有赤茎、白茎两种，其茎中空而脆，折之有白汁。胖叶似花萝卜菜叶而色绿带碧。上叶抱茎，梢叶似鹤嘴，每叶分叉，搿挺如穿叶状。开黄花，如初绽野菊。一花结子一丛，子上有白毛茸茸，随风飘扬，落处即生。"

苦菜含有蛋白质、脂肪、维生素、矿物质、甘露醇、生物碱、苷类、苦味素等成分。蛋白质中包括赖氨酸、色氨酸、天冬氨酸等17种氨基酸，其中包括8种人体必需氨基酸。最近研究发现，苦菜全草中还含有抗肿瘤成分。在小鼠大腿肌肉上接种肉瘤，然后将苦菜的酸性提取物注射进小鼠体内，肉眼和显微镜均可观察到肉瘤被明显杀伤。

中医学认为苦菜性味苦、寒，入肝、胃、大肠诸经；具有清热凉血、解毒消肿的作用，适用于痢疾、热毒、黄疸、血淋、痔疮、肾炎、膀胱炎、口腔炎、咽喉贤、肝炎、痈疽、搭背、恶疮、痔瘘、蛇咬、疮疡疔疖等患者食用或外用。《名医别录》中记载苦菜："疗肠游，……热中疾，恶疮"。《本草纲目》中记载苦菜主"五脏邪气，厌谷胃痹。久服安心益气，聪察少卧，轻身耐老"。《滇南本草》中记载苦菜："凉血热，寒胃，发肚腹中诸积，利小便"。苦菜根、苦菜花、苦菜子亦可入药。《本草纲目》中记载苦菜根"治血痢，利小便"。《本草衍义》中记载苦菜花"去中热，安神"。

摘自：董泽宏.饮食精粹新编.卷一，春篇[M].北京：中国协和医科大学出版社，2019.

15 萝菔①面

王医师承宣②，常捣萝菔汁、搜面③作饼，谓能去面毒。《本草》云："地黄④与萝菔同食，能白人发。"水心先生酷嗜萝菔，甚于服玉。谓诚斋云："萝菔始是辣底玉⑤。"

仆与靖逸叶贤良绍翁过从⑥二十年，每饭必索萝菔，与皮生啖⑦，乃快所欲。靖逸平生读书不减水心⑧，而所嗜略同。或曰："能通心气，故文人嗜之。"然靖逸未老而发已皤⑨，岂地黄之过与？

注释：

① 萝菔：小石山房丛书本、《说郛》本作"菜菔"，即萝卜。

② 王医师承宣：指王继先，1098—1181，宋开封（今属河南）人。南宋官吏，兼通医学，高宗建炎初，以医术得幸，世号王医师。曾任昭庆军承宣使、奉宁军承宣使，权势匹于秦桧，因奸佞狡黠后遭贬谪。绍兴年间任详定校正官，与张孝直等校订《证类本草》，编成《绍兴本草》。

③ 搜面：以水拌和面粉。搜，通"溲"，用水调和。

④ 地黄：植物名。多年生草本，其块根为中药。干燥块根称"生地"，有滋阴养血的功用；经加

工蒸制者称"熟地"，有补肾阴、益精血的功用。

⑤萝菔始是辣底玉：出自杨万里《春菜》："雪白芦菔非芦菔，吃来自是辣底玉。"辣底，辣味的。

⑥仆：古时男子谦称自己。靖逸叶贤良绍翁：叶绍翁，1194—1269，字嗣宗，号靖逸，龙泉（今浙江龙泉）人，南宋中期诗人。叶绍翁原姓李，后因受祖父李颖士牵连，家业中衰，少时即嗣于龙泉叶氏，著有《四朝闻见录》《靖逸小稿》。过从：相互交往。

⑦啖（dàn）：吃，咬着吃硬的或圆圆吞枣的食物。

⑧水心：指叶适，1150—1223，字正则，号水心居士；温州永嘉（今浙江省温州市）人，南宋思想家、文学家、政论家；世称水心先生。

⑨皤（pó）：形容白色。

译文：

王医师承宣使，经常将萝卜捣成汁，拌和面粉作饼，认为能去除面里的毒质。《本草》中载："地黄和萝卜一起食用，会使人头发变白。"叶适酷爱吃萝卜，甚至超过了服食玉。他引杨万里的话说："萝卜就是辣味的玉啊。"

我与才高德重的叶绍翁交往二十年，每次吃饭必定要吃萝卜，连皮大口生吃才痛快。叶绍翁平生读书所学不比叶适少，并且喜爱的东西也大略相同。有人说："萝卜可以通心气，因此文人都喜欢吃它。"然而叶绍翁年纪未老但头发已白，难道是服用地黄的缘故吗？

延伸阅读：

萝菔，即萝卜，在古代又有"莱菔""芦菔""雹葖"等名字。关于其能够"去面毒"的说法，见于一些古代的典籍中。比如《本草纲目》引苏颂的话说："莱菔……尤能制面毒。昔有婆罗门僧东来，见食麦面者，惊云：'此大热，何以食之？'又见食中有芦菔，乃云：'赖有此以解其性。'自此相传食面必啖芦菔。"大约后世萝卜去面毒之说系由此生出。不过，从这里可以看出，这里所谓的"面毒"并不是通常意义上的有毒物质，而是指面是热性之物，多吃容易产生内热，萝卜则是寒凉之性，所以二者同食，可以中和其性而已。

关于地黄与萝卜同食能白人发的说法，寇宗奭的《本草衍义》中的确有"莱菔根、干地黄、何首乌，人食之，则令人髭发白"的记载，不过是否确实，似乎尚缺少有说服力的证据。但是一般服食一些滋补类药的时候，忌讳同时吃萝卜，倒的确是一个广为人知的生活经验。

摘自：林洪.山家清供[M].北京：中华书局，2013.

16 麦门冬^①煎

春秋，采根去心，捣汁和蜜，以银器重汤^②煮，熬^③如饧为度。贮之磁器^④内。温酒化，温服，滋益多矣。

注释：

① 麦门冬：多年生草本植物。叶条形，丛生，初夏开紫色小花。块根略呈纺锤形，可入药，为滋养强壮剂，又有镇咳、祛痰、利尿等作用。

② 重（zhòng）汤：谓隔水蒸煮。

③ 熬：小石山房丛书本、《说郛》本作"急搅"。

④ 磁器："磁"同"瓷"，即瓷器。

译文：

春秋季时，采麦门冬的根，去掉中间的心，捣成汁与蜂蜜调和，用银器隔水蒸煮，熬到像糖浆状就好了。其放在瓷器内储存。吃的时候用温酒化开，趁热服用，对身体有很多的滋补和益处。

延伸阅读：

麦门冬名字的由来非常有趣，因为麦须一般称作麦门，而麦门冬似麦又有须，叶子冬天不凋零，所以称为"麦门冬"。也有另一种说法，称麦门冬叶冬季不凋，又常作为护阶之草，种植在门前阶后，所以叫"麦门冬"。宋代诗人范成大曾写诗赞许："门冬如佳隶，长年护阶保。生儿乃不凡，磊落玻璃珠。"梅尧臣在《寄麦门冬于符公院》里，也夸赞了此草四季常青不怕风霜，言："佳人种碧草，所爱凌风霜。佳人昔已殁，草色尚苍苍。"[1]

传说麦门冬是大禹治水成功后的创造物，当年大禹见人民的粮食吃不完，就将其倒进河流，长出一种草，即麦门冬，因为形似韭菜，初名"禹韭"。有经验的现代食客，会在宴会前喝一点麦冬茶，有益于即将开幕的大碗喝酒、大块吃肉。苏轼等人深知麦门冬的价值，朋友间还会互赠相关制品，《睡起闻米元章冒热到东园送麦门冬饮子》言："一枕清风直（值）万钱，无人肯买北窗眠。开心暖胃门冬饮，知是东坡手自煎。"

麦门冬的药用价值很高，与天门冬经常并用，在古医书中合称"二冬"。用它制作麦冬酒亦好，中医认为二者相配，可养阴润肺舒筋活血。林洪介绍的这道"麦门冬煎"在《山家清供》的各色菜品、小吃里，纯属"另类"，就是一味制法简单的草药。对于避世独处的人而言，此药很受《神农本草经》看重："久服轻身、不老不饥。"

此外，有两方剂也名"麦门冬煎"。一方出自《太平圣惠方》卷五："麦门冬汁半升，生地黄汁半升，蜜半升，栝楼根二两，地骨皮一两，黄芪一两（锉），葳蕤一两，知母一两，寒水石二两，犀角屑一两，川升麻一两，甘草半两，石膏二两，淡竹叶一两。上药将栝楼根等捣筛为散。先以水七升，煎取三升，滤去滓，将麦门冬汁等三味纳锅中，慢火熬如稀饧，以瓷盒盛。每次温服一合，不拘时候。"主治脾脏壅实、心胸烦闷、唇口干燥、喝水不止。一方出自《三因极一病证方论》卷十："麦门冬（去心），人参、黄芪各60克，白茯苓、山茱萸、山药、桂心各45克，黑豆105克（煮，去皮，别研）。上药研末，地黄自然汁500毫升，牛乳300毫升，熬为膏，丸如梧桐子。大麦煮饮送下50丸。"主治消渴。

参考文献：[1] 林洪.山家清供[M].北京：中华书局，2013.

⑰ 假煎肉

瓠与麸薄切①，各和以料煎。麸以油浸煎，瓠以肉脂煎。加葱、椒、油、酒共炒。瓠与麸不惟如肉，其味亦无辨者。吴何铸②宴客，或出此。吴中贵家，而喜与山林朋友嗜此清味，贤矣。或常作小青锦屏风，乌木瓶簪古梅，枝缀像生梅数花，置座右③，欲左右未尝忘梅。

一夕，分题赋词，有孙贵蕃、施游心，仆亦在焉。仆得心字《恋绣衾》④，即席云："冰肌生怕雪来禁，翠屏前、短瓶满簪。真个是、疏枝瘦，认花儿、不要浪吟。等闲蜂蝶都休惹，暗香来、时借水沉。既得个、厮偎伴，任风雪、尽自于心⑤。"诸公差⑥胜，今忘其辞。每到，必先酌以巨觥⑦，名"发符酒"⑧，而后觞咏⑨，抵夜而去。

今喜其子姪皆克肖⑩，故及之。

注释：

① 瓠（hù）：瓠瓜。葫芦的变种，一年生草本植物，夏开白花，果实长圆形，嫩时可吃。麸：此指面筋。

② 何铸：1088—1152，字伯寿，浙江余杭人，宋政和五年进士。何铸任御史中丞时被命主持审讯

岳飞，因忤秦桧试图免除岳飞死罪及反对议和，被贬徽州。后又起用，提举江州太平兴国宫，死后谥"通惠"，后改谥"恭敏"。

③ "或常作小青锦屏风"四句：小石山房丛书本作"尝作小青锦屏，鹄乌木屏，簪古梅，枝缀像生梅数花，置坐右。"《说郛》本作"尝作小清锦屏，鹄乌瓶香，簪古梅，枝缀象生梅数花，置坐右。"涵芬楼本作"尝作小青锦屏，鹄乌山水，瓶簪古梅，枝缀像生梅数花，置坐左右。"考数句，各本文字差异较大。究其原因，是误将原文"乌木"，认成"乌木"。"乌木"不辞，遂以为是屏风上所画之山水风景，故或作"鹄乌山水"，或作"鹄乌木屏"，或作"鹄乌瓶香"。因"瓶"连上句读，又导致后面"簪古梅"不可解。考清曹溶《学海类编》所收明陈诗教《花里活》："宋何铸性喜梅，常作乌木饼簪古梅，枝缀像生梅数花，置座右，欲左右未尝忘梅。"正作"乌木"，足证《夷门广牍》本原不误。又有误将"瓶"作"屏"者，又有误以为"瓶簪"为宋代一种瓶形簪者，皆源于误"乌"为"乌"，句不可通，故牵强附会，遂成奇观。又玩味《花里活》本段文字，何铸只是喜梅，与簪无关。簪此为"插"，非瓶簪也。常通"尝"，曾经。枝缀，谓枝上缀梅花。

④ 恋绣衾：词牌名，又名"泪珠弹"。以朱敦儒《恋绣衾·木落江南感未平》为正体，双调五十四字，前段四句三平韵，后段四句两平韵。

⑤ 任风雪、尽自于心：小石山房丛书本、《说郛》本作"任风霜、尽自放心。"

⑥ 差：比较，略微。

⑦ 觥（gōng）：中国古代用兽角制的酒器，后也有用木或铜制的。

⑧ 发符酒：发令酒。符，发出命令或通知。

⑨ 觞咏：饮酒赋诗。唐代白居易《老病幽独偶吟所怀》："觞咏罢来宾阁闭，笙歌散后妓房空。"

⑩ 克肖：谓能继承前人。明代宋濂《楚石禅师六会语序》："寂照在四传之余，复能克肖前人，诚所谓世济其美者。"

译文：

将瓠瓜与面筋切薄片，各自用料调和煎炸。面筋用油浸透后煎，瓠瓜用肉的脂油煎。再加入葱、椒、油、酒一起炒。瓠瓜和面筋不仅看起来像肉，味道也很难分辨。何铸宴请客人，有时会做这道菜。何铸是江浙一带的权贵人家，却喜欢与隐居山林的朋友品尝这样的清雅风味，真是贤人啊！他曾经做了一个小青锦屏风，乌木瓶中插着古梅，枝上缀的梅花跟新鲜的梅花一样，放在座右，提醒身边的人不要忘记梅花。

一天晚上，分题目作诗词，当时有孙贵蕃、施游心，我也在场。我分得以心字作《恋绣衾》的题目，当即赋道："冰肌生怕雪来禁，翠屏前、短瓶满簪。真个是、疏枝瘦，认花儿、不要浪吟。等闲蜂蝶都休惹，暗香来、时借水沉。既得个、厮偎伴，任风霜、尽自放心。"当时各位比我写得好，只是现在已忘记了内容。每次去了，都要先喝一大杯酒，叫作"发令酒"，然后开始饮酒赋诗，直到夜里才散去。

现在很高兴何铸的子姪都能继承他的风采，因此记录下这件事。

延伸阅读：

瓠瓜，属葫芦科。《诗经》里有："幡幡瓠叶，采之烹（一作"亨"）之，君子有酒，酌言尝之。"说是瓠的叶子可以吃，古人煮肉煮饭的时候，摘一把瓠叶下锅里，鲜甜爽口，味道妙极。吴自牧《梦粱录》讲南宋临安府的土产，就有"水茄、梢瓜、黄瓜、葫芦（一作"蒲芦"）、冬瓜、瓠"。

瓠瓜肥嫩可食，宋朝人流行把它做成瓠羹。如刘山老词："洛阳花看了，归来帝里，一事全无。又远与瓠羹，再作门徒。"再如孟元老《东京梦华录》："每日交五更，……诸门桥市井已开，瓠羹店门首坐一小儿，叫饶骨头。"贾思勰《齐民要术》记有瓠羹做法："下油水中煮极熟。瓠体横切，厚三分，沸而下。与盐、豉、胡芹。累奠之。"北宋汴梁，皇城外东角楼附近有徐家瓠羹店，相国寺附近有贾家瓠羹店，另外还有周待诏瓠羹店，店前均搭山棚，挂猪羊，作为幌子（见孟元老《东京梦华录》）。据《齐民要术》记载，瓠羹本是素食，而宋朝瓠羹店前却挂猪羊肉作招牌，说明此时的瓠羹与南北朝时必有不同，但已不知是如何不同了。

《山家清供》所载这道"假煎肉"是做法上细节完整、清晰可见的，这样做，瓠经过上色、油煎，并吸收了汤汁内的精华，无论外观、口感和味道，都近似于煎肉，却又没有肉的油腻，正是两宋素菜荤作的成功范例。

瓠除了能在饮食领域大显身手，也是一种吉祥物：瓠内多籽，是添子添孙的象征。所以每年初夏，新瓠长成，京官和王公们都到市场上抢购，选大个的进贡，大内后宫最喜欢这玩意了。吴自牧《梦粱录》中记载："夏初茄瓠新出，每对可直十余贯，诸阁分贵官争进，增价酬之，不较其值。"讲的就是贡瓠入宫这件事。

摘自：李开周.瓠做假煎肉 [J].当代人，2008（4）：48-49.

18 橙玉生

雪梨大者，去皮核，切如骰子大。后用大黄熟香橙，去核，捣烂，加盐少许，同醋、酱拌匀供①，可佐酒兴。葛天民②《尝北梨》诗云："每到边头感物华，新尝梨到野人家。甘酸尚带中原味，肠断春风不见花③。"虽非味梨，然每爱其寓物，有《黍离》④之叹，故及之。如咏雪梨，则无如张斗埜蕴"蔽身三寸褐，贮腹一团冰⑤"之句。

被褐怀玉⑥者，盖有取焉。

注释：

① "去皮核"七句：小石山房丛书本、《说郛》本作"碎截，捣橙，入少盐、酱拌供。"

② 葛天民：字无怀，越州山阴（今浙江绍兴）人，南宋诗人。曾为僧，字朴翁，其后返初服，居杭州西湖，所交皆一时名士，与姜夔、赵师秀等多有唱和。其诗为叶绍翁所推许，有《无怀小集》。

③ "每到边头感物华"四句：边，原作"年"，据《说郛》本、《全宋诗》改。"每到边头感物华，新梨尝到野人家。甘酸尚带中原味，肠断春前不见花"，大意为，每到边境就怀念中原物产繁华，为了品尝新梨来到乡村百姓家。新梨酸甜可口还带着中原滋味，愁断肝肠却看不见春天的梨花。边头，边境，边界地区。中原，指北宋故土。

④ 黍离：本为《诗经·王风》中的篇名。《诗经·王风·黍离序》："《黍离》闵宗周也。周大夫行役，至于宗周，过故宗庙宫室，尽为禾黍，闵周室之颠覆，彷徨不忍去而作是诗也。"后用作感慨亡国之词。

⑤ 张斗垒：张蕴，字仁溥，约生活在南宋理宗时期，有《斗垒支稿》。"蔽身三寸褐"两句：蔽体的是三寸粗陋的衣服，但腹中装的是一团冰洁无邪。褐，粗布衣，通常指大麻、兽毛的粗加工品，古时贫贱人穿。冰，冰洁，引申为清白无邪。

⑥ 被（pī）褐怀玉：身穿粗布衣服而怀抱美玉。比喻虽是贫寒出身，但有真才实学。《老子》七十章："知我者希，则我者贵，是以圣人被褐怀玉。"

译文：

选大个的雪梨，削皮去核，切成像骰子一样大。然后用大个黄色熟透的香橙，去核捣烂，加少量盐，和醋、酱一起拌匀食用，可以助酒兴。葛天民《尝北梨》诗中说："每到边头感物华，新梨尝到野人家。甘酸尚带中原味，肠断春前不见花。"虽然意不在说梨，但是每每读来都爱他的寓情于物，像《黍离》一样有怀念故国的慨叹，因此提及他。至于歌咏雪梨，则没有比得上张蕴"蔽身三寸褐，贮腹一团冰"之句的了。贫寒出身但腹有才学的人，大概可以从中有所借鉴。

延伸阅读：

橙玉生重点在梨，橙子只是调味品之一。梨除可供生食外，还可酿酒，制梨膏、梨脯。以药用角度来看，梨具有润燥消风、醒酒解毒等功效。在秋季气候干燥时，如感到皮肤瘙痒、口鼻干燥，有时干咳少痰，每天吃一两个梨可缓解秋燥，有益健康。不过需要注意的是，梨性寒易伤脾胃，一次不宜多吃。尤其脾胃虚寒、腹部冷痛和血虚者，更要慎食。

甜橙一般作为水果鲜食，也可用于制作菜肴、面点、小吃；还可作为菜肴盛器，如制作"香橙鸭子"；可用做装饰料，又可用做酸味调味料。宋代对橙在烹调中应用的认识已很广泛，《山家清供》中载有"蟹酿橙""橙玉生""持螯供"等名馔。"蟹酿橙"是以橙作盛器，"橙玉生"是取橙肉捣烂拌雪梨而成，"持螯供"是以酸橙汁调食蟹肉。

西餐中常将甜橙果实细切加在沙拉中，切片用于饮料里，或当作菜的配饰。它的果汁可用在调味酱及糊状物中；果皮可以磨碎用于烘焙，也可以整个拿来当作沙拉或冰品的外壳，或是切片糖渍。中医认为甜橙味辛微苦，性微温，可破气消积、化痰散痞。橙子主要含橙皮苷、柚皮芸香苷、异樱花素-7-芦丁糖苷、柚皮苷等黄酮苷类，那可汀等生物碱，内酯、有机酸、挥发油等。橙子有抗炎、抗菌、抗病毒、抗变态反应、抗氧化等作用。橙子榨汁泡茶饮，称"香橙茶"，有醒胃、提神、防动脉硬化之效。

摘自：冯玉珠，陈金标.烹饪原料[M].北京：中国轻工业出版社，2009.

林洪.山家清供[M].北京：中华书局，2013.

⑲ 玉延索饼

山药，名薯蓣①，秦楚之间②名玉延。花白，细如枣，叶青，锐于牵牛。夏月，溉以黄土壤③，则蕃④。春秋⑤采根，白者为上，以水浸，入矾⑥少许。经宿，净洗去延⑦，焙干，磨筛为面。宜作汤饼用。如作索饼⑧，则熟研，滤为粉，入竹筒，微溜于浅酸盆内，出之于水，浸去酸味，如煮汤饼法。如煮食，惟刮去皮，蘸盐、蜜皆可。其味温，无毒，且有补益。故陈简斋有《玉延赋》⑨，取香、色、味以为三绝。陆放翁⑩亦有诗云："久缘多病疏云液，近为长斋进玉延。"⑪比⑫于杭都多见如掌者，名"佛手药"，其味尤佳也。

注释：

①薯蓣：即山药。唐代为避唐代宗李豫讳，改称"薯药"，又宋代为避宋英宗赵曙讳，改称"山药"。

②秦楚之间：指西北、中南地区。

③黄土壤：小石山房丛书本作"黄牛粪"，《说郛》本作"黄牛矢"。

④蕃：繁殖，滋生，茂盛。

⑤春秋：小石山房丛书本、《说郭》本作"春冬"。

⑥矾：明矾，也称"白矾"，含水复盐的一类，是某些金属硫酸盐的含水结晶。

⑦延：当作"涎"，指粘液。

⑧索饼：即今天所说的面条。

⑨陈简斋：陈与义，1090—1139，字去非，号简斋，洛阳（今河南洛阳）人。北宋末、南宋初年的杰出诗人，诗尊杜甫，前期清新明快，后期雄浑沉郁，同时也工于填词，著有《简斋集》。玉延赋：原作"延玉赋"，据小石山房丛书本、《说郭》本改。

⑩陆放翁：陆游，1125—1210，字务观，号放翁，越州山阴（今浙江绍兴）人，尚书右丞陆佃之孙，南宋文学家、史学家、爱国诗人。

⑪"久缘多病疏云液"二句：出自陆游《书怀》："濯锦江头成昨梦，紫芝山下又新年。久因多病疏云液，近为长斋进玉延。啼鸟傍檐春寂寂，飞花掠水晚翩翩。支离自笑生涯别，一炷炉香绣佛前。""进"，原作"煮"，小石山房丛书本、《说郭》本作"进"，据改。

⑫比：靠近。

译文：

山药，学名薯蓣，西北、中南地区叫它玉延。其开白花，像枣花一样细小，叶子青色，比牵牛的叶子尖。夏天，用黄土种植灌溉，就能生长茂盛。春秋季采根块，白色的是上品，用水浸泡，加入少量明矾。经过一夜，洗净黏液，烘焙干燥，磨粉筛成细面。适合做成水煮的面食。如果要做面条，则要细细研磨，滤出淀粉，放入竹筒，从竹孔慢慢漏进放有淡醋的盆内，捞出放入水中，浸泡掉酸味，之后像煮汤饼一样的做法。要是煮着吃，只要刮掉皮，蘸盐、蜜吃都可以。山药性温，无毒，且有补益的功效。因此陈与义有《玉延赋》，称赞它的香、色、味为三绝。陆游也有诗说道："久缘多病疏云液，近为长斋进玉延。"杭州附近多见像手掌一样的，名叫"佛手山药"，味道尤其好。

延伸阅读：

山药，其味甘平，入脾、肺、肾经，《神农本草经》列其为上品，言其能"补虚羸、除寒热邪气，补中益气力，长肌肉，久服，耳目聪明，轻身不饥延年"。卫桓公于公元前744年进贡山药、地黄、牛膝等，被周王室赞为"神物"。晋代罗含著《湘中记》说，某采药人在衡山迷路粮绝，遇一鹤发童颜者面对石壁读书，这位老先生给采药者薯蓣（山药）并指路，采药人吃后六天不饿，安全到家。因此，山药历来被养生家所重视，是服食养生的重要品种之一。

山药最常见的药食同源做法是煮粥。敦煌遗书《呼吸静功妙诀》之后附"神仙粥"，是我国最早的山药粥方："神仙粥：山药蒸熟，去皮一斤。鸡头实半斤，煮熟去壳捣为末，入粳半升。慢火煮成粥，空心食之。或韭子末二三两在内，尤妙。食粥后，用好热酒，饮三杯妙。此粥，善补虚劳，益气强志，壮元阳，止泄精。神妙。"而像林洪介绍的"玉延索饼"，即将山药当"面粉"用，可能来源于唐代王绩《采药》中有道"薯蓣膏成质"，其后各种山药糕饼都有了雏形。林洪还提及当时杭州出产的"佛手山药"，似不为现代人熟知，倒是湖北黄冈一带的"佛手山药"有些名气，它与一般山药的区别是形若手掌或大生姜，据说是禅宗四祖道信培育的变种，仙气颇足。

此外，林洪在文中提及陈与义的《玉延赋》，说起来，这确实是一篇很有趣的文章，是模仿苏轼的《菜羹赋》的笔法而作："老生囊中之法未试，腹内之雷久鸣。搴石鼎以自濯，揣豕腹之彭亨。春江浩其波涛，远壑飒以松声。俄白云之涨谷，乱双眼于晦明。擅人间之三绝，色味胜而香清。捧杯盂而笑领，映户牖之新晴。"不仅以幽默的笔触描写山药性状，同时也把本来枯燥的煮食山药的过程写得极富生活情趣。

摘自：潘文，袁仁智.敦煌医学文献研究集成 [M].北京：中医古籍出版社，2016.

　　　林洪.山家清供 [M].北京：中华书局，2013.

20　大耐糕

　　向云杭公窕夏日命饮，作大耐糕。意必粉面为之。及出，乃用大李子。生者去皮剜核，以白梅、甘草汤焯过。用蜜和松子肉、榄仁去皮、核桃肉去皮、瓜仁划碎①，填之满，入小甑②蒸熟。谓"耐糕"也。非熟，则损脾。且取先公"大耐官职"③之意，以此见向者有意于文简④之衣钵也。

　　夫天下之士，苟知"耐"之一字，以节义自守，岂患事业之不远到哉！因赋之曰："既知大耐为家学，看取清名自此高。"《云谷类编》乃谓大耐本李沆⑤事，或恐未然。

注释：

① 用蜜和松子肉、榄仁去皮、核桃肉去皮、瓜仁划碎：小石山房丛书本、《说郛》本作"用蜜和松子、榄仁"。划（chǎn），同"铲"，削去，铲平。

② 甑（zèng）：古代蒸饭的一种瓦器。底部有许多透蒸气的孔格，置于鬲上蒸煮，如同现代的蒸锅。

③ 大耐官职：指向云杭的先祖向敏中在仕途上宠辱不惊，耐得住寂寞与升赏，皇帝称赞他"大耐官职"，并给予封赏。

④ 文简：向敏中，949—1020，字常之，开封府（今河南省开封市）人，北宋初年名臣。其去世
后获赠太尉、中书令，谥号"文简"，后加赠燕王；有文集十五卷，今已佚。

⑤ 《云谷类编》：南宋张淏编著，成书时间为宋宁宗嘉定五年，是一部以考史论文为主的笔
记，原书已佚。现有清代乾隆时从《永乐大典》中辑刊的四卷本，名为《云谷杂记》。李沆
（hàng）：947—1004，字太初，洺州肥乡（河北省邯郸市）人。北宋时期名相、诗人。以清静
无为治国，注重吏事，有"圣相"之美誉。去世后获赠太尉、中书令，谥号"文靖"。

译文：

向云杭公夏天叫我去饮酒，做大耐糕吃。我以为必定是粉面做成的。等到端出
来，才知是用大李子做。生的李子削皮去核，用白梅、甘草煮的水焯一下。用蜂蜜和
上松子肉、去皮的橄榄仁、去皮的核桃肉、铲碎的瓜子仁，把李子中心填满，放入小
甑中蒸熟。叫它"耐糕"。如果不熟，就会损伤脾胃。又名字取自先祖向敏中"大耐
官职"的意义，由此可见向云杭有志于继承向敏中传下的精神。

天下的读书人，如果明白"耐"字的意义，自己坚守节义，哪里需要担心事业不
远大呢！因此赋诗道："既知大耐为家学，看取清名自此高。"《云谷类编》中说大耐
来源于李沆的事迹，恐怕并非如此。

延伸阅读：

大耐糕，是向云杭府上的私房点心，灵感出自祖上向敏中"大耐官职"的掌
故。所谓大耐官职，专指人品可靠、处理政事能力特别强的模范官员，享有此荣誉
称号的人屈指可数。作为历经了北宋朝第二任皇帝太宗、第三任皇帝真宗两朝的元
老，向敏中在正史里的履历颇为优秀：进士出身，以清正廉洁、沉稳多谋著称，政
绩斐然，比如成功平定了西部边境的乱况。他的从政道路比较顺畅，尤其得真宗
赏识。

关于向敏中荣获"大耐官职"称号的经过，在《宋史》里有生动的记录。宋真宗
自即位以来，从未任命仆射一职，基于用贤任能的考虑，决定提拔向敏中为右仆射兼
门下侍郎，并负责监修国史，相当于宰相的级别。颁诏日，真宗想知道向敏中的反
应，于是派翰林学士李宗谔到向府察看究竟。正常情况下，官职升迁总是伴随着大摆
筵席，用美酒佳肴招待前来道贺的亲友。皇帝猜想，今日向府的场景，肯定是宾客盈
门，餐桌上酒食丰盛，人们推杯换盏，笑语喧阗。

但实际情况恰恰相反，李宗谔到达向府，只见门庭并无车马，气氛出奇的冷
清，走进厅堂，里面同样寂静得过分。原来向敏中打算闭门谢客。李宗谔不动声
色，先是向这位僚友热情地表示祝贺，接着大赞对方既功勋卓著又德高望重，说尽

好话的同时暗地观察向敏中的神色。但无论李宗谔如何吹捧，向敏中总是表现得很淡然，问答间仅礼貌地点头称是，并不多说一句，脸上也看不出些许喜悦情绪的流露，让人难以判断其真实想法。最后，李宗谔又派手下到厨房察看，询问厨师今晚是否开酒宴，对方答，根本没有请客。不出意料，第二日皇帝在听完汇报后，极为满意，笑称向敏中为"大耐官职"。在这次事件中，向敏中将谨言慎行的一面表现得淋漓尽致。他以惊人的自我克制申明不为荣辱所动的态度，实在是聪明的行为。

对向云杭而言，向敏中是家族荣誉的代表，据此事而研制的大耐糕，也富有纪念意义。和常见糕点很不同，大耐糕虽名为"糕"，其实并没有用到制糕的基本原料米粉或面粉，取而代之充当主体的是谐音"大耐"的大奈子。它是李子的一种，特点是个头较大。大李子削皮，挖去果核，将研碎的松子、榄仁加蜂蜜拌匀成馅料，酿入李内，蒸熟吃。蒸的原因，是古人认为吃生李子容易引起积痰，伤及脾胃，蒸过才会降低对身体的伤害。加热后的李子酸度会升高，而蜂蜜甜馅正好带来糖分，中和口感，吃进嘴里，酸、甜、果仁的甘香同时呈现，是一道开胃而别致的点心。

从宋朝到清朝，"大耐糕"至少出现过三个版本，大体相似，只有细微的区别。清版参见《调鼎集》："取李，挖去核。青梅、甘草滚水焯过，用洋糖、松仁、榄仁研末，填满蒸熟。"对比馅料配方，宋版一是用松仁、榄仁、蜜，宋版二是用松仁、榄仁、核桃肉、瓜仁和蜜，清版是用松仁、榄仁、洋糖。在馅料处理上，宋版二将果仁捣成碎粒来用，清版则研末来用。

摘自：徐鲤，郑亚胜，卢冉.宋宴[M].北京：新星出版社，2018.

21 鸳鸯炙

蜀有鸡，嗉中藏绶①如锦，遇晴则向阳摆之，出二角寸计。李文饶②诗云："葳蕤散绶轻风里，若御若垂何可疑。"③王安石④诗云："天日清明聊一吐，儿童初见互惊猜。"⑤生而反哺⑥，亦名孝雉。杜甫有"香闻锦带羹"之句⑦，而未尝食。

向游吴之芦区，留钱春塘⑧，在唐舜选家持螯把酒⑨。适有弋人⑩携双鸳至。得之，煏⑪，以油熁⑫，下酒、酱、香料煨⑬熟。饮余吟倦，得此甚适。诗云："盘中一箸休嫌瘦，入骨相思定不肥。"不减锦带矣。靖言⑭思之，吐绶鸳鸯，虽各以文采烹，然吐绶能返哺，烹之忍哉？

雉，不可同胡桃、木耳箪食[15]，下血[16]。

注释：

① 嗉：原作"素"，据小石山房丛书本改。嗉指鸟类喉咙下装食物的地方。绶：本义丝带，古代用以系佩玉、官印等。此指雉鸟的肉垂。

② 李文饶：李德裕，787—850，字文饶，小字台郎，赵郡赞皇（今河北省赞皇县）人。其为唐代杰出的政治家、文学家、战略家。其为历代评价甚高，李商隐誉之为"万古良相"，近代梁启超将他与管仲、商鞅、诸葛亮、王安石、张居正并列，称为封建时代六大政治家之一。

③ "葳蕤散绶轻风里"二句：出自《咏吐绶鸡》，作者一说为李德裕，一说为蔡宽夫。葳蕤，羽毛饰物貌，《汉书·司马相如传上》："下摩兰蕙，上拂羽盖；错翡翠之葳蕤，缪绕玉绶。"颜师古注："葳蕤，羽饰貌。"

④ 王安石：1021—1086，字介甫，号半山。抚州临川（今江西省抚州市）人。其为中国北宋时期政治家、文学家、思想家、改革家。自号临川先生，晚年封荆国公，世称临川先生，又称王荆公。其去世后累赠为太傅、舒王，谥号"文"，世称王文公。

⑤ "天日清明聊一吐"二句：出自王安石《吐绶鸡》："樊笼寄食老低摧，组丽深藏肯自媒。天日清明聊一吐，儿童初见互惊猜。"聊，原作"即"，据小石山房丛书本、《说郛》本改。

⑥ 反哺：鸟雏长大，衔食哺其母。后用以比喻报答父母。也作"返哺"。

⑦ 香闻锦带羹：出自杜甫《江阁卧病走笔寄呈崔、卢两侍御》："客子庖厨薄，江楼枕席清。衰年病只瘦，长夏想为情。滑忆雕胡饭，香闻锦带羹。溜匙兼暖腹，谁欲致杯罂。"羹，原作"美"，据小石山房丛书本、《说郛》本改。

⑧ 钱春塘：钱选，1239—1299，字舜举，号玉潭，又号巽峰，霅川翁，别号清癯老人、川翁、习懒翁等，湖州（今浙江吴兴）人。宋末元初著名画家，与赵孟頫等合称为"吴兴八俊"。

⑨ 在唐舜选家：小石山房丛书本作"名选字舜举家"，《说郛》本作"爱选家"。

⑩ 弋人：射鸟的人。

⑪ 燖（xún）：把已宰杀的猪或鸡等用热水烫后去掉毛。

⑫ 爁（làn）：烤。

⑬ 燠（yù）：暖，热。此指焖熟。

⑭ 靖言：安静地。言，助词。小石山房丛书本、《说郛》本作"静言"。

⑮ 箪食：装在箪筒里的饭食，此谓一起食用。

⑯ 下血：病证名，即便血。《金匮要略·惊悸吐衄下血胸满瘀血病脉证治》："下血，先便后血，此远血也。"

译文：

蜀地有一种鸡，喉咙下面藏着像锦带一样的肉垂，每遇晴天就向阳摆动，露出的两个角有寸许长。李文饶诗中说："葳蕤散绶轻风里，若御若垂何可疑。"王安石有诗云："天日清明聊一吐，儿童初见互惊猜。"因为生来就会反哺父母，所以也叫作孝雉。杜甫有"香闻锦带羹"的诗句，其实并没有吃过。

曾经在吴地的芦区游玩时，留宿在钱选家，在他家吃蟹饮酒，刚好有猎鸟的人带着猎得的鸳鸯来。宰杀后，先用热水烫一下去毛，然后用油烤，再放入酒、酱、香料焖熟。饮酒吟诗之余，品尝这道美食甚是惬意。诗中说："盘中一箸休嫌瘦，入骨相思定不肥。"味道不比锦鸡差。静静想来，吐绶鸡和鸳鸯，虽然都因为绚丽的毛色而被烹饪，但吐绶鸡会反哺报恩，怎么忍心把它烹来吃呢？

雉鸡，不可与胡桃、木耳一起食用，否则会导致便血。

延伸阅读：

文中提到的四川地区的这种鸡或即现在所说的"珍珠鸡"。据宋代张师正《倦游杂录》记载：这种鸡生于夔、峡山中，畜之甚驯，因为羽毛有白圆点，故号珍珠鸡，又名吐绶鸡。生而反哺，亦名孝雉。每至春夏之交，天气暖和，颔下出绶带方尺余，红碧鲜然，头有翠角双立，良久，悉敛于嗉下，披其毛，不复见。可见，这与林洪所描述的鸡不论是外形、特性都基本一致。

烧烤小鸟而食，西周时期即有，当时称为"雏烧"，宫廷以为常馔。郑玄在《礼记·内则》中注释得很明白，指出："雏，鸟之小者。烧熟，然后调和，故云雏烧。"这里林洪所载的"鸳鸯炙"，其法即是如此，显然古风重现。

历史上对鸳鸯进行烹饪的记载并不多。鸳鸯为名贵珍禽，常栖息内陆湖泊及山区溪流中，它之所以得名，是由于雄鸟的鸣声好似"鸳"，雌鸟的鸣声很像"鸯"，于是合称"鸳鸯"。《古今注》中写道："鸳鸯，水鸟，凫类。雌雄未尝分离，人得其一，则一者相思死，故谓之义鸟。"千百年来，人们咏颂鸳鸯，借鸟寓情，表达了对忠贞、忠诚、爱情及幸福的向往和追求，如卢照邻《长安古意》诗中"得成比目何辞死，愿作鸳鸯不羡仙"。

古人食用鸳鸯，多作食疗之用，认为能治相思及增进夫妻情感。例如，唐代的《千金食治》中记载：鸳鸯"味苦、微温、无毒，主瘘疮。清酒浸之，炙令热，以薄之（敷之）；亦炙服之，又治梦思慕者"。宋代的《证类本草》卷十九"鸳鸯"条下记："清酒炙食，治瘘疮；作羹腥食之，令人肥丽。夫妇不和者，私与食之，即相爱怜。"说得玄之又玄。明代李时珍的《本草纲目》，在治疗"五痔瘘疮"的药方里，用："鸳鸯一只，治如常法（即像平常那样，先行煺毛洗净），炙熟细切，以五味，醋食之；作羹亦妙。"

摘自：朱振藩.饕掏不绝[M].北京：生活书店出版有限公司，2015.

22 笋蕨馄饨

采笋、蕨①嫩者，各用汤焯。以酱、香料、油和匀②，作馄饨供。向者③，江西林谷梅少鲁家，屡作此品。后，坐古香亭下，采芎④、菊苗荐茶，对玉茗花⑤，真佳适也。玉茗似茶少异，高约五尺许，今独林氏有之。林乃金台山房⑥之子，清可想矣。

注释：

①蕨：蕨菜。多年生草本植物，嫩叶可食，根茎可制淀粉，其纤维可制绳缆，耐水。全株入药。

②以酱、香料、油和匀：小石山房丛书本、《说郛》本作"炒以油，和之酒、酱、香料。"

③向者：从前，前些时候。《仪礼·士相见礼》："向者，吾子辱使某见，请还挚于将命者。"

④芎：多年生草本植物，白色，果实椭圆形，产于中国四川和云南省。全草有香气，地下茎可入药，也称"川芎"。

⑤玉茗花：白山茶花的别称。陆游《眉州郡燕大醉中间道驰出城宿石佛院》："钗头玉茗妙天下，琼花一树真虚名。"自注："坐上见白山茶格韵高绝。"

⑥金台：小石山房丛书本作"金石台"，《说郛》本作"金石堂"。地名，在江西省抚州市西北抚河岸边，古称豹子山。因山多赤褐色岩石，也称金石山、赤冈。山上曾建有遥碧堂、仙隐观、藏书楼、保养天和精舍、宝塔。山房：山中的书室。

译文：

采鲜嫩的笋、蕨菜，各自用开水煮一下。用酱、香料、油调和成馅，做成馄饨吃。从前，江西的林谷梅少鲁家，经常做这道菜。吃完后，坐在古香亭下，采川芎、菊花的苗煮茶，对面是白山茶花，真是舒服惬意。白山茶花与茶相似但略有不同，大约五尺多高，现在只有林少鲁家有植。林少鲁是金石台山房之子，他的清雅就可想而知了。

延伸阅读：

林洪介绍的这道"笋蕨馄饨"，笋质爽脆，蕨菜爽而滑，整只馄饨吃起来爽口度很高，带一股蕨菜独有的野香，使人感受到浓浓的春日气息。蕨菜是蕨类植物在初春抽发的嫩芽头，本是山坡上常见的野菜，叶茎有的呈青绿色、有的呈紫红褐色，其中紫蕨更受宋朝文士欢迎。这道菜是林洪客居江西林谷梅府期间，多次吃到的清雅之食。林谷梅对风雅的追逐，还体现于其他细节上，比如在赏玩玉茗（山茶花）的古香亭内开设茶会、用川芎与菊苗配入茶汤，这种文人式生活颇有美感。

不必对宋朝人吃馄饨这件事感到讶异，其实馄饨的诞生比宋朝本身都要早很多年。馄饨约起源于汉魏之时，今日所见最早载录文献是魏国博士张揖的《广雅》，其中就有"馄饨，饼也"的说法。古人对馄饨的起源，一直存在着不同的看法，有人认为馄饨"象浑沌不正"的天象而得名，也有人认为馄饨的产生和祭祖相关，迄今难以定论。实际上，馄饨正是魏晋时期开始流行的面食——饼的一种。到了南北朝时期，生活在北齐的颜之推写道："今之馄饨，形如偃月，天下之通食也。"由此可见，早在1500年前，馄饨已在中国大地上广为流行而成为"通食"了。

宋朝食肆已出现专门的馄饨店，供应荠菜馄饨、鸭肉馄饨等，情形大概和如今遍布街巷的馄饨店类似，现点现煮，价格实惠。其中一家店，坐落在南宋杭州城的行政机构"六部"的对面，因主打丁香馄饨而小有名气。这种馄饨的卖点就在丁香上。药典提到的母丁香，俗称鸡舌香，是丁香树晒干的果实，气味芬芳，可充当食用香料，能祛口臭。为了在与皇帝面对面交流时保持口气怡人，官员们时常将鸡舌香含在嘴里。不难想象，频繁出入六部的政府官员，会是这家馄饨店的重点客户。

古代馄饨长期被视作像面条一样普通的平民食物，史上一次耀眼的亮相，是在唐朝重臣韦巨源的"烧尾宴"上。其时韦巨源刚获皇帝擢升，官拜尚书左仆射，相当于副宰相级别的高位。按习俗，升为高官后一般会摆大宴，"烧尾宴"是这类宴会的专称。嘉宾都是朝中顶尖人物，除公卿贵臣，还包括韦巨源急需感恩的皇帝，酒馔自然要精益求精。席间端上的"二十四气馄饨"，根据《饮膳正要》的"神枕方"猜测，可能是用二十四种含温和药材的菜码做馅心，分别包成二十四种造型。概念源自二十四节气，也许"立春"馄饨蕴含立春的节气特质，"白露"又带白露的风味，意在表现单一食品的多元口味。

摘自： 徐鲤，郑亚胜，卢冉.宋宴 [M].北京：新星出版社，2018.

读者丛书编辑组编.一片甲骨的惦念 [M].兰州：甘肃人民出版社，2020.

23 雪霞羹

采芙蓉花[①]，去心、蒂，汤焯之，同豆腐煮。红白交错，恍如雪霁[②]之霞，名"雪霞羹"。加胡椒、姜，亦可也。

注释：

①芙蓉花：落叶大灌木或亚乔木，高约五公尺，叶掌状浅裂，表面有薄毛。晚秋的清晨开白、红、黄各色花，黄昏时变为深红色，大而美艳，与叶均可入药。

②霁：雨后或雪后转晴。

译文：

采芙蓉花，去掉花心、花蒂，用开水焯一下，与豆腐一起煮。颜色红白交错，就好像雪后初晴的彩霞，所以叫作"雪霞羹"。若加胡椒、姜，也可以。

延伸阅读：

花卉端上餐桌，很多时候是作为蔬菜被食用。近年流行的花卉家常菜有面蒸洋槐花、茉莉花蕾炒蛋、玫瑰糖馅饼等。并非随便什么花都能入菜。一要香味舒服，腥臭无比的石楠花就太令人倒胃口；二要不苦涩，味道好吃；三要无毒性，不会引发头晕肚痛等不适症状。别看花卉的品种成千上万，大部分看起来很美，入口却非常一般，筛选下来，在宋朝流行的花食不过十来样。

林洪这道"雪霞羹"中的芙蓉花，有人说指荷花，有人说指木芙蓉。木芙蓉是陆生锦葵科灌木或小乔木，花朵如拳头大，别名木莲花、拒霜。荷花也称水芙蓉，《广群芳谱》中记载："芙蓉有二种，出于水者，谓之草芙蓉；出于陆者，谓之木芙蓉，又名木莲，乐天诗曰水莲开尽木莲开，谓此。"木芙蓉是木本，荷花是草本，同冠"芙蓉"之名，却是两种不同的植物。其实木芙蓉与荷花具有相似的桃红色泽，并且都寓意着美好、高洁的品格，都可做"雪霞羹"。《广群芳谱》言木芙蓉："本草云，此花艳如荷花，故有芙蓉、木莲之名，八九月始开，故名拒霜……八九月间次第开谢，深浅敷荣，最耐寒而不落，不结子。总之，此花清姿雅质，独殿众芳，秋江寂寞，不怨东风，可称俟命之君子矣。"除了"君子"的品格，由此还可知荷花与木芙蓉花期不同，若夏日做雪霞羹可取荷花，秋日则可取木芙蓉。

最后，所谓"雪霞羹"，是形容下雪初停之时，此时天边出现片片红霞，红装素裹，妖娆之至，而此道菜中的豆腐洁白如雪，芙蓉花红艳似霞，恰如大自然中的美景一样动人。除命名典雅风致外，"雪霞羹"中使用豆腐也应重视，这也是中国古代文献中较早记载的豆腐菜肴之一。

摘自： 徐鲤，郑亚胜，卢冉.宋宴 [M].北京：新星出版社，2018.

邱庞同.中国菜肴史 [M].青岛：青岛出版社，2010.

纪红.歪打正着雪霞羹 [J].食品与生活，2019（10）：52-53.

24 鹅黄豆生

温陵人前中元①数日，以水浸黑豆，曝之。及芽，以糠秕②置盆中，铺沙植豆，用板压。及长，则覆以桶，晓则晒之，欲其齐而不为风日损也。中元，则陈于祖宗之前。越三日，出之，洗焯，以油、盐、苦酒、香料可为茹。卷以麻饼尤佳。色浅黄，名"鹅黄豆生"。

仆游江淮二十秋，每因以起松楸之念③。将赋归④，以偿此一大愿也。

注释：

①温陵：福建泉州的别称。《舆地纪胜·泉州·景物上》："《清源集》云，旧《图经》谓其地少寒，故云。"中元：指农历七月十五日。旧时道观于此日作斋醮，僧寺作盂兰盆会，民俗也有祭祀亡故亲人等活动。

②糠秕（bǐ）：谷类废弃不可食的部分，米皮和秕谷。

③松楸之念：此谓思乡之情。松楸，墓地多植松树和楸树，因借指坟墓。此处特指父母坟茔。

④赋归：归乡，还家。《论语·公冶长》："子在陈曰：'归与，归与！'"后因以"赋归"表示告归，辞官归里。

译文：

温陵人常在中元节前数日，用水浸泡黑豆，然后曝晒它。等到长芽了，就把米糠、谷皮放在盆中，铺上沙土把黑豆植入，用板子压好。等到豆芽长了，就用桶压覆，只在早上打开晾晒，这是为了让它长得齐并且不被风吹日晒损伤。到了中元节，就陈列在祖宗的牌位前祭祀。三天后，取出，洗净焯水，用油、盐、苦酒、香料可拌做素菜。用麻饼卷着吃尤其美味。因为其颜色浅黄，所以叫作"鹅黄豆生"。

我离家在江淮一带游历二十年了，每每因为这道菜而引起对父母的思念。不禁想要辞官回家，以偿此一大夙愿。

延伸阅读：

林洪所载这道"鹅黄豆生"其实就是现在所说的黑豆芽。古代泉州人用黑豆芽在中元节祭祖，看其发芽过程，相对长一点，似乎是为了等豆芽上的两片豆瓣变成叶状，这一点需谨慎把握，稍不留神，嫩芽叶子泛绿，就不是"鹅黄豆生"了。林洪说他在江淮生活二十年，很想念泉州老家的鹅黄豆生，这一点有些奇怪，因为合肥也属于江淮地区，百姓自古喜欢发各种豆芽做菜，黑豆芽虽然相对少见，但也不至于珍贵。唯一可能的原因是：泉州的水和气候，导致发出的黑豆芽质量更好，口感更特别。

豆芽也被称为"芽苗菜"，还有"活体蔬菜"之称，饮食界有人将豆芽与豆腐、面酱和面筋一起并称为"中国食品四大发明"。马王堆汉墓竹简上曾有"黄卷一石"的记载，黄卷即为晒干的黄豆芽。这一考古发现可以证明，中国人是豆芽的发明者。到宋朝时，中国人食豆芽已相当普遍了。豆芽还与笋、菌一起被称为素食"三霸"，纤秀爽口的豆芽成为"一霸"，可见古人对其推崇的高度。豆芽品种繁多，原料不仅用黑豆，各种豆类都可以，根据所使用豆类的不同而有不同的功效。比如绿豆芽具有清热解毒、利尿除湿的作用，适合口干舌燥、小便赤热等"上火"的人吃；而黄豆芽健脾养肝，春季适当吃黄豆芽有助于预防口角发炎；黑豆芽则具有养肾的功用，各种维生素含量也非常高。

在人类的饮食史上，中国人以天才的烹饪技术，从单调的豆类食材中开发出变幻莫测的美食，从豆浆到豆腐，从腐乳到腐竹，大豆中富含的植物性蛋白质，通过一系列物理性与化学性的反应，变成各种形态与不同口感的美味。一粒晒干的豆子，几乎不含维生素C，但它发芽之后，豆中的淀粉就会水解成葡萄糖，并合成维生素C。西方的大航海时期，无数水手死于坏血病，15世纪末，葡萄牙航海家达·伽马开辟了从西欧直达印度的新航线，但他的船员有大半因为得了坏血病而葬身大海。当时的人们还不知道这是严重缺乏维生素C所导致，不过发现食用水果与蔬菜可以使坏血病人得到恢复。然而，在长时间的航海过程中，水果与蔬菜很难贮存于船上，所以西方的早期航海家一直没有办法克服坏血病。而中国的海商与水手，长年累月出没风波里，却很少得坏血病，后来人们发现，原来中国人带着绿豆出海，随时都可以将豆子发成豆芽，从而得以补充到充足的维生素C。

摘自：吴钩.生活在宋朝[M].武汉：长江文艺出版社，2015.

25 真君粥

杏子煮烂去核，候粥熟同煮，可谓"真君粥"。向游庐山，闻董真君^①未仙时多种杏。岁稔^②，则以杏易谷；岁歉^③，则以谷贱粜^④。时得活者甚众。后白日升仙，世有诗云："争似莲花峰下客，种成红杏亦升仙。"^⑤岂必颛而炼丹服气^⑥？苟有功德于人，虽未死名已仙矣。因名之。

注释：

① 董真君：董奉，220—280，又名董平，字君异，号拔墘，候官县董墘村（今福州市长乐区古槐镇龙田村）人，东汉时期名医。人们把他同当时谯郡的华佗、南阳的张仲景并称为"建安三神医"。董奉医术高明，治病不取钱物，只要重病愈者在山中栽杏五株，轻病愈者栽杏一株。

② 稔：庄稼成熟，丰收。

③ 歉：收成不好。《广雅》："一谷不升曰歉。"

④ 粜（tiào）：卖粮食。《说文解字注》："粜，出谷也。"

⑤ "争似莲花峰下客"二句：出自宋代张景《题董真人》："桃花谩说武陵源，误教刘郎不得仙。争似莲花峰下客，栽成红杏上青天。"

⑥ 颛：同"专"。专门，专擅。小石山房丛书本、《说郛》本作"专"。炼丹：指古代道士用朱砂炼药，传说服之可治病强身且长生不老。服气：吐纳。一种道家养生延年之术。《晋书·隐逸传·张忠》："恬静寡欲，清虚服气，餐芝饵石，修导养之法。"

译文：

杏子煮烂去核，等到粥熟了放入一起煮，可以称作"真君粥"。从前游历庐山，听闻董奉未成仙时多种杏树。丰收的年份，就用杏来换粮食；收成不好的年份，就把粮食便宜卖出。当时因此得以活下来的人有很多。后来相传董奉白日升仙，世人有诗赞他："争似莲花峰下客，种成红杏亦升仙。"想要成仙难道一定要专门去炼丹吐纳吗？如果对世人有功德，即便没有死，他的声名已经被人尊为仙人了。因此，人们用董奉的名字来命名这种粥。

延伸阅读：

汉末三国时代的董奉，据说是与华佗、张仲景齐名的医界圣手。据传有一医案，从中可感受到古人对其医术的敬服：交州太守士燮突发重疾，已濒死三日，董奉取出一颗药丸，死者口含，捧其脸颊轻摇。不一会儿，病者眼皮微睁，冷硬的手脚竟略略动弹，惨白的脸庞也重回血色。半日后病者可以勉强坐起，四日后能张口说话，不久就康复如初，仿佛起死回生。

大夫给病患诊治，通常都会收取一些钱物作为诊金，但董奉的收费方式与众不同，既不收现金也不要米粮，只接受杏树苗。因此不出几年，山坡上便有超过十万棵杏树，连成了蔚为壮观的杏林，每一棵都是董奉悬壶济世的见证，这也是医学界被喻为"杏林"的原因。到夏季，杏树结出大把果实，吸引来很多想买杏子的人，为免去接待的麻烦，董奉在林中搭建一所草仓来堆放杏子，并发布消息实行自助买卖，一罐粮食可交换一罐杏子，人们只需带上粮食，到草仓自行换取。最终，换来两万多斛粮米，董奉又把米用于救济特别穷苦的家庭或不幸遭受灾荒的人，困顿的旅行者也能从他这里得到援助。

因董奉广受敬仰，他辞世后，人们更乐意相信他只是暂别人间，到天界去当神仙，会继续为人间谋福祉，在道教体系中，名望很高的神仙会被尊称为"真君"，所以人们尊称董奉为"董真君"。元朝人编撰过厚厚一本收录了大量神仙传记的《历世真仙体道通鉴》，在其中可以看到经神话包装后的董奉：有人说他的饮食习惯很怪异，每顿只吃肉干与枣，也爱喝酒，但从不碰其他饭菜；有人说他长年以三十岁的年轻外貌示人，活了整整一百岁也未见老态，俨然一副神仙做派。

杏子一般作为水果来吃，用于烹饪比较少见，因为生鲜杏子大都甜里带酸，加热后酸味会呈几何级数增长，变得难以入口。较为常见的是杏仁粥，用的是杏子核里面那颗甜杏仁，多部药典都有收录这道食疗粥，据称可缓解气喘咳嗽，也能润滑肠道。

摘自： 徐鲤，郑亚胜，卢冉.宋宴[M].北京：新星出版社，2018.

26　酥黄独

雪夜，芋正熟，有仇芋①曰："从简②，载酒来扣门。"就供之，乃曰："煮芋有数法，独酥黄独世罕得之。"熟芋截片，研榧子③、杏仁和酱，拖面煎之，且自侈为甚妙④。诗云："雪翻夜钵裁成玉，春化寒酥剪作金。"⑤

注释：

①仇芋：此为反语，谓特别喜欢吃芋头，好像与其有仇一般。

②简：书信，信札。

③榧子：榧树的种实，形如橄榄，肉在壳内，可以制油，炒熟亦芳香可食。

④且自侈为甚妙：小石山房丛书本作"以为甚好"。自，原作"白"，据《说郛》本改。自侈，自夸，自炫。

⑤"雪翻夜钵裁成玉"二句：出自林洪《句》诗之一。

译文：

雪天的夜里，芋头刚刚煮熟，有一极爱吃芋头的朋友说："按照你的信，带着酒来拜访了。"于是一起享用芋头，他说："煮芋头有好几种方法，唯独酥黄独世上罕有。"把熟芋头切成片，将榧子、杏仁磨碎与酱调和，芋头蘸过酱再煎，并且自夸味道甚是美妙。于是我作诗道："雪翻夜钵裁成玉，春化寒酥剪作金。"

延伸阅读：

黄独，别名"土芋"，是一种薯蓣科植物的茎块，形似土豆，表皮带密集的圆形小斑点。因含黄独素，食用会引起恶心、呕吐甚至昏迷等症状，一般入药，餐桌上不太常见。"酥黄独"其实是用芋头所做，可能因芋头外层的粉衣酥脆，带突出的果仁颗粒，让人联想到黄独的小斑点，故名。

文士对芋头有着特别的情怀，这很大程度上受掌故"煨芋谈禅"所陶染。唐代的懒残禅师，因懒惰，只食僧人钵里的残羹剩饭充饥，原本很普通的法号"明瓒"，被怪诞的"懒残"替代，煨芋谈禅的始创者就是他。据说，懒残禅师在煨芋期间处理了两件重要事务。一是给李泌预言官运：当时李泌由于政派斗争，数度被迫辞官退隐，一次，在遭受中书令崔圆与宠臣李辅国的联手压迫后，他再次挂冠求去，避走湖南衡山。这里僧院聚集，李泌无意中被衡山寺的杂役僧懒残的非凡举止吸引，于是夜半登门拜会，希望求得指引。尽管李泌异常恭敬，正兀自靠在干牛粪火堆旁烤芋的懒残僧，却对这位慕名者破口大骂，气氛一度紧张而尴尬。待到芋熟，懒残从火灰中扒出一个芋，吃了半个，另一半递给李泌，神秘地说："切莫言语，领取十年宰相吧。"后来李泌果然当了十年宰相。二是拒绝皇帝的召见：懒残仍是在干牛粪火旁，因过于专注拨寻火灰中的熟芋，他毫不理会奉德宗皇帝之命前来的使者，也对滴垂到胸前的长鼻涕置之不顾，场面滑稽。使者笑劝，赶紧拭净清涕随他入宫面圣，懒残僧漠然回应，我哪有工夫为俗人拭涕！这般情景，套用偈诗"深夜一炉火，浑家团圞坐。煨得芋头熟，天子不如我"形容，最贴切不过。

除了酥黄独，山家吃芋的方法还有二。一名土芝丹：取个头较大的芋头，湿纸包裹，纸外涂煮酒和酒糟，以糠皮所燃的微火煨熟，趁温热剥皮大啖，勿加盐，能吃出新鲜的芋香。一名土栗：拣小芋头，晒干储藏，待寒夜从瓮里取出，覆盖一把稻草，点火，以短暂而猛烈的火力和后期草灰的余热煨熟，据说质地紧实，香味接近栗子。而酥黄独，在明代高濂的《野蔬谱》中也有类似记载，程序、配料与林洪文中完全一样，应是高濂从《山家清供》中摘录而来。此外，在清中期食谱《调鼎集》里，有一道"炸熟芋片"（熟芋切片，用杏仁、香榧子研末和面，加甜酱拖面油炸），显然也是酥黄独的翻版。

摘自：徐鲤，郑亚胜，卢冉.宋宴 [M].北京：新星出版社，2018.

㉗ 满山香

　　陈习庵埙《学圃》①诗云："只教人种菜，莫误客看花。"可谓重本而知山林味矣。仆春日渡湖，访雪独庵。遂留饮，供春盘②，偶得诗云："教童收取春盘去，城市如今菜色③多。"非薄④菜也，以其有所感，而不忍下箸也。薛曰："昔人赞菜，有云'可使士大夫知此味，不可使斯民有此色。'⑤"诗与文虽不同，而爱菜之意⑥无以异。

　　一日，山妻煮油菜羹，自以为佳品。偶郑渭滨⑦师吕至，供之，乃曰："予有一方为献，只用莳萝、茴香、姜、椒为末⑧，贮以葫芦，候煮菜少沸，乃与熟油、酱同下，急覆之，而满山已香矣。"试之果然，名"满山香"。比闻汤将军孝信⑨嗜盦菜，不用水，只以油炒，候得汁出，和以酱料盦熟，自谓香品过于禁脔⑩。汤，武士也，而不嗜杀，异哉！

注释：

① 陈习庵埙：即陈埙，1197—1241，字和仲，号习庵，鄞（今浙江宁波）人；宋宁宗嘉定十年（1217）进士，历浙西提点刑狱、吏部侍郎；有《习庵集》，已佚。埙，原作"填"，据《说郛》本改。小石山房丛书本无此字。学圃：学种蔬菜。语出《论语·子路》："请学为圃，子曰：'吾不如老圃。'"朱熹集注："种蔬菜曰圃。"

② 春盘：古代风俗，立春日以韭黄、果品、饼饵等簇盘为食，或馈赠亲友，称春盘。

③ 菜色：因饥饿而营养不良的脸色。

④ 薄：轻视，看不起。

⑤ "可使士大夫知此味"二句：出自南宋罗大经《鹤林玉露·论菜》："百姓不可一日有此色，士大夫不可一日不知此味。"

⑥ 爱菜之意：小石山房丛书本、《说郛》本作"忧时之意"。

⑦郑渭滨：南宋著名隐士，似为道士，南宋诗人冯去非有《题道士郑渭滨诗卷》。

⑧莳萝：又称"土茴香"、"小茴香"；一二年生草本，植株有强烈香味，夏季开小黄花。嫩茎叶可作蔬菜，果实可提取芳香油，入药有祛风、健胃、散瘀等作用。为末：小石山房丛书本、《说郛》本作"炒为末"。

⑨比：近来。汤将军孝信：汤孝信，江苏丹徒人，南宋名将，宋理宗时任武卫大将军。《建康志》有其录。

⑩禁脔：晋元帝镇守建康时，食物缺乏，每得一豚便视为珍品，猪脖子上的肉尤为精美，群臣不敢食而荐于帝，当时称为"禁脔"，指帝王所钟爱者。见《晋书·卷七九·谢安传》。

译文：

陈习庵作《学圃》诗中说："只教人种菜，莫误客看花。"可以说是既重视耕种又知晓山林清味了。我在立春这天渡湖去雪独庵拜访。于是被留下饮酒，吃春盘，偶然听得一句诗说："教童收取春盘去，城市如今菜色多。"并不是看不起吃菜，而是因为看到它有所感触，所以不忍心动筷吃它。姓薛的友人说："过去有人称赞菜时说：'要让在职居官的人知道这种味道，不能让百姓有这样的面色。'"诗和文章虽然角度不同，但爱菜的心意没有区别。

一天，我的妻子煮了油菜羹，自认为是上品。恰逢郑渭滨师吕来，请他品尝，他说："我有一种做法分享给你，只把莳萝、茴香、姜、椒切成末，用葫芦盛，等到煮的菜刚刚沸腾，就和熟油、酱一起放入，立刻盖好，这时香气已经飘满山了。"我尝试后果然如他所说，于是叫它"满山香"。最近听说汤孝信将军喜欢吃焖菜，不用水，只用油炒，等到炒出汁水，放入酱料焖熟，自认为味道比猪颈肉还要香美。汤将军是习武之人，却不喜欢杀生，奇异呀！

延伸阅读：

林洪介绍的这道嗅觉与味觉俱美的"满山香"，其实就是煮油菜。"油菜"并非专指一种蔬菜，而是多类蔬菜的泛称，特点是菜籽含油。区别于普通油菜羹，满山香的亮点都在调料配方里：莳萝、茴香、生姜、花椒各一份，在热锅里焙烤以提升其芳香度，然后碾成碎末，贮藏在葫芦（晒干的葫芦瓜轻薄且密封性能很好，媲美塑料制品）里。每次煮油菜羹，趁菜刚熟，便加熟油、黄豆酱，撒一把混合香料焖上片刻。还有更美味的做法吗？此外，还有只用油，大火爆炒青菜，不加一点水，最后如上调味。莳萝与茴香的郁香、姜的辛辣、花椒的麻辣构成"香"的基调，吃起来是重口的咸、香、麻，完全颠覆了蔬菜清淡的刻板印象。

"可使士大夫知此味，不可使斯民有此色"一语，应是出自南宋哲学家真德秀之口。真德秀（1178—1235），字景元，后更为希元，号西山，所以后世称其"西山先生"。他是继朱熹之后的理学正宗传人，是当时有名的大儒。据罗大经《鹤林玉露》卷二记载："真西山论菜云：'百姓不可一日有此色，士大夫不可一日不知此味。'余谓百姓之有此色，正缘士大夫不知此味。若自一命以上至于公卿，皆是咬得菜根之人，则当必知其职分之所在矣，百姓何愁无饭吃？"

宋代还有一本非常有名的食谱叫《中馈录》，作者据称是南宋浦江名为吴氏的家庭主妇，其与气质清雅的《山家清供》区别最大的地方就在于菜名。《中馈录》收录当时地道的家常菜，字句简明，配方精准到"炒盐三两、茴香一钱"，菜名普通而朴实，从"原料"加"做法"的取名原则能轻松猜出大概，比如"蒸鲥鱼"即清蒸一条鲥鱼，"蟹生"即凉拌生吃的螃蟹，"糟茄子"十有八九是酒糟腌渍的茄瓜。不似《山家清供》将煮油菜叫作"满山香"，将凉拌莴苣叫作"脆琅玕"，将水芹菜羹叫作"碧涧羹"。

摘自：徐鲤，郑亚胜，卢冉.宋宴[M].北京：新星出版社，2018.

林洪.山家清供[M].北京：中华书局，2013.

28　酒煮玉蕈[①]

鲜蕈净洗，约[②]水煮，少熟，乃以好酒煮。或佐以临漳绿竹笋，尤佳。施芸隐枢[③]《玉蕈》诗云："幸从腐木出，敢被齿牙和。真有山林味，难教世俗知。香痕浮玉叶，生意满璚枝[④]。饕腹何多幸，相酬独有诗。"今后苑多用酥炙[⑤]，其风味犹不浅也。

注释：

①玉蕈：一种野生菌，可食用，灰白色，高约三寸许。

②约：大略，简单。

③施芸隐枢：小石山房丛书本作"施雪隐枢"，《说郛》本作"诗云隐区"。"枢"，原作"柜"，据改。施枢，字知言，号芸隐，丹徒（今江苏省镇江市）人，约宋理宗端平中前后在世；工诗，著有《芸隐倦游迁》及《芸隐横舟稿》各一卷，《四库总目》传于世。

④璚枝：如玉般的枝条，是对树枝的美称。璚，同"琼"。

⑤后苑：屋后的花园。此指后宫厨房。炙：原作"灸"，据小石山房丛书本、《说郛》本改。

译文：

新鲜的玉蕈洗净，用水稍煮一下。煮至刚熟，就换用好酒来煮。或者加入临漳产的绿竹笋，尤其美味。施枢《玉蕈》诗中说："幸从腐木出，敢被齿牙和。真有山林味，难教世俗知。香痕浮玉叶，生意满琼枝。饕腹何多幸，相酬独有诗。"现在宫中厨房多用酥烤的方法来做，其风味仍然不减。

延伸阅读：

宋代诗人强至有诗云："食蕈由来胜茹芝，十年此味望晴霓。雕盘细簇春云朵，惠我殷勤助杀鸡。"蕈在古代很早就开始人工种植，东汉王充在《论衡》中说："（紫）芝生于土，土气和而芝草生。"宋、元、明时期的蘑菇培植记载更多，宋代学者陈仁玉有专著《菌谱》，元代《王祯农书》中有"砍花法"种植香菇，被日本人学去。明代《西游记》说："蘑菇甜美，海菜清奇。几次添来姜辣笋，数番办上蜜调葵……"蘑菇在其中看着颇有仙气。

蕈，即伞菌一类的植物和香菇等，那么玉蕈是一种什么菇呢？宋陈仁玉《菌谱》称："（玉蕈）生山中，初寒时色洁皙可爱，故名玉蕈。作羹微韧，俗名寒蒲蕈。"宋吴自牧《梦粱录》还征引苏东坡的诗说："菌，多生山谷，名黄耳蕈。东坡诗云：'老楮忽生黄耳蕈，故人兼致白芽姜。'盖大者净白，名玉蕈……若食须姜煮。"由上可知，玉蕈是一种初寒时产自山区的大白菇。

林洪在这道菜的末尾说"今后苑多用酥炙"，这里的"今"，应是指宋高宗赵构在位期间，当时有一款宫廷菜即酥烤玉蕈；"后苑"则是南宋宫廷负责帝后饮膳的一个机构，归殿中省统辖，其址正对皇帝进膳的嘉明殿。林洪没有介绍"酥炙"的做法，不过在元代《居家必用事类全集》中有"炙蕈"，该书"炙蕈"条的第一句是"肥白者"，也就是要选用大而白的蕈，这与"玉蕈"的特征一致，因此可以认为这里的"炙蕈"应是"炙玉蕈"，其做法可作为酥炙玉蕈的参考。"炙蕈"的制法是："汤浴过，控干，盐、酱、油、料等拌，如前炙之。""如前炙之"即按照"炙蕈"的前一条也就是"炙脯"的方法来烤，其烤法是："用竹签插，慢火炙干，再蘸汁炙。"据此可以复原酥炙玉蕈的做法：先将大白菇用开水焯一下，控干后用盐、酱、油等适合的调料腌渍片刻，然后用竹扦穿上，在小火上烤，而且要边烤边抹酥油，烤香即成。顺便指出的是，因为玉蕈作羹都"微韧"，如果腌渍后干烤肯定更韧，这大约是当年南宋宫廷御厨为什么要用酥烤的方法来制作玉蕈的道理。

摘自：王仁兴.国菜精华[M].北京：生活书店出版有限公司，2018.

29 鸭脚羹

葵①，似今蜀葵。丛短而叶大，以倾阳，故性温。其法与羹菜同。《豳风》七月所烹者②是也。采之不伤其根，则复生。古诗故有"采葵莫伤根，伤根葵不生"③之句。

昔公仪休④相鲁，其妻植葵，见而拔之曰："食君之禄，而与民争利，可乎？"今之卖饼、货酱、贸钱、市药，皆食禄者，又不止植葵，小民岂可活哉！白居易诗云："禄米獐牙稻，园蔬鸭脚羹。"⑤因名。

注释：

① 葵：指"冬葵"，也称"葵菜"。我国古代重要蔬菜之一，可腌制。

② 豳（bīn）风：《诗经》的十五《国风》之一，共计七篇二十七章，都是西周时代的诗歌。七月
　　所烹者："七月"原作"六月"，据小石山房丛书本及《诗经》改。《说郭》本作"九月"。出自
　　《豳风·七月》："六月食郁及薁，七月亨葵及菽。"

③ 古诗：此指汉代乐府诗之外的一批无名氏所作的五言诗。"采葵莫伤根"二句：原诗为："采葵
　　莫伤根，伤根葵不生。结交莫羞贫，羞贫友不成。甘瓜抱苦蒂，美枣生荆棘。利傍有倚刀，贪
　　人还自贼。"

④ 公仪休：春秋时期鲁国人，官至鲁国宰相；因为清正廉洁而不收礼物、遵纪守法被流传后世。

⑤ "禄米獐牙稻"二句：出自唐代白居易《官舍闲题》："职散优闲地，身慵老大时。送春唯有酒，
　　销日不过棋。禄米獐牙稻，园蔬鸭脚葵。饱餐仍晏起，余暇弄龟儿。"

译文：

冬葵，外形像现在的蜀葵。丛短而叶子大，因为倾向太阳，所以性温。它的做法与做羹菜相同。《豳风》中载七月所烹煮的菜，就是它。采摘时不损伤它的根，就能复生。古诗因而有"采葵莫伤根，伤根葵不生"的句子。

从前公仪休任鲁国的宰相时，他的妻子在家中种植冬葵，他看到后拔掉了说道："拿着君王的俸禄，却与百姓争小利，这怎么可以？"现在卖饼的、卖酱的、开钱庄的、卖药的，都是拿俸禄的官府中人，已经不仅仅是种植冬葵，老百姓怎么能活下去呢！白居易有诗说道："禄米獐牙稻，园蔬鸭脚羹。"因此叫它"鸭脚羹"。

延伸阅读：

冬葵现在作为蔬菜食用已经不太多，但是在古代，它可是"《本经》上品，为百

菜之主"（吴其濬《植物名实图考》）。汉代桓宽《盐铁论·散不足》中提到四季的美食："春鹅秋雏，冬葵温韭。"可见，它在古代的蔬菜谱中确实占据着重要的地位。

鸭脚羹的名字来自白居易《官舍闲题》："禄米獐牙稻，园蔬鸭脚葵。"什么是鸭脚葵呢？据李时珍《本草纲目·草五·葵》介绍："葵菜，古人种为常食，今之种者颇鲜。有紫茎、白茎二种，以白茎为胜。大叶小花，花紫黄色，其最小者名鸭脚葵。"原来鸭脚葵就是葵菜中个头最小的一种。

南宋御宴有一道类似的菜品，叫"鹅肫掌汤齑"，从菜名看食材似有鹅肫和鹅掌，其实是一道素菜汤羹。就像鸭脚羹与鸭没有关系，"鹅肫掌汤齑"只是该植物叶似鹅掌、蕾似肫，素食荤名罢了。"鹅肫掌汤齑"的"齑"，其本义就是捣或切碎的姜、蒜等蔬菜，从烹饪的意义上讲，鹅肫和鹅掌剁碎了做成汤羹，决然与美食无缘。这道菜的原料蜀葵，叶子和花都能入菜，因此"鹅肫掌汤齑"具有清热止血、消肿解毒之功，是一款保健养生的看馔，同《山家清供》中一样无愧于白居易"园蔬鸭脚羹"的美名。

摘自：王明军.唐宋御宴[M].上海：学林出版社，2016.

林洪.山家清供[M].北京：中华书局，2013.

㉚ 石榴粉（银丝羹附）

藕截细块，砂器内擦①稍圆，用梅水同胭脂②染色，调绿豆粉拌之，入鸡汁③煮，宛如石榴子状。又，用熟笋细丝，亦和以粉煮，名"银丝羹"。此二法恐相因④而成之者，故并存。

注释：

①擦：刨擦。

②胭脂：古代中国妇女使用的一种化妆用品，主要从红蓝植物或某些花片中提取汁液，再加入适量的动物油脂等制作而成。

③鸡汁：小石山房丛书本、《说郭》本作"清汁"。

④相因：相袭，相承。

译文：

藕切成小块，在砂器内刨擦至略呈圆形，用梅子煮的水和胭脂一起将它染色，调一些绿豆粉拌入，然后放入鸡汤煮，煮好后就像石榴子一样。另外，用煮熟的笋切成细丝，也调和入绿豆粉煮，叫作"银丝羹"。这两种做法恐怕是相袭而成的，因此一并记录下来。

延伸阅读：

石榴粉和银丝羹是两款创意新奇、菜名清雅、口味鲜美的象形类素菜。关于为何要将这两款菜放到一起写，林洪解释说，因为这两款菜做法相同，所以才放到一起一并记下来。这两款菜所用的熟制法，是中国菜史上关于水滑法工艺的最早记载。水滑法是将切成片、块等小型形状的原料经码味上浆处理后，投入沸水中加热至成熟，再经调味成菜的一种烹调方法，用这种方法制作出来的菜肴口感特别细嫩、滑爽。

此外，不难看出，从《山家清供》记载的所有食品选料思路来看，这两款菜所用食材也有本草学方面的考虑。藕，熟用益血补心，久服令人心欢止怒；胭脂，在食品上属于天然红色素，少用可养血；绿豆淀粉，可益气解酒毒。古代本草典籍的这些记载，大致可以让人看出这两款菜的食养功用。

这道菜另一个重点在如何给食物染色。人们在不愁温饱之后，对食物美感的追求，瞬间就上升到造型层面。古人对从植物中提取染色剂很有一套，当然主要用于丝绸、布料，官方或学者较少在书中提及给食物染色。但来自民间的说法很多，也许都传承千百年了，就像今天人们熟悉的青团——等于是用蒿子染色。

摘自：王仁兴.国菜精华[M].北京：生活书店出版有限公司，2018.

㉛ 广寒糕

采桂英，去青蒂，洒以甘草水，和米春①粉，炊作糕。大比②岁，士友③咸作饼子相馈，取"广寒高甲"之谶④。又有采花略蒸，曝干作香者，吟边⑤酒里，以古鼎燃之，尤有清意。童用瑚师禹⑥诗云："胆瓶清气撩诗兴，古鼎余葩晕酒香。"可谓此花之趣也。

注释：

① 春：把东西放在石臼或钵里捣去皮壳或捣碎。

② 大比：周代每三年对乡吏进行考核，选择贤能，称大比。隋唐以后泛指三年举行一次的科举考试。

③士友：古代称在官僚知识阶层或普通读书人中的朋友。

④广寒高甲：即"蟾宫折桂"，谓科举高中之意。广寒，传说中嫦娥居住之处，也指月亮。

　谶（chèn）：将来能应验的预言、预兆。

⑤吟边：吟咏中，诗词的意境里。

⑥童用瑚师禹：生平事迹不详。小石山房丛书本作"童用拙诗禹"，《说郛》本作"同用掘师禹"。

译文：

采桂花，去掉青色的花蒂，洒上甘草煮的水，和入米中放在石臼里捣碎成粉，蒸成糕来吃。每到科举考试的年份，读书的朋友都作桂花饼相互馈赠，取它"科举高中"的美好寓意。另有做法是采下桂花稍微蒸一下，晒干做成香的，吟诗喝酒之时，用古鼎燃香，尤其有清雅的意境。童用瑚师禹诗中说："胆瓶清气撩诗兴，古鼎余葩晕酒香。"可说是写出桂花的雅趣了。

延伸阅读：

广寒糕其实就是桂花糕，此名来源于月亮的俗称"广寒宫"。传说高高在上的广寒宫中居住着一只三脚蟾蜍，并有一株吴刚永远砍不倒的老桂树，"蟾宫折桂"因而被看作夺冠的代名词，寓意应考得中。因此放榜前夕，士子会互赠广寒糕以表祝福，类似新年吃鱼为了讨得"年年有余"的好彩头。

桂花常见的品种有橘黄色的丹桂、金黄色的金桂、淡黄色的银桂，颜色越深香味亦越浓郁。蒸糕或腌糖桂花一般都用金桂。花期约在九月底十月初，从开花到凋落只有约一周，时间非常短暂。桂花糕据说有三百年的历史，这个数字可能没有经过严密考证，因为单单中医对桂花的论述就很惊人。各地的桂花糕制作方法大致相同，区别仅在于用料的增减。

除做成食物，桂花也时常作为香味素出现在焚爇的香料中。宋朝人掌握一套成熟的制香技术，乐于将任何气味宜人的花朵入香。基本款"蒸木樨（桂花别名）"只用桂花填入制香的"花甑"里，压实，小火加热底部，略蒸。原理类似制茶中"杀青"这一步，用高温来抑制发酵、凸显香气。然后倒出摊开，阳光暴晒，干燥后密封收藏。杨万里称，木樨香比名贵的沉檀脑麝更适宜吟诗对酒。

摘自：徐鲤，郑亚胜，卢冉.宋宴 [M].北京：新星出版社，2018.

32 河祇①粥

《礼记》："鱼干曰薧②。"古诗云有"酌醴焚枯"③之句。南人谓之鲞④，多煨食，罕有造粥者。比游天台山，有取干鱼浸洗，细截，同米粥，入酱料，加胡椒，言能愈头风，过于陈琳之檄⑤。亦有杂豆腐为之者。《鸡跖集》⑥云："武夷君食河祇⑦脯，干鱼也。"因名之。

注释：

① 祇（qí）：地神。此指河神。祇，原作"祗"，据后文改。

② 薧（kǎo）：干的食物。

③ 酌醴焚枯：出自三国魏应璩《百一诗》之一："前者隳官去，有人适我闾。田家无所有，酌醴焚枯鱼。"此句具体描述喝甜酒、吃烤鱼的情趣，后用为咏田园生活自适自乐之典。

④ 鲞（xiǎng）：剖开晾干的鱼。

⑤ 陈琳之檄：陈琳所作的檄文。《三国志·陈琳传》："琳做诸书及檄，草成呈太祖曹操，太祖先苦头风，是日疾发，卧读翁然而起曰：'此愈我病。'"陈琳，字孔璋，广陵射阳（江苏盐城市）人，东汉末年文学家，"建安七子"之一。

⑥ 《鸡跖集》：宋代宋祁撰，笔记小说，原书十卷，已佚。

⑦ 武夷君：古代传说中武夷山的仙人。《史记·封禅书》："古者天子常以春解祠，祠黄帝用一枭、破镜……武夷君用干鱼。"明代吴栻《武夷杂记》："又考古秦人《异仙录》云：始皇二年，有神仙降此山，曰余为武夷君，统录群仙，受馆于此。史称祀以干鱼，乃汉武时事也。今汉祀亭址存焉。"祇：《说郛》本作"枢"。

译文：

《礼记》中记载："鱼干叫作薧。"古诗中有"酌醴焚枯"的语句。南方人把它作鲞，多煨熟食用，很少有用它做粥的。最近游历天台山，看到有人把鱼干浸软洗净，切细，和米粥一同煮，再放入酱料和胡椒，说是能治愈头痛，效果比陈琳呈给曹操的檄文还要好。也有掺入豆腐做的。《鸡跖集》中记载："武夷君吃的河祇脯，就是干鱼。"因此叫它"河祇粥"。

延伸阅读：

南宋杭州人的餐桌上不乏鱼鲞。城内外鲞铺约一两百家，常年出售黄鱼鲞、鳗条弯鲞、带鱼鲞、老鸦鱼鲞、鳓鱼鲞、鲭鱼鲞、郎君鲞（石首鱼制）等物，质优价平，种类丰富。其实杭州并不怎么产鱼鲞，货源大多来自渔业发达的温州、台州和四明郡（宁波），经海路运输而至。

鱼鲞，可理解为腊鱼干，因江浙毗邻东海，鲞的主料即为海鱼。一般做法是，将海鱼剖洗后，抹上海盐腌渍，用支架撑开鱼体，吊挂或平摊，再经风吹日晒制成。腊晒能提升鱼肉的风味，特别适合对付鲜肉毫无亮点的普通鱼类，像老鸦鱼（长相奇特似红鱼）吃起来松散而平庸，变身鲞干后，则口感紧致、咸香味浓郁。重咸，是绝大多数鱼鲞的味觉基调。用大量海盐腌渍这道程序有助保鲜，也使成品拥有足够强大的下饭能力，这也是鱼鲞广受平民欢迎的主要原因。

腊鱼干在古代被认为是一道美味，在宋朝主要有以下几种吃法。先用火烤得表面微焦，撕成小条，就着麦子酿的甜酒下肚，这是自汉朝起就流行的经典搭配"酌醴焚枯"。就像东汉末年的音乐家蔡邕在《与袁公书》中说的"酌麦醴，燔干鱼，欣然乐在其中矣。"老鸦鲞最好直接吃，连烤也不用，揭去鱼皮，肉撕作细丝，就是一碟下酒菜。鱼鲞也可泡软后用油煎，人们能在便宜的小饭馆里吃到这道"煎鲞"。林洪所介绍的"河祇粥"是用鱼干熬粥，这与常规煨食的方法不同，所以让身为福建人的林洪也很惊奇。至于说这道粥能够治疗头风病，效果比陈琳以檄文治疗曹操头风病还要好，则可能是因为粥里加入了酱料与胡椒，吃起来热气腾腾，满头大汗，与曹操读陈琳檄文出一身冷汗从而病愈是一个道理，与干鱼本身倒未必有多大关系。

摘自： 徐鲤，郑亚胜，卢冉.宋宴 [M].北京：新星出版社，2018.

林洪.山家清供 [M].北京：中华书局，2013.

㉝ 松玉

文惠太子问周颙①曰："何菜为最？"颙曰："春初早韭，秋末晚菘②。"然菘有三种，惟白于玉者甚松脆，如色稍青者，绝无风味。因侈其白者曰"松玉"，亦欲世人知有所取择也。

注释：

①文惠太子：萧长懋，458—493，字云乔，小字白泽，东海兰陵（今山东省临沂市）人。齐武帝萧赜长子，崇尚名节，礼待文士，审理冤狱，颇得人心。未即位而卒，追封文惠太子，其子即

位后，追封皇帝，史称齐文帝。周颙（yóng）：字彦伦，汝南安城（河南省汝南县）人，南朝宋、齐文学家。周颙言辞婉丽，工隶书，兼善老、易，长于佛理。

②菘：二年生草本栽培植物，变种甚多，通常称为白菜，又分为白菜、青菜、黄芽菜数种。

译文：

文惠太子问周颙道："什么菜最好吃？"周颙答："早春的韭菜，秋末的菘菜。"然而菘菜有三种，只有比玉还白的吃起来非常松脆，若是颜色发青的，一点风味都没有。因此夸张地称色白的菘菜为"松玉"，也是想让世人知道吃菘菜要有所选择。

延伸阅读：

菘，《神农本草经》中记载："味甘，温，无毒。主通利肠胃，除胸中烦，解酒渴。"陶隐居云："菜中有菘，最为常食，性和利人，无余逆忤，今人多食。如似小冷而又耐霜雪。其子可作油，敷头长发，涂刀剑令不锈。其有数种，犹是一类，正论其美与不美尔。服药有甘草而食菘即令病不除。"

菘为十字花科青菜，与白菜同属但不是一种，唐宋时只有菘，各家论述甚明，白菜晚出，并无论及。今之白菜似由白菘衍变而成。陆佃《埤雅》云："菘性凌冬晚凋，四时常见，有松之操，故曰菘。今俗谓之白菜，其色青白也。"李时珍云："菘（即今人呼为白菜者）有二种，一种茎圆厚微青，另一种茎扁薄而白。其叶皆淡青白色。白菘，即白菜也。牛肚菘，即最肥大者。紫菘即芦菔也，开紫花，故曰紫菘。"又曰："气虚胃冷人多食，恶心吐沫，气壮人则相宜。瑞曰：夏至前食，发气动疾，有足疾者忌之。"

文中提到的周颙是宋齐间的文人，具体生卒年不详。他是一个很有才华的人，同时又是一个颇有山林清趣、常年蔬食的隐士。他其实家有妻儿，不过却独自一人居住在山间小屋中，过着清贫寡欲的生活。曾有人问他在山里面吃什么，他回答说："赤米白盐，绿葵紫蓼。"文惠太子接着问他："菜食中哪一种味道最好？"他则回说："春初早韭，秋末晚菘。"由此不难看出，周颙对于食物和生活的选择都是符合林洪所推崇的"清""雅"的标准。

摘自：陈企望撰集.神农本草经注：全2册[M].北京：中医古籍出版社，2018.

林洪.山家清供[M].北京：中华书局，2013.

34 雷公①栗

夜读书倦，每欲煨②栗，必虑其烧毡之患③。一日马北廛逢辰曰："只用一栗蘸油，一栗蘸水，置铁铫④内，以四十七栗密覆其上，用炭火燃之，候雷声为度。"偶一日同饮，试之果然，且胜于沙炒者。虽不及数，亦可矣。

注释：

① 雷公：雷神，俗称雷公，是古代中国神话中主管打雷的神，出自《山海经·海内东经》。相传雷神生于古雷泽（故址在今山东菏泽），龙身人头，鼓其腹则雷。

② 煨：把生的食物放在火灰里慢慢烤熟。

③ 烧毡之患：指栗子受热后爆裂烧损毛毡的危险。此句出自后蜀何光远《鉴戒录·容易格》："后太祖冬夜与潘枢密在内殿平章边事，旋令宫人于火炉中煨栗子，俄有数栗爆出，烧损绣褥子……太祖良久曰：'栗爆烧毡破，猫跳触鼎翻。'"

④ 铫（diào）：煎药或烧水用的器具，形状像比较高的壶，口大有盖，旁边有柄，用沙土或金属制成。

译文：

夜间围炉读书困倦时，每每想要烤栗子吃，但总会担心栗子爆裂引燃毛毡。一天马北廛说："只需用一个栗子蘸上油，一个栗子蘸水，放在铁铫里，再用四十七个栗子密密的覆盖在上面，然后用炭火烧它，等到锅里发出像雷声就可以了。"恰巧有一天在一起喝酒，试了这个方法果然有效，并且味道胜于沙炒的栗子。即使栗子达不到所说的数量，也是可以的。

延伸阅读：

栗子在中国文化中已存在数千年了，西安半坡遗址已发现有栗的遗存。殷商甲骨文中有"栗"字。《山海经》中记载"（终）南山多栗"。《诗经》多处提到栗的栽培。《吕氏春秋》已将"箕山之栗"列为美果。先秦时，《庄子》《韩非子》等古籍已有以栗子代粮及贮以备荒的记载。《史记·货殖列传》指出"燕秦千树栗，其人与千户侯等"，说明当时栗在作物中的地位。《论语》中宰我回答哀公关于土地神的神主应该用何种木料时说："夏朝用松，商朝用柏，周朝用栗树。"显然孔子那时的栗树作为木材也很显贵。至今人们仍称为"干果之王""木本粮食""铁杆庄稼"，并有"一代种，五代享"之说。

中国食用栗子历史十分悠久，《礼记》中已有"枣栗饴蜜以甘之"的记述。北宋开封已有"糖炒栗子"供市，见于陆游《老学庵笔记》。元代《居家必用事类全集》中载有将栗子与糯米同磨粉制成的高丽栗糕，是"栗羊羹"的先河。《随园食单》上列有"栗子炒鸡"。特别是"糖炒栗子"，范成大有"总较易栗十分甜"句；陆游有《夜食炒栗有感》诗，有句"山栗炮燔疗夜饥"；清代民间又称为"灌香糖"。

栗子味甘，性温，入脾、胃、肾经，具有养胃健脾、补肾强筋、活血止血功效；可用于反胃、泄泻、腰脚软弱、吐、衄、便血等症，但多食易致气滞难消，患风湿病者禁用。《本草纲目》指出："盖风干之栗，胜于日曝，而火煨油炒，胜于煮蒸，仍须细嚼，连液吞咽，则有益，若顿食至饱，反致伤脾矣。"现代医学认为，栗子所含的不饱和脂肪酸和多种维生素，能抗高血压、冠心病、动脉硬化等症，对中老年人来说，栗子是抗衰老、延年益寿的滋补佳品，常食栗子对人体健康大有裨益。

摘自： 聂凤乔.中国烹饪原料大典：上卷[M].青岛：青岛出版社，1998.

㉟　东坡豆腐①

豆腐，葱油煎，用研榧子一二十枚②，和酱料同煮。又方，纯以酒煮。俱有益也。

注释：

① 东坡：苏轼，1037—1101，字子瞻，一字和仲，号铁冠道人、东坡居士，世称苏东坡，眉州眉山（今四川省眉山市）人，北宋文学家、书法家、美食家、画家，"唐宋八大家"之一。苏东坡很重视饮食养生，特别是素食养生，他首创素食菜肴"东坡豆腐"后，这道创新菜很快就在黄州流传开来。

② 用研榧子一二十枚：小石山房丛书本、《说郛》本作"用酒研小榧子一二十枚"。

译文：

豆腐，用放入葱末炸香的油煎，再研磨一二十个榧子，和上酱料与豆腐一起煮。另有一种方法，纯用酒煮煎过的豆腐。两种方法都有益处。

延伸阅读：

豆腐洁白如玉，柔软细嫩，清爽适口，是我国素食菜肴的主要原料，历来受到人们的欢迎。苏东坡曾为豆腐写下"煮豆为乳脂为酥"的诗句，以精练的语言把制作豆腐形象化，用准确的字眼道出豆腐"为乳""为酥"，为食品之精粹。

对于东坡豆腐的来历，有不同的说法。一说是苏东坡到江苏镇江时，与金山寺的僧友佛印和尚，经常在一起开怀畅饮。苏东坡在一次和佛印和尚的佛经比赛中败下阵来，只得下厨做素斋给佛印吃，于是创制了这道东坡豆腐。一说是苏东坡谪居黄州时，因为官职被贬，薪俸不高，所以生活过得比较简朴，每次待客，便常亲自下厨做菜，比如这道东坡豆腐。

另外，东坡豆腐的做法除林洪所载外，还有一说。是以黄州豆腐为主料，将豆腐裹入面粉、鸡蛋、盐等制成的糊中，再放入五成热的油锅里炸制后捞出来；然后在锅内放油、笋片、香菇和各种调味料，最后放入沥过油的豆腐，煮至入味出锅即成。这种方法做成的东坡豆腐外形酱红，质嫩色艳，鲜香味醇，营养丰富，是素食中的精品。

苏东坡创制出这道东坡豆腐后，又到了浙江杭州，后又被贬到了广东惠州，但无论他走到哪里，他的"东坡豆腐"就到那里并广为流传。相传，清代时广东惠州知府伊秉绶回到故乡福建，特意带去"东坡豆腐"的制作技术，"东坡豆腐"逐渐在那里成为家喻户晓的名菜。

摘自：俞国海.细说苏东坡[M].北京：旅游教育出版社，2020.

杨建峰.千古食趣：说说吃的那些事[M].汕头：汕头大学出版社，2016.

36 碧筒酒

暑月①，命客泛舟莲荡②中，先以酒入荷叶束之，又包鱼鲊③它叶内。俟舟回，风薰日炽，酒香鱼熟，各取酒及鲊，真佳适也。坡④云："碧筒时作象鼻弯，白酒微带荷心苦。"⑤坡守杭⑥时，想屡作此供用。

注释：

①暑月：夏月。约相当于农历六月前后小暑、大暑之时。

②荡：浅水湖，积水长草的洼地。

③鱼鲊（zhǎ）：腌鱼，糟鱼。

④坡：指苏轼苏东坡。

⑤"碧筒时作象鼻弯"二句：出自苏轼《泛舟城南会者五人分韵赋诗得人皆若炎字四首》："紫蟹

鲈鱼贱如土，得钱相付何曾数。碧筒时作象鼻弯，白酒微带荷心苦。"

⑥守杭：宋哲宗元祐四年（1089），苏东坡出任杭州太守。

译文：

夏天的月份，让客人乘船在莲花池中游玩，先把酒装入荷叶系好，又把腌鱼包在其他叶子里。等到泛舟回来，风和日丽，酒香鱼熟，各自喝着酒吃着腌鱼，真是惬意舒适啊。苏东坡有诗道："碧筒时作象鼻弯，白酒微带荷心苦。"想来他在杭州做太守时，应是经常作碧筒酒来享用。

延伸阅读：

《山家清供》所载"碧筒酒"其实是酒的一种饮用方法，而并不是一种制造方法。将酒倒在鲜绿的荷叶中包起来，饮用的时候，将荷叶弄破，用荷叶的柄（碧筒）直接就着喝酒，此等喝酒之法，堪称古今一绝。苏东坡的诗非常形象地描绘了这种独特的喝酒方法，荷叶的柄弯曲如象鼻，而在荷叶中的白酒也带上了荷叶的清香，品酒之余，又多了一层享受。

这种别致的喝酒方法并非苏东坡原创，而是始于魏晋，"碧筒酒"见于唐代段成式《酉阳杂俎前集》卷七中记载："历城北（即今大明湖一带）有使君林，魏正始中，郑公悫三伏之际，每率宾僚避暑于此，取大莲叶置砚格上，盛酒二升，以簪刺叶，令与茎柄通，吸之，名为碧筒饮。……历下学之，言：酒味杂莲香，香冷胜于水。"夏日宜苦，经过荷茎浸润的美酒，除了青荷的清香，更多一份清苦绵长。

唐代士大夫们在宴饮时，喜折新鲜荷叶做酒具，唐人赵璘《因话录》中记载："暑月临水，以荷为杯，满酌，密系，持近人口，以筯刺之。不尽，则重饮。"但碧筒酒在唐代只是偶一为之，并没有流行，到了宋代，这种文雅的饮酒方式却找到了适合的文化土壤，在文人士大夫间风靡一时。陆文圭一口气作了11首"碧筒酒"诗，即《洛中郑悫三伏之际率宾僚避暑于使君林，取大莲叶盛酒，以簪刺叶令与柄通，屈茎轮困，如象鼻焉，传吸之，名碧筒杯。故坡诗云："碧碗犹作象鼻弯，白酒时带莲心苦。"丙寅五月宜兴州赏，诚以此为题，为赋十一首》（《全宋诗》第71册，卷三七一一）。与唐代相比，宋代的文化一方面士人化、高雅化，一方面市井化、平民化，宋代荷饮食文化就从一个小角度折射出宋代文化的特色。

摘自：俞香顺.中国荷花审美文化研究[M].成都：巴蜀书社，2005.

37 罂乳鱼 ❶

　　罂中粟①净洗，磨乳。先以小粉②置缸底，用绢囊滤乳下之，去清入釜③，稍沸，亟洒淡醋收聚。仍入囊，压成块，仍小粉皮铺甑内，下乳蒸熟。略以红曲④水洒，少蒸取出。起⑤作鱼片，名"罂乳鱼"。

注释：

① 罂中粟：罂粟的种子，如粟粒，未熟时中有白浆，是重要的食物产品，其中含有对健康有益的油脂。

② 小粉：用小麦、葛根、番薯等提出的淀粉。

③ 釜：古炊器，敛口圆底，或有二耳。其用于鬲，置于灶，上置甑以蒸煮；有铁制的也有铜或陶制的。

④ 红曲：也称"红米"，大米的微生物发酵制品之一。其供制造红糟、红酒及红腐乳，并供提取食用红色素；中医学上为活血消食药。

⑤ 起：小石山房丛书本作"切"。

译文：

　　把罂粟籽洗净，磨成乳浆。先把淀粉放在缸底，用绢制的囊袋把乳浆过滤到缸中，去掉表面的清水放入釜中，稍微沸腾时，就立刻洒淡醋让它凝结。之后再次放入绢囊，压成块，仍用淀粉铺在蒸锅中，放入乳块蒸熟。略微洒上一些红曲水，再稍蒸一下取出。切成鱼片状，叫作"罂乳鱼"。

延伸阅读：

　　由于罂粟能提取鸦片，而鸦片是毒品，吸食之后会严重危害人的健康，故罂粟在现代早就严禁随便种植了。不过，在古代，罂粟却在较长时期内为一种食药兼用的植物，也曾被制成好几种食品。

　　《本草纲目》谷部第二十三卷"罂子粟"条，在列举历代医家陈藏器、苏颂、寇宗奭的解说后，又列出了李时珍的见解："罂粟秋种冬生，嫩苗作蔬食甚佳。叶如白苣，三四月抽苔结青苞，花开则苞脱。花凡四瓣，大如仰盏，罂在花中，须蕊裹之。花开三日即谢，而罂在茎头，长一二寸，大如马兜铃，上有盖，下有蒂，宛然如酒罂。中有白米极细，可煮粥和饭食。水研滤浆，同绿豆粉食尤佳。亦可取油。其壳入药甚多，而本草不载，乃知古人不用之也。江东人呼千叶者为丽春花。或谓是罂粟别种，盖亦不然。其花变态，本自不常。有白者、红者、紫者、粉红者、杏黄者、半红者、半紫者、半白者。艳丽可爱，故曰丽春，又曰赛牡丹，曰锦被花。"

《山家清供》的这道"罂乳鱼"，是用罂粟浆汁制成腐状块，再用红曲染色，然后再蒸老一些，切成鱼片状的食品。宋代直至明代，这道食品均流行。如在明代《易牙遗意》中，收有"粟腐"，就是用罂粟制作的"腐"。而比罂乳鱼更受追捧的，是罂粟汤。此物早在后唐时期，就被作为高级"滋补品"用于待客或赏赐下属。李克用养子李嗣源在成为皇帝前，曾用"法乳汤"招待重要下属，即罂粟籽所煎。"法乳"令人想起佛家文化，说明和尚们也爱罂粟。宋代高僧释重显有《和王殿丞罂粟种》诗："纤纤圆实占芳春，得自侯门胜楚珍。开叶开花人不会，百千年是等闲身。"

摘自： 邱庞同.知味难 中国饮食之魅 [M].青岛：青岛出版社，2015.

邱庞同.中国菜肴史 [M].青岛：青岛出版社：2001.

㊳ 胜肉夹

焯笋、蕈，同截，入松子、胡桃，和以油①、酱、香料，搜面作夹子②。试蕈③之法，姜数片同煮，色不变，可食矣。

注释：

① 油：小石山房丛书本、《说郛》本作"酒"。

② 夹子：饼类食品，类似今馅饼。《玉篇·食部》："夹，饼也。"

③ 试蕈：测试菌类是否有毒。吴瑞《日用本草》："生姜，解菌蕈诸物毒。"

译文：

把笋、蕈煮一下，一起切碎，放入松子、胡桃，用油、酱、香料和在一起，然后用水和面作馅饼。测试菌类是否有毒的方法，是放入几片姜和蕈一起煮，如果不变色，就可以食用。

延伸阅读：

面食在中国人饮食历史中出现稍晚，它与磨盘的发明紧密相关。学者们发现，自西汉开始，关于面食的文字记载才渐渐多起来。且一开始也没有发酵技术，面食中缺少馒头之类，只有"死面"做成的花样有限的面食。

馃，即外皮加馅料的组合物。用面粉作皮，拌馅方法跟包子一样，菜码的丰富度也堪比包子，是南宋杭州比较大众化的面点。根据《梦粱录》卷十六中荤素点心铺的产品名单粗略估算，南宋时包子、馒头加起来至少三十一样，而叫作饼的只有十二样，大部分是像甘露饼、油酥饼这类扁平的无馅饼，以及花朵形状的甜馅饼。考虑到宋朝人不会对美味的菜肉馅饼熟视无睹，所以说，馃很有可能是一种菜饼。因此可将馃理解为：圆形、娥眉形或金铤形的小型菜馅饼。在宋朝典籍中频现的馃，到元朝却几乎销声匿迹，原因也许很简单，它在流传过程中改了名称，导致难以对号入座。细看元朝食谱中口味多样的"角儿"，就很像是馃的分支。

戴复古有句"早尝春菜饼，暖卸木终裘"，此中有对生活的满足感。方回也曾有"未妨菜饼亦堪杯"的感叹。杨万里在《食蒸饼作》中写道："何家笼饼须十字，萧家炊饼须四破。老夫饥来不可那，只要鹘仑吞一个。"由此可见，"何家笼饼""萧家炊饼"都是"蒸饼"一类。各种饼子在宋代民间的繁荣程度，直接对应当时人们对饼子这种美食的旺盛食欲和创造力。

摘自：徐鲤，郑亚胜，卢冉.宋宴[M].北京：新星出版社，2018.

㊴ 木鱼子

坡云："赠君木鱼三百尾，中有鹅黄木鱼子。"①春时，剥棕鱼②蒸熟，与笋同法。蜜煮酢③浸，可致千里。蜀人供物多用之。

注释：

① "赠君木鱼三百尾"二句：出自苏东坡《棕笋》："赠君木鱼三百尾，中有鹅黄木鱼子。夜叉剖瘿欲分甘，箨龙藏头敢言美。愿随蔬果得自用，勿使山林空老死。问君何事食木鱼，烹不能鸣固其理。"

② 棕鱼：即棕笋，为棕榈的花苞。因其中细子成列有如鱼子，故称。《本草纲目·木部·棕榈》："三月，于木端茎中出数黄苞，苞中有细子成列，乃花之孕也。状如鱼腹孕子，谓之棕鱼，亦曰棕笋。"

③ 酢（cù）：同"醋"。

译文：

苏东坡有诗道："赠君木鱼三百尾，中有鹅黄木鱼子。"春天，剥下棕鱼蒸熟，烹饪方法与笋相同。用蜜煮醋浸的话，可以保存带到千里之外。蜀地的人多用它做菜。

延伸阅读：

木鱼，即棕笋，就是棕榈树的花苞，挂在树上时，远望若果实，近看像竹笋。林洪又称其为棕鱼、木鱼，以其小蓓蕾似鱼子而言，4月从树干中抽出黄色花苞，细子成列，状若鱼腹孕子故。苏东坡曾说："棕笋状如鱼，剖之得鱼子，味若苦笋而加甘芳。"李时珍说："味苦、涩、性平、无毒。止痢、治白带。"

按照云南腾冲人说法，他们那的棕榈花苞（棕苞）苦中有甜，可以吃，而腾冲周围地区的棕苞则苦涩难吃，只可以当药材用。看样子棕榈树在不同水土环境，质量差异很大。而棕苞作为食物自古至今不能普及，应与水土有关。

不过宋代文人董嗣杲赞《棕榈花》诗曰："碧玉轮张万叶阴，一皮一节笋抽金。胚成黄穗如鱼子，朵作珠花出树心。蜜渍可驰千里远，种收不待早春深。蜀人事佛营精馔，遗得坡仙食木吟。"此诗可以呼应苏东坡的"赠君木鱼三百尾，中有鹅黄木鱼子"，也等于为林洪这道"木鱼子"作了较好的注释。其中可见古代四川人的餐桌盛行棕苞，甚至拿去供佛。

其实，据《本草纲目》记载："一般人都说棕鱼有毒性，不能吃，只有广、蜀人蜜煮、醋浸以寄远，乃制去其毒耳。"也就是说，是通过蜜煮、醋泡等手法消除了其毒性，还便于保存，能够带到很远的地方。

摘自：吴晓华.家常野菜新吃[M].合肥：安徽科学技术出版社，1996.

⓵ 40　自爱淘①

炒葱油，用纯滴醋和糖、酱作齑②，或加以豆腐及乳饼③，候面熟过水，作茵④供食，真一补药也。食⑤，须下热面汤一杯。

注释：

①自爱淘：类似今凉面。淘，以液汁拌和食品。

②滴醋：指好醋，因只需几滴则醇香弥足，故称"滴醋"。齑：粉末。此指用醋酱和捣碎的姜、蒜做的汁。

③乳饼：小石山房丛书本、《说郛》本无"饼"字。乳制食品名。《初学记》卷二六引晋代卢谌《祭法》："夏祠别用乳饼，冬祠用环饼。"宋代孟元老《东京梦华录·清明节》："节日坊市卖稠饧、麦糕、乳酪、乳饼之类。"

④茵：铺垫的东西。此指装盘中的打底。

⑤食：小石山房丛书本作"食后"。

译文：

炒葱油，用上好的醋和糖、酱以及捣碎的姜、蒜作成汁，或者再加上豆腐和乳饼，等到面熟了过一下水，盛作打底拌上酱汁食用，真是一味补药啊。吃的时候，一定要喝一杯热面汤。

延伸阅读：

"自爱淘"实际上就是现在所说的凉面，貌似凉面的一种极简做法。古人通称它们为"冷淘"，也就是"过水面"。据说凉面最早叫"伏面"，与春秋时期秦德公搞的"伏日祭祀"有关，在唐代凉面就已经盛行了。

《唐六典》中记载："太官令夏供槐叶冷淘。凡朝会燕飨，九品以上并供其膳食。"这也就是说，唐时每年夏天举行朝会时，都会给够级别的官员提供"冷淘"来吃。至于吃的时候，须同时喝热面汤，从养生角度看很有道理。避免了脾胃过度受寒，值得提倡。

此外，《山家清供》中所用到的调味料皆简单易得，而对它们的调味作用非常重视，调味得当，不但可起到使食材的味道更加丰富适口的效果，还能增进食欲，调理身体，达到补益效果。比如这道"自爱淘"主料为简单的过水面，而用炒葱油、醋、糖、酱、豆腐及腐乳等调味，其味辛、酸、甘、咸、腐，丰富而融洽，在调面食用中，口味充分交融，虽然仅一道凉面，但称其"真一补药也"，从"自爱淘"的名字上也可以看到作者对其钟爱之情。而在浙江桐庐一带，自古也有一种米粉冷淘，与北方区别很大，地方特色浓郁，被土著们当作早餐的首选。

摘自： 曲荣波，杜慧真.会养生才能长寿：营养师教您科学养生[M].济南：山东科学技术出版社，2013.

林洪.山家清供[M].北京：中华书局，2013.

41 忘忧齑

　　嵇康①云："合欢蠲忿，萱草忘忧。"②崔豹《古今注》曰丹棘③，又名鹿葱④。春采苗，汤焯过，以酱油、滴醋作为齑，或燥⑤以肉。何处顺宰相六合时⑥，多食此。毋乃以边事未宁，而忧未忘耶？因赞之曰："春日载阳，采萱于堂。天下乐兮，忧乃忘。"

注释：

①嵇康：224—263，字叔夜，谯国铚县人，三国时期曹魏思想家、音乐家、文学家。嵇康与阮籍等人共倡玄学新风，主张"越名教而任自然""审贵贱而通物情"，成为"竹林七贤"的精神领袖；今有《嵇康集》传世。

②"合欢蠲（juān）忿"二句：出自嵇康《养生论》："且豆令人重，榆令人瞑，合欢蠲忿，萱草忘忧，愚智所共知也。"蠲忿，消除忿怒。

③崔豹：字正雄，西晋渔阳郡（今北京市密云县西南）人，晋惠帝时官至太子太傅丞。长于王氏礼，为经学博士，又通《论语》，撰有《古今注》三卷。丹棘：萱草的别名。崔豹《古今注·问答释义》："欲忘人之忧，则赠以丹棘。丹棘，一名忘忧草，使人忘其忧也。"

④鹿葱：《本草纲目》卷十六："其苗烹食，气味如葱，而鹿食九种解毒之草，萱乃其一，故又名鹿葱。"

⑤燥：《说郛》本作"造"。

⑥何处顺：何澹，1146—1219，字自然，处州龙泉上河（今浙江省龙泉市兰巨乡豫章村）人。南宋诗人，曾任知枢密院事兼参知政事。六合：指上下和东西南北四方，泛指天下或宇宙。《庄子·齐物论》："六合之外，圣人存而不论；六合之内，圣人论而不议。"成玄英疏："六合者，谓天地四方也。"

译文：

　　嵇康曾说："合欢消除忿怒，萱草忘掉忧愁。"崔豹《古今注》中叫它丹棘，又名鹿葱。春天采嫩苗，开水煮一下，用酱油、好醋和捣碎的姜、蒜作成汁，或者用肉一起作成臊子。何处顺做宰相治理天下时，经常吃这道菜。莫非是因为边关战事未宁，而难以忘记忧愁吗？因此称赞他道："春日顶着太阳，在堂前采摘萱草。天下都安居乐业了，才能忘记忧愁。"

延伸阅读：

何宰相即宋人何处顺，他当宰相时，边境常不安宁，因此常吃清拌萱草苗。萱草即现在人们熟知的黄花木耳中的黄花，因魏晋"竹林七贤"之一嵇康《养生论》中有"合欢蠲忿，萱草忘忧"的说法，故后来人们便把萱草称为"忘忧草"。

吃了萱草嫩苗真的能够忘记忧愁吗？宋代陈承《本草图经》说："萱草'嫩苗可利胸膈……今人多采其嫩苗及花跗作菹，云利胸膈甚佳'。"明代李时珍《本草纲目》也说，萱草"消食、利湿热、宽胸"。利胸膈即气顺了，消食就是想吃东西了，利湿热即不急躁了，忧愁的这三大症状全没了，这不就是忘忧吗？据宋陶谷《清异录》，唐代腊月初一，张手美家要卖应节食品萱草面，萱草面大致应即后世的黄花氽浇面。一进腊月，离过年就不远了，劳作了一年，一切忧愁全应忘掉，这大约是唐人腊日吃萱草的初衷。

齑，指细切的腌菜、酱菜，或将原料在臼中用杵捣碎，再加调料拌和成的一种菜肴。其多用蔬菜制作，也可以用动物原料制作。齑出现在先秦时期，据《周礼》"醢人"郑玄注："凡醯酱所和，细切为齑。"当时的名品为五齐，即五齑（齐通齑），是用昌本（菖蒲根）、脾析（牛百叶）、蜃（大蛤）、豚拍（小猪肩胛肉）、深蒲（蒲齑，或谓桑耳）细切腌渍而成。

汉魏时期，齑的制法有所发展，除将原料细切拌和后腌渍外，还出现了将原料捣碎再加调料拌和腌渍的方法。如汉代《四民月令》中有"八月收韭菁，作捣齑"的记载。北魏《齐民要术》中，收有八和齑，是将大蒜、生姜、橘皮、白梅、熟粟黄、粳米饭、盐在臼中捣碎，然后加醋调匀而成的。唐宋时期及其以后，齑的发展变化不大，但有时将齑做汤，称为汤齑，也有将一些细碎原料油炒后成齑的。齑冷食居多，也可以作面条的浇头，或作为鱼脍的专用调料。

摘自： 邱庞同.知味难：中国饮食之源[M].青岛：青岛出版社：2015.

王仁兴.国菜精华[M].北京：生活书店出版有限公司.2018.

42 脆琅玕①

莴苣去叶、皮，寸切，瀹②以沸汤，捣姜、盐、熟油、醋拌，渍之，颇甘脆。杜甫种此，旬不甲③。拆且叹④："君子得微禄，辗轲不进，犹芝兰困荆杞。"⑤以是知诗人非有口腹之奉，实有感而作也。

注释：

①琅玕：翠竹的美称。唐代元稹《种竹》："可怜亭亭干，一一青琅玕。"也作"瑯玕"。

②瀹（yuè）：煮。

③甲：本义为种子萌芽后所戴的种壳，引申为萌芽。

④叹：原作"难"，据小石山房丛书本改。

⑤"君子得微禄"三句：出自唐代杜甫《种莴苣》："苣今蔬之常，随事艺其子。破块数席间，荷锄功易止。两旬不甲坼，空惜埋泥滓……贤良虽得禄，守道不封己。拥塞败芝兰，众多盛荆杞。"以莴苣的艰难成长来感慨自己一把年纪而无所作为的悲哀。"得"，原作"脱"，据《说郛》本改。小石山房丛书本作"晚得"。"困"，原作"因"，据小石山房丛书本、《说郛》本改。轗轲，同"坎坷"。

译文：

莴苣去掉叶子和皮，切成寸许长，用开水煮一下，捣烂姜与盐、熟油、醋拌匀，浸泡它一阵，吃起来颇为甘甜脆嫩。杜甫曾种莴苣，过了十天还不发芽。于是边拆边感叹道："君子得到了菲薄的俸禄，前路坎坷不得志，就像芝兰被围困在荆棘中。"由此知道诗人并非想要吃这道菜，实在是有感而发啊。

延伸阅读：

莴苣原产地中海地区，约5世纪时传入我国。唐代孙思邈在《千金食治》菜中记载："野苣、白苣味苦平，无毒，易筋力。"白苣即是莴苣。宋代陶谷著《清异录》中记载："呙国（西域国名）使者来汉，有人求得菜种，酬之甚厚，故因名千金菜，今莴苣也。元代忽思慧在《饮膳正要》中记载："莴苣味苦、冷，无毒，主利五藏，开胃膈，拥气，通血脉。"

摘自：谢豪英.古味今做[M].重庆：重庆出版社，2019.

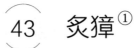

43　炙獐①

《本草》："秋后，其味胜羊。"道家羞为白脯②，其骨可为獐骨酒。今作大脔③，用盐、酒、香料淹少顷，取羊脂包裹，猛火炙熟，擘④去脂，食其獐。麂⑤同法。

注释：

①獐：哺乳动物，形状像鹿，毛较粗，头上无角，雄的有长牙露出嘴外。皮可制革，肉可以吃。

②羞：同"馐"，精美的食品。《楚辞·招魂》："肴羞未通，女乐罗些。"白脯：淡干肉。

③大脔：大块的肉。脔，切成小块的肉。

④擘（bò）：分开，剖裂。

⑤麂（jǐ）：哺乳动物，像鹿，比鹿小，毛黄黑色，腿细而有力，善于跳跃，皮很软可以制革，肉可以吃。

译文：

《本草》中记载："秋天过后，獐子的味道胜过羊肉。"道家以獐子做的淡干肉为精美食品，它的骨头可以做成獐骨酒。现在一般切成大块，用盐、酒、香料腌一会儿，再拿羊油包裹，大火烤熟，剖去外面的羊脂，吃里面的獐子肉。烤麂肉的方法相同。

延伸阅读：

"炙"作为肉食的烹饪方法，历史最为悠久，可以追溯到人类最早用火之时。在距今四五十万年前的北京人遗址中，考古学家们就发现了古人炙烤肉类而食的遗迹。炙烤作为"人类熟食的开山祖"，所用炊具最为简单，与蒸煮相比，炙烤出来的肉食香气四溢，味道往往更加诱人。因此，进入文明社会后，炙烤仍然是人们肉食烹饪的最重要方式之一，各种肉炙也是人们追求的美食。

殷商时期，纣王十分喜食肉炙。《帝王世纪》中记载："纣宫九市，车行酒，马行炙。"西汉·司马迁《史记·殷本纪》中也有纣王"以酒为池，悬肉为林"的记载。悬的肉是直接用于进食的，不可能是鲜血淋淋的生肉。鼎煮的肉臛，其美在羹汤，失去汤水，其肉则发干发柴。因此，殷纣王在林中所悬之肉最有可能的就是香气四溢的美味炙肉。

春秋战国时期，肉炙是不少人心目中的美食。春秋末年，吴王阖闾有一个女儿，十分骄恣。一次，宫人向阖闾进献鱼炙，其女也想品尝，遭到拒绝后，其女竟怨恚而死。这个故事被晋人周处记载在《风土记》一书中。《孟子·尽心下》中也记载："公孙丑问曰：'脍炙与羊枣孰美？'孟子曰：'脍炙哉！'"

秦汉魏晋时期，皇室宫廷、达官贵族都经常食炙。晋·葛洪《西京杂记》卷二《高祖送徒骊山》中记载："高祖为泗水亭长，送徒骊山，将与故人决去。徒卒赠高祖二壶，鹿肚、牛肝各一。高祖与乐从者饮酒食肉而去。后即帝位，朝晡尚食，常具此二炙，并酒二壶。"文中的"高祖"指汉高祖刘邦，他即位后常吃炙鹿肚、炙牛肝。除文献记载外，考古发掘的这一时期的画像砖上也有不少反映炙肉的画面。如山东诸城凉台东汉孙琮墓《庖厨图》中，一人在认真地切肉，另一人在细致地把肉块穿在铁钎上，又有一人跪坐在长条的烤炉后面，注视着炉上的肉串，一手持扇在煽风吹火。

南北朝时期，各类肉炙品类甚多。北魏·贾思勰《齐民要术》卷九《炙法第八十》列有炙豚、棒炙、腩炙、肝炙、牛胘炙、丸炙、衔炙、饼炙、酿炙白鱼、捣炙、范炙、炙蚶、炙蛎、炙车螯、炙鱼等。

隋唐时期，烤炙技术又得到了进一步的发展，其表现有二：一是十分讲究用火。唐代魏徵等《隋书·王劭传》中记载："今温酒及炙肉用石炭、柴火、竹火、草火、麻荄火，气味各不同。"二是防腐剂可能已应用于炙肉。唐代苏鹗《杜阳杂编》卷三中记载有一种"消灵炙"，这种炙肉取羊肉之精华炙烤而成，"虽经暑毒，终不败臭"，炙烤时可能已使用防腐剂了。各种炙肉在上层人士的饮食生活中也极为常见。如隋·谢讽《食经》中有"龙须炙""金装韭黄艾炙""干炙满天星"；唐代韦巨源《烧尾宴食单》中有"金铃炙"、"光明虾炙"、"升平炙"（炙羊鹿舌，拌三百数）、"箸头春"（炙活鹌子）、"水炼犊"（炙尽火力）；唐代昝殷《食医心鉴》中有"野猪肉炙""鳗鲡鱼炙""鸳鸯炙""炙鸧鸪"等。

宋元时期，各种肉炙受到上至宫廷贵族、下至市肆百姓的广泛欢迎。据孟元老《东京梦华录》卷九《宰执亲王宗室百官入内上寿》记载，北宋末年的宫廷御宴上有炙子骨头（烤羊排）、群仙炙、炙金肠。宋元时期，不少肉炙美食以"烧"命名，如宋代宫廷的烧臆子，元代宫廷的烧雁、烧鸭子，元代民间的酿烧鱼、酿烧兔等。

林洪所载这道"炙獐"，即烤獐肉，就是用獐肉加调味腌渍裹包炙制而成，是一道宋代名菜。獐，西周时取其肉制酱、制菜，历代作为动物中的佳品食用，南宋时供作炙肉，成菜肉嫩味香，鲜美可口。此外，《东京梦华录》卷二"饮食果子"中记载了一道菜叫"假炙獐"，应该也是一种素菜荤做的方法，只是具体制法已不可考。

现代的烤肉常出现在夜市上，其实古代也不例外。宋代时，夜市拥有了"合法地位"，《东京梦华录》中记载了州桥夜市、马行街夜市等的热闹景观："夜市直至三更尽，才五更又复开张。如要闹去处，通晓不绝。"更记载了幸福感"爆棚"的烧烤，当时"至晚即有燠爆熟食上市"，冬日时分，州桥夜市还当街叫卖"旋炙猪皮肉"。带皮猪肉的油脂在炭火上滋滋作响，肉酥皮脆现烤现切，不仅是古代"夜间经济"一抹独特的亮色，更为寒冷的冬季增添了一份来自美食的暖意。

摘自：任百尊主编.中国食经[M].上海：上海文化出版社：1999.

刘朴兵.汉字中的美食[M].北京：人民出版社.2018.

孟丽媛.燔炮熯炙十八般厨艺，看古人如何点亮"夜间经济".人民日报网[OL].2020.

44 当团参

白扁豆，北人名鹊豆[①]。温，无毒，和中下气[②]。烂炊，其味甘。今取葛天民诗云"烂炊白扁豆，便当紫团参"[③]之句，因名之。

注释：

① 鹊豆：白扁豆，也叫"蛾眉豆"，嫩荚或种子作蔬菜，中医以种子、种皮和花入药。《本草纲目》卷二四引苏颂曰："蔓延而上，大叶细花。花有红白二色，荚在花下，其实有黑白二种，白者温而黑者小冷。入药用白者，黑者名鹊豆，盖以其黑间有白道，如鹊羽也。"

② 和中下气：调和脾胃，降气消胀。

③ 紫团参：党参的一种，因出产于壶关县东南部和陵川县交界处的紫团山而得名，被认为是上品。

译文：

白扁豆，北方人叫它鹊豆。其性温，无毒，可以调和脾胃，降气消胀。煮烂食用，味道甘甜。现在取用葛天民诗中"烂炊白扁豆，便当紫团参"的诗句，因此叫它"当团参"。

延伸阅读：

这道"当团参"其实就是白扁豆泥。扁豆，一作"藊豆"，豆科一年生缠绕草本植物。《本草纲目》卷二十四《谷部·藊豆》释名："（李）时珍曰：藊本作扁，荚形扁也。沿篱，蔓延也。蛾眉，象豆脊白路之形也。"

扁豆是我国常见的蔬菜之一，汉、晋之间由印度传入我国，其名始见于南朝梁陶弘景《名医别录》，南北朝时均有栽培。除当团参外，五台山佛门素斋有一道"姜汁扁豆"，色绿油润，口味清新，也是名肴。清代袁枚《随园菜单·杂素菜单》中记载："取现采扁豆……单炒者，油重为佳，以肥软为贵。"

"一庭春雨瓢儿菜，满架秋风扁豆花。"清代大画家郑板桥的这副对联将扁豆花满架的田家乐趣描述得淋漓尽致。正如林洪所说，扁豆在做的时候无须添加什么浓油赤酱，只需煮得熟烂，便会有自然的甘甜之味。而且其可以入药，有健脾化湿、利尿消肿、清肝明目等功效，也具有很高的食疗价值。陶弘景《名医别录》中称其："味甘，微温。主和中，下气。"紫团参即党参中最好的品种，文中葛天民以前者来当后者食用，前者的价值自然无须赘言了。

摘自： 孙书安编.中国博物别名大辞典[M].北京：北京出版社，2000.

张成基.特色菜肴[M].太原：书海出版社，2000.

林洪.山家清供[M].北京：中华书局，2013.

45 梅花脯

山栗①、橄榄薄切，同拌加盐少许，同食，有梅花风韵，名"梅花脯"。

注释：

①山栗：栗的一种。子实较板栗稍小，可食。欧阳修《新营小斋凿地炉辄成》："晨灰暖余杯，夜火爆山栗。"

译文：

山栗、橄榄切成薄片，加少量盐拌在一起，一同食用，有梅花的风味，因此取名"梅花脯"。

延伸阅读：

古人有许多关于"山栗"的描写。苏辙《将移绩溪令》有道："山栗似拳应自饱，蜂糖如土不须悭。"欧阳修曾有"晨灰暖余杯，夜火爆山栗"之举。宋代高僧释文珦有一天《送僧》别后，"归到南岩秋欲晚"，但见"山栗正肥山稼满"，推测当时山栗可能是僧家的季节性主食。

与山栗共同构建"梅花脯"的橄榄，在古代通常只能在诗文中了解。黄庭坚作诗道："方怀味谏轩中果，忽见金盘橄榄来！"晋代上虞人嵇含编撰《南方草木状》说，当时给皇帝的岁贡中有橄榄，而皇帝将其赐给近臣以示恩宠。此外，橄榄还可以入药，有助于消化生食，能清肺利咽、生津止渴。特别是橄榄具有醒酒的作用，因此用来佐酒也不失为好的选择。

林洪所载这道梅花脯实为一道蜜煎，多为宋朝高级酒宴上常见的前菜。在那场清河郡王张俊宴请南宋高宗皇帝赵构的知名筵席中，进入正式礼饮环节前，席面就先摆上了"雕花蜜煎一行"十二小碟。蜜煎，就是古代版的蜜饯，用大量蜜糖或盐为辅料，极为甜腻，耐储存。宋朝市面上有蜜煎专卖店，杭州的驰名字号莫过于五间楼前的周五郎蜜煎铺，也有小贩沿街兜售自制产品。开封人还能在每月五次的大相国寺集市上，买到由孟家道院的王道人所制的蜜煎。

宋朝专业办宴机构"四司六局"的六局之一便是"蜜煎局"，负责宴会所需一切糖蜜花果、咸酸劝酒。其拿手戏还有"簇钉看盘"，仅供欣赏，而非食用的装饰性果盘，宫廷的蜜煎局曾在水蜜木瓜表面雕一幅"鹊桥仙"作为七夕看盘。一般人的家宴是用不起看盘的，只有高级筵席才会配备。

摘自： 徐鲤，郑亚胜，卢冉.宋宴[M].北京：新星出版社，2018.

46　牛尾狸①

《本草》云："斑②如虎者最，如猫者次之。肉主疗痔病。"

法：去皮，取肠腑，用纸揩净，以清酒洗。入椒、葱、茴香于其内，缝密，蒸熟。去料物，压宿，薄片切如玉。雪天炉畔，论诗饮酒，真奇物也。故东坡有"雪天牛尾"③之咏。或纸裹糟④一宿，尤佳。杨诚斋诗云："狐公韵胜冰玉肌，字则未闻名季狸。误随齐相燧牛尾，策勋封作糟丘子。"⑤

南人或以为绘形如黄狗，鼻尖而尾大者，狐也。其性亦温，可去风补痨⑥。腊月取胆，凡暴亡⑦者，以温水调灌之，即愈。

注释：

① 狸：又叫"钱猫""山猫""豹猫""狸猫""野猫"。其体大如猫，圆头大尾，全身浅棕色，有许多褐色班点，从头到肩部有四条棕褐色纵纹，两眼内缘向上各有一条白纹；以鸟、鼠等为食，常盗食家禽。毛皮可制裘，肉可食。

② 斑：原作"班"，据小石山房丛书本改。

③ 雪天牛尾：出自苏东坡《送牛尾狸与徐使君》："风卷飞花自入帷，一樽遥想破愁眉。泥深厌听鸡头鹘，酒浅欣尝牛尾狸。通印子鱼犹带骨，披绵黄雀漫多脂。殷勤送去烦纤手，为我磨刀削玉肌。"

④ 糟：以酒或酒糟腌渍食物。

⑤"狐公韵胜冰玉肌"四句：出自杨万里《牛尾狸》："狐公韵胜冰玉肌，字则未闻名季狸。误随齐相燔牛尾，策勋封作糟丘子。子孙世世袭膏粱，黄省子鱼鸿雁行。先生试与季狸语，有味其言须听取。""公"，原作"云"，"肌"原作"腑"，据杨万里《牛尾狸》诗改。

⑥去风补痨：祛风邪，治痨病。痨，中医指积劳损削之病。

⑦暴亡：突发疾病晕厥、不省人事。

译文：

《本草》中说："狸，斑纹像虎的最好，像猫的差一些。狸肉可以治疗痔疮。"

做法：剥去皮，取出内脏，用纸擦净，再用清酒清洗。把椒、葱、茴香放入狸的肚子里，仔细地缝好后蒸熟。去掉调料，放置一晚，切成薄片就像玉一样。雪天在火炉旁，谈诗喝酒，真是不同寻常的食物啊。故而苏东坡曾有"雪天牛尾"的赞叹。或者裹上纸用酒腌一晚，尤其美味。杨诚斋诗中说："狐公韵胜冰玉肌，字则未闻名季狸。误随齐相燔牛尾，策勋封作糟丘子。"

南方人有的以为画中像黄狗，但鼻子尖而尾巴大的其实是狐狸。狐肉同样性温，可以祛风邪，治痨病。腊月取它的胆，凡遇突发疾病不省人事的人，用温水调狐胆灌下，马上就能苏醒。❶

延伸阅读：

宋人诗中咏及牛尾狸者多从东坡此诗脱化。如洪刍《谢杨崇送酒并口味》"雕俎香蒸牛尾狸""黄雀披绵为谁好"，李纲《客有馈玉面狸者戏赋此诗》"霜刀丝切腻且滑""披絮黄雀空多脂"，刘才邵《代简谢载仲弟惠黄雀牛尾狸柑子》"南昌珍品夸牛尾，肥腻截肪玉堪比"，虞俦《正月二日大雪》"牛尾狸堪削玉肌"，洪咨夔《谨和老人赋牛尾狸》"酒边纤手削"，舒岳祥《秋日山居好》"黄雀绵披脊，霜狸玉截肪"等。这些诗句以"披绵""黄雀""子鱼""玉肌""纤手""削"来组织经营，均瓣香于苏诗。

细审前引诸人，还有一个有趣的发现，即除李纲外均为江西人（李纲所得实为他人所赠，只未知赠者为谁）。这或许也有原因。据《鹤林玉露》乙编卷五记载，南宋学者洪迈在陪侍宋孝宗时，孝宗问"乡里何所产"，洪迈即引梅尧臣"沙地马蹄鳖，雪天牛尾狸"句为答，成为后世文人艳称的巧对，但洪迈实为江西鄱阳人，与梅氏的家乡宣州并非同乡。此外，同为江西人的刘敞《送南昌郭主簿》云"狸品牛尾贵，茶牙鹰爪长"，孔平仲《收家书》云"牛狸与黄雀，路远不易致"等也都曾以牛尾狸入诗，可见江西一带此风甚盛，这与前引《酉阳杂俎》所载"洪州"吻合。当然，也有一些与梅尧臣一样的安徽人咏及，如方回、叶寘等，这或许有"皖赣一家亲"的原因。后来诗人咏及牛尾狸时便把最早的梅尧臣与影响最大的苏轼合并：前及之虞俦有《戏和东坡先生牛尾狸诗韵且效其体》诗有"未致马蹄沙水鳖，且尝牛尾雪天狸"句，方回有"牛尾狸兼马蹄鳖，消得坡仙赋老饕"句。有趣的是，方回此句下有自注云："《梅圣俞集·宣城二十咏》'沙地马蹄鳖，雪天牛尾狸'，歙亦然。汪龙溪内翰彦章奏答思陵问乡味，引此联，良是。"前文所述为洪迈答孝宗事，则所问为江西风味，所答为徽人诗句；这里却引为汪藻答高宗事，汪藻为江西饶州人，则又为问江西人"歙"味了。

摘自：李小龙.野味何来——从四大奇书到《红楼梦》的小说史观照与文化蕴涵[J].北京师范大学学报（社会科学版），2021（1）：37-46.

47　金玉羹

山药与栗各片截，以羊汁加料煮，名"金玉羹"。

译文：

山药和栗子都切成片，用羊汤加入调料炖煮，叫作"金玉羹"。

延伸阅读：

"羹"的本意指羊肉浓汤，后用来泛指五味调和成的浓汤，其种类极为繁多，常见的有菜羹、肉羹、豆腐羹等。这道"金玉羹"栗色如黄金、薯色似白玉，可想香气扑鼻。

山药在我国应用的非常早，古人很早就把它当作蔬菜和药材来使用。《本草纲目》概括山药的五大功用：益肾气、健脾胃、止泄痢、化痰涎、润皮毛。现代医学对山药进行分析，认为山药里确实含有很多的营养成分，尤其是山药里含有的一种多巴胺，对人体有益。

山药在古代用的时候分生山药和炒山药，生山药就是把山药晒干了，切成片；如果把它用火炒过以后，就叫炒山药。生山药的作用是滋脾阴，药性偏凉；熟山药就有补脾的作用。中医一般用山药入汤剂，有时也做成丸。比如《金匮要略》里载薯蓣丸，就是以山药为主药做成的药丸，用以补人体虚损。名方六味地黄丸，里面也有山药，山药为白色，色白入肺，所以它可以补肺阴。山药味甘，甘入脾，所以山药又可以补脾阴，同时它还能固肾。

金玉羹的另一个原材料栗子，从古至今都是颇受欢迎的美味食品。栗子是原产中国的木本粮食果树，在历史上曾多次做过救荒食粮。《庄子·外篇·山木第二十》中记载了孔子困于陈蔡吃杼栗度荒的故事："孔子围于陈蔡之间，七日不火食……辞其交游，去其弟子，逃于大泽，衣裘褐，食杼栗，入兽不乱群，入鸟不乱行。鸟兽不恶，而况人乎！"

而栗子的做法，除金玉羹外，《礼记·内则》中有："子事父母，妇事舅姑，枣栗饴蜜以甘之。"唐代孔颖达疏："以甘之者，谓以此枣栗饴蜜以和甘饮食。"这是把枣和栗子，用麦芽糖糖稀和蜜拌和在一起，做成甜食吃。此外，栗子也可做药用，有补肾益气、活血化瘀、止血止痛之功，还可外用治疮疡和外伤。

摘自： 鲁卫.家中有本草 健康无烦恼（八）——介绍山药[J].长寿，2012（9）：64-65.

　　　　阎万英，梅汝鸿.中国古代栗子的食用及医用效益[J].农业考古，1985（2）：266-271.

48　山煮羊

　　羊作脔，置砂锅内。除葱、椒外，有一秘法：只用捶真杏仁①数枚，活水②煮之，至骨亦糜烂。每惜此法不逢汉时，一关内侯何足道哉！③

注释：

①真杏仁：指没有加工、油炒过的杏仁。真，本来的，固有的。

②活水：有源头常流动的水。小石山房丛书本、《说郛》本作"活火"。

③"每惜此法不逢汉时"二句：据《后汉书·刘玄传》，后汉赵萌专权时，被提拔的官员都是一些像商贩、厨师这样的无能低俗之辈，所以当时长安有民谣流传："灶下养，中郎将；烂羊胃，骑都尉；烂羊头，关内侯。"

译文：

　　羊肉切成小块，放在砂锅里。除了放入葱、椒外，还有一个秘法：只用捣碎几枚真杏仁放入，用活水煮，这样连骨头也能炖的酥烂。时常叹息这种方法没有在汉代被人们知晓，否则的话一个关内侯又有什么值得称道的呢！

延伸阅读：

在宋朝，做官就等于食羊肉，因为羊肉作为员工福利包含在俸禄里。所谓"食料羊"相当于餐饮补助，数量多寡会根据工作地点与职务高低来决定，两只到二十只不等，差距很大。若逢喜事，还会得到额外的奖赏，如北宋大中祥符五年（1012），朝廷给宰相王达备办的寿辰贺礼包括三十只活羊，足以应付一场大宴的羊肉菜式用量。

宫廷更是将羊肉指定为主要肉食。自开国初期，宋朝就立下"止用羊肉"的饮食规矩，初衷是为劝诫皇族切莫在吃喝上过于奢靡。这种膘肥的食材很对北方人的胃口，深受北宋皇室喜爱。到了南宋，由于都城南移，宫廷在沿用羊肉的同时，加入更多当地盛产的海鲜河鲜作为补充。而猪肉，被视为不入流的平民食材，宫廷中猪肉的总用量仅为羊肉的百分之一。

有一典故"换羊书"，讲的是宋代韩宗儒十分贪恋美食，他与苏轼时有书信往来。对书法家而言，信件也是一件墨宝，按当时收藏的行情，一件苏轼真迹能卖到几贯钱，有的甚至还能高达百贯，且非常抢手。而当时担任殿帅一职的姚麟，虽武官出身，却是狂热的苏轼书法藏家。所以，韩宗儒和姚麟达成交易，每收到一件信函，韩宗儒当即送到姚府，换出十几斤羊肉。为了吃到更多羊肉，他甚至一天内给苏轼发去多封信件，并让信差当场催促回笔，贪吃本性毕露，传为笑谈。

林洪这道山煮羊是一道山林风味羊肉菜，有说是今陕西水盆羊肉的前身。从制法来看，有三点非常特别。其一，羊肉一般用鼎煮炖。南宋时"鼎煮羊"是宫廷与临安民间食店的名菜，即使是宋孝宗为其讲读老师所设的宫廷便宴，上的也是"鼎煮羊羔"。而林洪用的却是砂锅，突显了此菜的山家烹调特色。其二，炖羊肉时用杏仁。元浦江吴氏《中馈录》"治食有法"称："煮诸般肉封锅口，用楮实子一二粒同煮，易烂又香。"后世烹羊实例与经验说明，用一些植物性食物如山楂等也可使炖后的羊肉酥烂，但不会使羊骨也酥烂。但将杏仁及其加工品用于煮或蒸羊肉，在宋代不止林洪的这款菜。北宋诗人黄庭坚说，蒸好的同州羊羔浇上杏酪，羊羔肉酥烂得只能用匙取食而不能用筷子。五味杏酪羊则是南宋临安民间食店的名菜。其三，煮炖羊肉用活水。明姚可成《食物本草》引《煮泉小品》称："泉不流者，食之有害。"并引《博物志》说："山居之民多瘿肿疾，由于饮泉之不流者。"活水有益健康，且使煮出的羊肉更鲜美。

摘自： 徐鲤，郑亚胜，卢冉.宋宴[M].北京：新星出版社，2018.

王仁兴.国菜精华[M].北京：生活书店出版有限公司，2018.

49 牛蒡①脯

孟冬②后，采根，净洗。去皮煮，毋令③失之过。捶扁压干，以盐、酱、茴、萝、姜、椒、熟油诸料研，浥④一两宿，焙干。食之，如肉脯之味。笋⑤与莲脯同法。

注释：

① 牛蒡：菊科，二年生草本。根肉质，茎粗壮，叶互生，心脏形，背面有毛。夏秋开紫红色花，瘦果长椭圆形。根和嫩叶可作蔬菜，种子入药，有清热解毒作用。蒡，原作"旁"，小石山房丛书本、《说郭》本作"蒡"，据改。

② 孟冬：冬季的第一个月，即农历十月。

③ 毋令："毋"原作"每"。小石山房丛书本作"毋论火"，《说郭》本作"毋"，据改。

④ 浥：本义湿润，此意为浸润、浸泡。

⑤ 笋：原作"苟"。小石山房丛书本、《说郭》本作"笋"，据改。

译文：

农历十月后，采牛蒡的根，洗净。去掉皮煮，不要让它煮过头。然后捶扁压干水分，把盐、酱、茴、萝、姜、椒、熟油等调料磨碎放入，腌制一两晚，再烘烤干。吃起来就像肉干的味道。笋脯、莲脯的做法相同。

延伸阅读：

牛蒡为菊科植物，果实有刺钩，略似苍耳子，故名"恶实"，又名"鼠粘草"。牛蒡的果实可入药，叫"大力子"。为何与"大力"有关，这要从牛蒡得名说起。《本草纲目》中，它叫"牛菜"，"牛"有大之意；牛蒡的根和叶都可以食用，"蒡"是一种可吃的野菜，形如紫苏，牛蒡与它相似而大过于它，故名。牛的力大，所以牛蒡果实叫"大力子"。它有疏散风热、宣肺透疹、利咽化痰、解毒通便之功效，对风热感冒、咳嗽不爽、麻疹透发不畅及便秘等症均有效。

牛蒡根外皮土黑色，所以日本人称为"黑根"。又因日本人爱吃牛蒡，觉得其可以媲美人参，所以牛蒡还得了"东洋参"的别名。牛蒡根长60厘米左右，早在唐代已被食用，切成小块，拌面作饭煮食。日本人用它做的菜不少，如"煮黑根""黑根煮加级鱼头"等。他们还腌制，可能正是受林洪"牛蒡脯"的影响。牛蒡在唐宋时食用较多，以后便少了，《本草纲目》已经说"今人亦罕食之"，而成了一种"药菜"，如元代《饮膳正要》有"恶实菜"，是个药方。此菜衰落的原因之一是唐代《本草拾遗》云："恶实根，蒸，曝干，不尔令人欲吐。"所以，如今牛蒡根改刀后要浸泡，也许是为减少呕吐之弊。

牛蒡根富于营养，单是胡萝卜素便高于胡萝卜150倍。又有很好的食疗保健作用，能清热解毒、降血压、健脾胃、补肾壮阳，对糖尿病、类风湿有一定辅助食疗作用。日本人还认为牛蒡能促进血液循环，防止中风，克服便秘，降低血糖。

摘自：白忠懋.走进美食林[M].上海：上海中医大学出版社，2002.

50 牡丹生菜

宪圣喜清俭①，不嗜杀。每令后苑进生菜，必采牡丹瓣和之。或用微面裹，煠之以酥。又，时收杨花②为鞋、袜、褥之属。姪③恭俭，每至治生菜，必于梅下取落花以杂之，其香犹可知也。

注释：

① 宪圣：宪圣皇后，1115—1197，吴氏，宋高宗赵构的第二任皇后。卒后谥号为宪圣慈烈皇后，葬永思陵。清俭：清廉俭朴。

② 杨花：指柳絮。北周·庾信《春赋》："新年鸟声千种啭，二月杨花满路飞。"

③ 姪：原作"姓"，小石山房丛书本、《说郛》本作"姪"，据改。"俭"，小石山房丛书本、《说郛》本作"傔"。按：前有"宪圣喜清俭"，此处不当重复"恭俭"。作"姓"亦不通。考宪圣皇后有侄儿吴琚，南宋书法家，《江宁府志》载其"近城与东楼平楼下，设维摩塌，酷爱古梅，日临钟、王帖。"或为其人。

译文：

宪圣皇后喜欢清淡俭朴，不喜杀生。每次让御厨房做生菜，一定要求采牡丹花瓣和在里面。或者用薄面粉裹上，炸至酥脆。另外，她时常收集柳絮用来做鞋、袜、褥之类。皇后侄儿秉性恭谨俭约，每次来做生菜时，一定会在梅树下收集落花拌和进去，它的香味更是可想而知了。

延伸阅读：

吴皇后是宋高宗赵构的皇后，这位皇后喜爱牡丹，宫苑的德寿宫中有牡丹馆，名"静乐堂"。馆中牡丹甚繁,当时一般牡丹是在3月、5月或7月开花,而静乐堂的牡丹还有在冬天开花的。林洪说吴皇后饮膳喜欢清俭,吃素不吃肉,时常命人为她上可以生吃的生菜即白莴笋,上时还让人拌上牡丹花瓣,这道菜就成了著名的牡丹生菜,有时御厨还将生菜和牡丹花瓣净治,裹上稀面糊炸酥后端上来。皇后的侄儿则会将落下的梅花洗净和生菜拌在一起,这款梅花生菜的香气更是可想而知了。

牡丹被皇家赏识,始于隋,盛于唐,甲天下于宋。因此南宋宫苑中有牡丹馆并不新鲜,引人注意的倒是这位吴皇后还喜欢食用牡丹。按林洪的说法,吴皇后拌生菜时撒上牡丹花瓣,是出于她"清俭"或"恭俭"。餐花饮露,本是古代推崇的道家饮食方式,这位吴皇后当也是一位信道者。无论是牡丹生菜还是梅花生菜,在吴皇后的食单上似应含有道家的思想文化元素。

不过就算再清俭,这牡丹生菜毕竟有豪奢气在。牡丹在唐朝大受欢迎,"一丛深色花,十户中人赋"(《秦中吟十首》之十),且价格惊人。到了宋朝,牡丹的拥趸虽不如在唐朝的时候多了,价格却依然居高不下,小老百姓谁舍得用"万钱买一枝"(姚勉《赠彭花翁牡丹障》)的牡丹做菜呢?

摘自:毛晓雯.人间有味:饮食卷[M].西安:陕西师范大学出版社,2018.

王仁兴.国菜精华[M].北京:生活书店出版有限公司,2018.

(51) 不寒齑

法:用极清面汤,截菘菜,和姜、椒、茴、萝。欲极熟①,则以一杯元齑②和之。又,入梅英一掬③,名"梅花齑"。

注释:

①极熟:小石山房丛书本、《说郛》本作"亟熟"。沸腾,烂熟。

②元齑:指之前的剩菜卤。

③掬:量词,指两手相合所捧的量。

译文:

做法:用极清的面汤,切白菜,和姜、椒、茴、莳萝一起放入。煮到烂熟,就用一杯剩菜卤拌和。另外,再放入一捧梅花,就叫"梅花齑"。

延伸阅读：

这道"不寒齑"，有人理解为酸白菜，认为是《山家清供》中一款非常有特色的南宋山林风味酸白菜。有人认为齑，即酸菜末，"梅花齑"即吃时切成末的梅花酸白菜末；并说从林洪在《山家清供》中关于这款菜制作工艺的介绍来看，这种酸白菜显然是用发酵法制成。用发酵法制作酸菘菜，在林洪之前的500多年已有记载，不过据北魏贾思勰《齐民要术》，魏晋南北朝时期制作的酸菘菜，主要可分为三种，即用米汤、醋浆和米曲分别渍制的酸菜。而这里的酸菘菜，用的则是面汤，这在《齐民要术》及其以后的相关传世文献中还是首次见于记载。同南宋以前的酸菘菜相比，这款菜还用了舶来品莳萝和具有道家饮食文化元素的梅花，从而使这款酸白菜除了具有唐宋香药食品的时尚色彩以外，还彰显了南宋道家的山林饮食特色。

摘自：王仁兴.国菜精华[M].北京：生活书店出版有限公司，2018.

52 素醒酒冰

米泔浸琼芝菜①，曝以日。频搅，候白洗，捣烂。熟煮取出，投梅花十数瓣。候冻，姜、橙为鲙齑供。

注释：

①琼芝菜：即石花菜；一种海藻，产于海滨石上；紫红色，纤细分歧似灌木状。其煮融后，再经冷冻、精制干燥后，即成洋菜。其除可供食用和药用外，还可制印刷版。清代黄遵宪《日本杂事诗》卷二："琼芝作菜绿荷包，槐叶清泉尽冷淘。蔬笋总无烟火气，居然寒食度朝朝。"自注曰："石花菜生海石上，一名琼芝，煮之成冻，用方匣以铜钱作筛眼，纳菜于中，以木杆筑送，溜出如缕，冰洁可爱，华人所名为东洋菜者也。"

译文：

用淘米水浸泡石花菜，放在太阳下晒。不断搅动，等到浸晒得发白，洗净，捣烂。煮烂后取出，放入十几瓣梅花。等到凉透成冻，放入姜、橙做成味同肉末的菜食用。

延伸阅读：

这道"素醒酒冰"很可以传达《山家清供》所倡导的"食道"精神。把琼芝菜（如今叫作石花菜，是制作琼脂的原料）洗净、泡软，再煮化成胶——这就是琼脂了。琼脂倒在容器里，趁热投进去十几片梅花。等琼脂冷凝成冻后，切细条，用姜和鲜橙肉佐拌。

似乎宋代士人的"私家菜"略接近日本菜的风格，讲究清淡、自然、天趣。只是这清淡，这自然，这天趣，却是经过极精心的设计与炮制的。"素醒酒冰"其实是针对着当时流行的荤"醒酒冰"。荤"醒酒冰"，本名叫"水晶脍"，全因黄庭坚爱搞怪，一时兴起，给俗菜取了个雅名："醉卧人家久未曾，偶然樽俎对青灯。兵厨欲罄浮蛆瓮，馈妇初供醒酒冰。"（《饮韩三家醉后始知夜雨》，见《山谷集》）。作者自注云："予常醉后字'水晶脍'为'醒酒冰'，酒徒皆以为知言。"

水晶脍是宋代很火的一道凉菜，用鱼鳞熬成，有词为证。南宋词人高观国就专门写过一首《菩萨蛮》"水晶脍"："玉鳞熬出香凝软，并刀断处冰丝颤。红缕间堆盘，轻明相映寒。纤柔分劝处，腻滑难停筷。一洗醉魂清，真成醒酒冰。"其相关做法，南宋人陈元靓《事林广记》中有详细记录："赤稍（梢）鲤鱼鳞，以多为妙，净洗，去涎，水浸一宿。用新水于锅内慢火熬，候浓，去鳞，放冷即凝。细切，入五辛、醋调和，味极珍。须冬月调和方可。"

这样的水晶脍，北宋汴梁、南宋临安，饮食店里处处售卖，是一道寻常美味小菜，《东京梦华录》《武林旧事》里都有提及。从高观国的描写来看，鱼鳞熬成的水晶脍，不仅透明、轻滑，而且口感清爽，是醒酒的佳味。它用五辛、醋来调味，可见糖、盐之类大约都要放，口味偏重。而这道"素醒酒冰"，不仅用无味的琼脂为主料，而且只以姜末、橙泥的清新味道来做提点，可见十分特别了。

摘自：孟晖.唇间的美色[M].济南：山东画报出版社，2012.

53　豆黄签

豆面细茵[①]，曝干藏之。青芥菜心[②]同煮为佳。第此二品，独泉[③]有之。如止用他菜及酱汁亦可，惟欠风韵耳。

注释：

①豆面：用两种以上豆子磨成的面粉，俗称杂面。茵：铺开。

②"青芥菜心"：小石山房丛书本作"入酱、清芬、盐、菜心"，《说郛》本作"入酱、盐"。

③泉：泉州，位于福建省东南，原为晋江县的核心地区，宋、元时为全国对外贸易中心，明以后因港口淤塞而逐渐衰微。

译文：

将豆面细细的铺开，晒干后储藏起来。其与青芥、菜心一起煮最好。但这两样东西，只有福建泉州才有。如果只用其他的菜和酱汁烹饪也可以，只不过风味欠缺些罢了。

延伸阅读：

有说豆黄签过去是泉州一带特有的小吃，但资料显示，因为它受人欢迎，传播快且广。至少福建沿海一带诸多地方，都宣称自己是豆黄签的发祥地。而且做此物的原料豆子也不一定，可以根据当地产量大的豆子来决定。红豆、豌豆、豇豆、绿豆等都可以。

在宋代，有一种菜肴相当流行，即"签"。在《东京梦华录》中记有细粉素签、莲花鸭签、羊头签、鹅鸭签、鸡签等；在《梦粱录》中记有鹅粉签、荤素签、肚丝签、双丝签、抹肉笋签、蝤蛑签等；在《武林旧事》中记有奶房签、羊舌签、肫掌签、蝤蛑签、莲花鸭签等；在《西湖老人繁盛录》中记有荤素签、锦鸡签、蝤蛑签等。

但有意思的是，关于"签"是怎样一种菜肴，人们却不清楚。总的来讲，关于"签"是何种菜肴有两种主要说法：其一，油炸圆筒形工艺菜，后改刀装盘而成。见杭州宋代菜肴研究专家吕继棠在《中国烹饪百科全书》中所记载的"莲花鸭签"。其二，主料切成细丝的羹汤，见上海师范大学朱瑞熙教授《中国古代的"签"》之第一部分《宋代的签》。关于这"签"的两种说法各有其道理。吕先生等人采用"礼失求诸野"的方法，从民间签菜中寻求宋代"签"的制法. 并有一定的史料依据。朱先生则从文字韵入手，探求"签"的宋代制法，逻辑上也严密。

另外，在《梦粱录》所记载的"肚丝签"之前，又有着"三色肚丝羹"，可见"肚丝签""肚丝羹"之间仍有差异。在元代的《居家必用事类全集》中，也记有多种蘸调料、挂面粉糊后插于签上，再插入火中烤的"烧肉"，这种"签"烤的肉，与宋代的"签"不知有无传承关系。

总之，关于宋代的"签"仍然可以再作一些深入研究，现不妨两说并存。

摘自：邱庞同.中国菜肴史[M].青岛：青岛出版社，2010.

54 菊苗煎

　　春游西马塍①，会张将使元②耕轩，留饮。命予作《菊田赋》诗，作墨兰。元甚喜，数杯后，出菊煎。法：采菊苗，汤瀹，用甘草水调山药粉，煎之以油。爽然有楚畹③之风。张，深于药者，亦谓"菊以紫茎为正"云。

注释：

①西马塍（chéng）：地名。在杭州武林门外，有东西马塍，因吴越钱武肃王畜马得名。宋代西马塍以产花著名，周密《齐东野语·马塍艺花》："马塍艺花如艺粟，橐驼之技名天下。"

②张将使元：张元，临江军新淦（今江西新干）人，南宋绍定五年（1232）进士。因其曾任统辖诸将的御营司长官御营使，故称其张将使。

③爽然：清爽舒畅的样子。楚畹：《楚辞·离骚》："余既滋兰之九畹兮，又树蕙之百亩。"后因以"楚畹"泛称兰圃。

译文：

　　春日去西马塍游玩，遇到张元张将使，于是留下饮酒。他让我作《菊田赋》诗，画墨兰。张元非常高兴，几杯酒后，端上了菊煎。做法：采菊苗，热水煮一下，用甘草煮的水调和山药粉，再用油煎。吃来令人清爽畅快，有楚畹之风。张元，是精通医药的人，他也说"菊花以紫茎的为正品"。

延伸阅读：

　　这是《山家清供》中的又一款府宅花卉菜。张府即南宋张元在都城临安武林门外西马塍的府宅，因其曾任统辖诸将的御营司长官御营使，故林洪称其张将使。而这一职位是宋高宗赵构于1127年即位时所设，1130年废，由此可以推知，这款菜应是张元任御营司长官期间或其后在家款待林洪的美味。另据《名医别录》菊花"正月采根，三月采叶，五月采茎，九月采花，十一月采实"和《本草纲目》"菊类自有甘、苦二种，食品须用甘菊"的记载，林洪当年在张府食用的这款菜，应是用阳春三月始生的甘菊苗为主料制成。

林洪说张元深谙中草药，也说食用菊花以采紫茎的为正宗，言外之意是林洪认为张元同南朝梁陶弘景的说法一样。由此看来，张元款待林洪的这款酥煎菊苗，还应是张府的一款养生菜。菊苗清肝明目，山药粉健脾、补虚、固肾，甘草和中、益气、补虚，确是养生佳品。

唐代王焘《外台秘要方》中记载菊花："其苗可蔬，叶可啜，花可饵，根实可药，囊之可枕，酿之可饮。"菊苗煎作为药膳，"爽然有楚畹之风"，并非全是文艺夸张，是有历代中医实践根据的。《天宝单方图》："（白菊苗）治久患头风眩闷，头发干落，胸中痰结。"需要注意的是，并非所有菊苗、菊花都可吃。单说当时的西马塍，仅菊花品种就有八十多，沈竞在其《菊名篇》中记载，每年重阳节前后，人们拿花出来品评、比赛，谓之"斗花"。

有如此丰富的菊花资源，各种关于它的美食层出不穷，林洪的菊苗煎仅其一耳。韩国有古书《东国岁时记》，看其名已是模仿了中国人的各种"岁时记"，而其中描述的重阳节吃"菊花煎"，更有可能照搬了中国唐宋时代的做法，将糯米面揉圆，放菊花瓣后油煎，其还有特产金达莱糕，做法也是如此。

摘自：王仁兴.国菜精华[M].北京：生活书店出版有限公司，2018.

55 胡麻①酒

旧闻有胡麻饭，未闻有胡麻酒。盛夏，张整斋赖招饮竹阁。正午，各饮一巨觥，清风飒然②，绝无暑气。其法：渍③麻子二升，煮熟略炒，加生姜二两，龙脑④薄荷一握，同入砂器细研。投以煮酒五升，滤渣去，水浸饮之，大有益。因赋之曰："何须更觅胡麻饭，六月清凉却是渠⑤。"《本草》名"巨胜子"⑥。桃源所饭⑦胡麻，即此物也。恐虚诞者自异其说云。

注释：

① 胡麻：即芝麻；因相传是从西域传入，故称"胡麻"；一年生草本，食用油料作物。黑色种子可入药，能补血、润肠、通乳。《神农本草经》："胡麻，味甘、平。主伤中虚羸，补五内，益气力，长肌肉，填髓脑。久服，轻身不老。"

② 飒然：形容风声。唐代杜甫《宿赞公房》诗："杖锡何来此？秋风已飒然。"

③ 渍：原作"赎"。小石山房丛书本作"续"，《说郛》本作"渍"，据改。渍，浸泡。

④ 龙脑：一种有机化合物，由龙脑树科的树干采制结晶而成。类似樟脑，白色半透明结晶，气味

清凉，可制香料，又可入中药，有清热、止痛等作用。唐代长孙佐辅《古宫怨》诗："看笼不记薰龙脑，咏扇空曾秃鼠须。"

⑤ 渠：代词，他。《玉台新咏·古诗为焦仲卿妻作》："渠会永无缘。"

⑥ 巨胜子：胡麻别名。古人认为胡麻在黍、稷、稻、粱、禾、麻、菽、麦八谷之中最胜，故名"巨胜"。《周易参同契》："巨胜尚延年，还丹可入口。"

⑦ 桃源所饭：指刘晨、阮肇入天台遇仙之事。《太平广记》载，刘晨、阮肇入天台山采药，遇到两女仙，邀请他们回家共食，食物中便有胡麻饭、山羊脯、牛肉等，滋味非常好。

译文：

从前听说有胡麻饭，没听说过胡麻酒。盛夏时，张整斋在竹阁请客喝酒。中午，每人饮一大杯胡麻酒，清风吹过，一点都感觉不到暑气了。胡麻酒的做法：浸泡两升芝麻，煮熟后稍微炒一下，加入生姜二两，龙脑、薄荷一把，一起放入砂器内细细磨碎。再倒入五升烫过的酒，滤去渣滓，将酒杯浸在冷水中降温后饮用，对身体大有好处。因而赋诗道："何须更觅胡麻饭，六月清凉却是渠。"《本草》中称它"巨胜子"。刘晨、阮肇所吃的胡麻饭，就是这种东西。恐怕有荒诞无稽的人夸大胡说，特意说明。

延伸阅读：

巨胜酒见明代李时珍《本草纲目》：方用上党胡麻30升，淘净甑蒸，令气遍，日干，以水淘去沫再蒸，如此九度，以汤脱去皮，簸净，炒香为末，白蜜或枣膏丸弹子大。每温酒化下1丸，日三服。忌毒鱼、狗肉、生菜。此酒性寒味甘，能治五脏虚损、风湿痹痛，益气力，坚筋骨。《本草纲目》中引抱朴子云：此酒服至百日，以除一切痼疾，一年身面光泽不饥，二年白发返黑，三年齿落更生，四年水火不能害，五年行及奔马，久服长生。李时珍《本草纲目·附诸药酒方》："治风虚痹弱、腰膝疼痛。用巨胜子二升炒香，薏苡仁二升，生地黄半斤，袋盛浸酒饮。"

摘自：徐海荣.中国酒事大典[M].北京：华夏出版社，2002.

⑤⑥ 56 茶供

茶即药①也。煎服，则去滞而化食。以汤点②之，则反滞膈而损脾胃。盖世之利者，多采叶杂以为末，既又怠于煎煮，宜有害也。

今法：采芽，或用碎萼③，以活水火④煎之。饭后，必少顷乃服。东坡诗云"活水须将活火烹"⑤，又云"饭后茶瓯未要深"⑥，此煎法也。陆羽⑦《经》亦以"江水为上，山与井俱次之"。今世不惟不择水，且入盐及茶果，殊失正味。不知惟葱去昏，梅去倦，如不昏不倦，亦何必用？古之嗜茶者，无如玉川子⑧，惟闻煎吃。如以汤点，则安能及⑨七碗乎？山谷词云："汤响松风，早减了、二分酒病。"⑩倘知此，则口不能言，心下快活，自省知禅参透。

注释：

① 茶即药：我国以茶作药治病，已有几千年。《神农本草经》："茶味苦，饮之使人益思，少卧，轻身，明目。"

② 点：（用开水）冲，泡。

③ 萼：花萼，包在花瓣外面的一圈绿色叶状薄片，花开时托着花瓣。

④ 活水火：谓活水和活火。活水，有源头常流动的水。活火，有焰的炭火，指新燃猛烈的火。

⑤ "活水须将活火烹"：出自苏东坡《汲江煎茶》："活水还须活火烹，自临钓石取深清。大瓢贮月归春瓮，小杓分江入夜瓶。茶雨已翻煎处脚，松风忽作泻时声。枯肠未易禁三碗，坐听荒城长短更。"

⑥ "饭后茶瓯未要深"：出自苏东坡《佛日山荣长老方丈五绝》："食罢茶瓯未要深，清风一榻抵千金。"瓯（ōu），杯，盅。

⑦ 陆羽：733—804，字鸿渐，复州竟陵（今湖北天门）人，一名疾，字季疵，号竟陵子、桑苎翁、东冈子，又号"茶山御史"；一生嗜茶，精于茶道，撰有世界上第一部茶专著《茶经》，被誉为"茶仙""茶圣""茶神"。

⑧ 玉川子：卢仝，约795—835，唐代诗人，范阳（治今河北涿州）人；早年隐少室山，自号玉川子；博览经史，工诗精文，不愿仕进，是韩孟诗派重要人物之一。其作有《走笔谢孟谏议寄新茶》一诗，常被称作"饮茶歌"或"七碗茶"诗。

⑨ 及：下原有"也"。小石山房丛书本、《说郛》本俱无，据删。

⑩ "汤响松风"二句：出自黄庭坚《品令·茶词》："凤舞团团饼。恨分破，教孤另。金渠体净，只轮慢碾，玉尘光莹。汤响松风，早减了、二分酒病。味浓香永，醉乡路，成佳境。恰如灯下，故人万里，归来对影。口不能言，心下快活自省。"松风，指煮茶一沸时的水响声。"二分"，原作"七分"，据黄庭坚《品令·茶词》改。

译文：

茶即是一味药。煎服，则能去积滞而化食。用开水冲泡，则反而会阻滞中焦损伤脾胃。由于世上逐利的奸商，多采叶子混杂在茶中，加上又懒于煎煮，当然会对人体有害了。

现在的做法：采茶叶芽，或者用它的碎荈，用活水在猛火上煎煮。饭后，一定要过一会才能喝茶。苏东坡诗中说"活水须将活火烹"，又说"饭后茶瓯未要深"，正是这种煎煮和饮用的方法。陆羽《茶经》中也认为"江水煮茶为好，山泉和井水都要差一些"。现在世人不仅不选择好水，还加入盐和茶果，更失掉茶的正味了。世人不知只有加入葱可以去昏沉，加入梅可以去疲倦，如果不昏不倦，又何必要加它们呢？古代爱茶的人，没有比得上玉川子的，只听说他是煎煮饮用的。若是用开水冲泡，又怎么能连喝到七碗呢？黄山谷词中说："汤响松风，早减了、二分酒病。"倘若知道这个道理，就算口不能言，也心下快活，如同自我感觉透彻地领悟了禅意一样。

延伸阅读：

煎茶法，陆羽在《茶经》里所创造、记载的一种烹煎方法。将饼茶经炙烤、碾罗成末，候汤初沸投末，并加以环搅、沸腾则止。而煮茶法中茶投冷、热水皆可，须经较长时间的煮熬。煎茶法的主要程序有备器、选水、取火、候汤、炙茶、碾茶、罗茶、煎茶（投茶、搅拌）、酌茶。

煎茶法在中晚唐很流行，唐诗中多有描述。刘禹锡《西山兰若试茶歌》诗有"骤雨松声入鼎来，白云满碗花徘徊。"僧皎然《对陆迅饮天目茶园寄元居士》诗有"文火香偏胜，寒泉味转嘉。投铛涌作沫，著碗聚生花。"白居易《睡后茶兴忆杨同州》诗有"白瓷瓯甚洁，红炉炭方炽。沫下曲尘香，花浮鱼眼沸。"《谢李六郎中寄新蜀茶》诗有"汤添勺水煎鱼眼，末下刀圭搅曲尘。"卢仝《走笔谢孟谏议寄新茶》诗有"碧云引风吹不断，白花浮光凝碗面。"李群玉《龙山人惠石烹方及团茶》诗有"碾成黄金粉，轻嫩如松花""滩声起鱼眼，满鼎漂汤霞"。

摘自：张顺义.中华茶道：全4册[M].北京：线装书局，2016.

57 新丰①酒法

初用面一斗、糟醋三升、水二担，煎浆。及沸，投以麻油、川椒、葱白，候熟，浸米一石②。越三日，蒸饭熟，及以元浆煎强半，及沸，去沫。又投以川椒及油，候熟注缸面。入斗许饭及面末十斤、酵③半升。既晓，以元饭贮别缸，却以元酵饭同下，入水二担、曲二斤④，熟踏覆之。既晓，搅以木摆。越三日止，四五日，可熟。

其初余浆，又加以水浸米，每值酒熟，则取酵以相接续，不必灰其曲⑤，只磨麦和皮，用清水搜作饼，令坚如石。初无他药，仆尝从危巽斋子骖之新丰^⑥，故知其详。危居此时，尝禁窃酵，以颛所酿；戒怀生粒，以金所酿；且给新屦^⑦，以洁所酵^⑧。诱客舟以通所酿，故所酿日佳而利不亏。是以知酒政之微，危亦究心^⑨矣。

昔人《丹阳道中》诗云："暂入新丰市，犹闻旧酒香。抱琴沽一醉，尽日卧斜阳。"^⑩正其地也。沛中自有旧丰，马周^⑪独酌之地，乃长安效新丰^⑫也。

注释：

①新丰：古地名，即今江苏省丹阳市北新丰镇。唐代李白《出妓金陵子呈卢六其二》："南国新丰酒，东山小妓歌。对君君不乐，花月奈愁何。"

②石（dàn）：中国市制容量单位，十斗为一石。

③酵：酒母，含有酵母的有机物，用作发面、制酱、酿酒等。

④入水二担、曲二斤：小石山房丛书本作"入米二担，曲二十斤"。

⑤灰其曲：把曲磨碎。灰，碎裂。

⑥骖（cān）：危骖，危巽斋之子，南宋诗人，曾任复州（约今湖北省仙桃市）知州；作有《挽故知容州朝请陶公章二首》。之：往，到……去。"新丰"，后原有"之"，当为衍文，今删。

⑦屦：原作"屡"。小石山房丛书本作"屦"，据改。屦，用麻、葛等制成的单底鞋，后泛指鞋。

⑧所酵："所"下原衍一"所"字，小石山房丛书本无，据删。

⑨究心：用心，费心，专心研究。《朱子语类辑略·卷五·论自注书》："浙东救荒，煞究心！"

⑩"暂入新丰市"四句：出自唐代朱郴《丹阳道中》："暂入新丰市，犹闻旧酒香，抱琴沽一醉，尽日卧斜阳。""暂入新丰市"原作"乍造新丰酒"，据朱郴《丹阳道中》诗改。

⑪马周：601—648，字宾王，唐初人；少孤贫，勤读博学，精《诗》《书》，善《春秋》；后到长安，深得太宗赏识，授监察御史，后累官至中书令；酷爱喝酒，酒量甚豪，据说曾在新丰一次喝酒一斗八升，众人皆惊。

⑫长安效新丰：《西京杂记》载汉高祖刘邦之父："太上皇徙长安，居深宫，凄怆不乐。高祖窃因左右问其故。以平生所好，皆屠贩少年，沽酒卖饼，斗鸡蹴鞠，以此为欢；今皆无此，故以不乐。高祖乃作新丰，移诸故人实之，太上皇乃悦，故新丰多无赖，无衣冠子弟故也。"故称原沛中之地为旧丰，称仿旧丰在西安附近重建之地为新丰。

译文：

开始先用一斗面、三升糟醋、两担水煎成浆。等到浆沸腾，放入麻油、川椒、葱白，等到煮熟，浸入一石米。三日后捞出，蒸熟成饭，再用元浆煎煮大半的饭，等到沸开，撇去浮沫。又放入川椒和油，等到煮熟倒入缸面。放入一斗左右饭和十斤面末、半升酵母。天亮后，把剩余的饭储存在其他缸中，再把酵母煮过的饭一起放入，加入两担水、二斤酒曲，充分踩踏后盖好。每天用木摆搅动，三日后停止，四五日后，就算酿熟了。

起初剩下的元浆，再添上水浸着米。每当酒酿熟，就用酵母接着继续酿制，不必将曲捣碎，只需磨碎麦和皮，用清水调和作成饼，使之像石头一样坚硬。当初没有酒药，我曾跟着危巽斋之子危骖到过新丰，因此知道它的详细方法。危巽斋在这里的时候，曾经禁止偷窃酵母，以防止私酿；不许混杂生米，以提高酒质；并且给工人分发新鞋，以保持酒厂清洁。用酿的酒吸引客船来往，从而使酒广泛流通，所以酿造的酒一天比一天好，获利也越来越多。因此可知有关酒的各种政令的细节，危巽斋都用心研究过了。

从前有人作《丹阳道中》诗说："暂入新丰市，犹闻旧酒香。抱琴沽一醉，尽日卧斜阳。"说的正是新丰这个地方。沛中本来还有一个旧丰，而马周喝酒的地方，则是在长安附近仿照建的新丰。

延伸阅读：

唐朝第三名酒：新丰酒。产地：西安临潼。

新丰，在今天的西安临潼。"新丰"这一名字，指的是新的丰里，是由汉高祖刘邦命名的。《三辅旧事》中记载："太上皇不乐关中，思慕乡里。高祖徙丰沛屠儿，酤酒煮饼商人，立为新丰。"也就是说，刘邦当年建都长安（今西安），也把父亲接到长安尊为太上皇。但是刘老爹爹思念故乡，乖儿子刘邦就想办法，命令能工巧匠，在长安临潼把自己的故乡丰里复制了一遍，同时，也把家乡集贸市场上那些卖菜的、杀猪的、酿酒的也都一起迁来了。从此，新丰酒就享誉京城了。

新丰地处长安、洛阳之间的交通要道上，唐朝官员、文人墨客路过此地，品尝美酒，多有吟咏。因为这个原因，新丰酒似乎是唐朝民间的第一美酒。

储光羲喝过新丰酒，而且留下诗句，证明这酒是像竹叶一样的绿色："满酌香含北彻花，楹樽色泛南轩竹。"王维喝过新丰酒，留下名篇《少年行》："新丰美酒斗十千，咸阳游侠多少年。"李商隐也喝过新丰酒："心断新丰酒，销愁斗几千。"但是，只有李白，最爱新丰酒。证据，还是在他的诗里。据不完全统计李白至少有六首诗提到了新丰酒，"南国新丰酒，东山小妓歌""君歌杨叛儿，妾劝新丰酒""多酤新丰际，满载剡溪船""托交从剧孟，买醉入新丰""情人道来竟不来，何人共醉新丰酒""清歌弦古曲，美酒沽新丰"。

摘自：章雪峰.唐诗现场[M].济南：山东文艺出版社，2017.